圖解 **1138** 種 動力裝置

Mechanical Appliances, Mechanical
Movements and Novelties of Construction

彙整截至20世紀機械動力技術精華，
今日創新與發明之必備智慧大成

加德納‧希斯科斯 著
Gardner Dexter Hiscox

牛羿筑 譯

U0094648

前言

　　前作《機械運動》(Mechanical Movements)發行至今已再版多次，這樣的結果足以激勵筆者繼續出版續作。本書較前作更為特別，由於擇選的機械更加複雜，內容範圍包含各種有關工藝和製造的獨特要求，因此說明會更加詳細。前作《機械運動》所描繪的裝置較為簡易，而收錄於本書的裝置即使較為複雜，但使用了淺顯易懂的文字，應當能讓擁有一般機械知識的讀者能輕鬆理解。即使本書的範圍相較《機械運動》更加廣泛，但仍無法窮盡相關主題內容。許多裝置由於內容篇幅限制或無法確保適當的構造細節，因此不收錄於本書中；然而，經過謹慎地篩選，已涵蓋極為廣泛的機械領域。本書擇選的裝置除了能滿足學生一般性的需求，且能充分地代表古老傳統的和現代工業中使用的動力裝置。最高階的機械智慧可體現於本書描繪和說明的發明設計之中。

　　筆者並無意圖鼓勵徒勞無功地追求永動機，但也認為應詳盡介紹發明者設計的精妙方法，因為這些是發明者在受誤導後試圖針對無解問題時所提出的處理方法。對於仍相信能達成上述幻想目標者，這些有關永動機的說明內容，可能會引導他們集中心力投入其他更值得付出熱忱的事物。此外，由永恆運動發明者改革而來部分的機械運動，儘管可能無法達成發明者的期望，但仍有益於傳授真實的機械原則，並避免重覆犯下過去數世紀以來探索時經歷的錯誤，此點足以成為將永動機納入本書其一章節的合理原因。

　　隨著我們愈深入研究過去機械設計領域的新穎性和多樣性，便愈能發現人類獨創性的無限可能性。過去的複雜機械裝置所展現出的便利性與強大的構造力，是促使未來發明天才的好兆頭。

Gardner D. Hiscox.

目次 CONTENTS

第5章　蒸氣動力裝置

第6章　爆炸馬達動力和裝置

第7章　液壓動力和裝置

第 1 章　　機械動力，槓桿

1. 四匹馬用平衡器中的槓桿裝置
LEVER IN A DRAUGHT EQUALIZER

　　此平衡器由具有車前橫木的雙駕橫木組成。車前橫木為一根木條，以一端為支點，軸轉至杆子上的橫向框架，而外端則連結至雙駕橫木；雙駕橫木則為一根橫桿，軸轉至杆子的後端，杆子另一端與木棒相連，該木棒另一端連接至木條上，木條軸轉至杆子桿上的橫向框架。杆子對側的車前橫木會軸轉至木條一端，該木條會延伸跨過杆子並軸轉至橫桿。此構造可讓固定於所有車前橫木上的役用馬平衡使力，杆子上的雙駕橫木則可在木條終端上前後運動，於固定在杆子上的皮帶凸起處下方自由擺動。

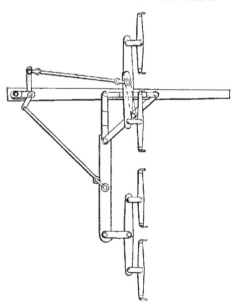

2. 抓木器
TIMBER OR LOGGRAPPLE

　　便利的裝置，可搬運重型木材、托梁、枕木、電話線杆等。

3. 雙輪犁的槓桿平衡器
LEVER EQUALIZER FOR SULKY PLOWS

　　兩個顎夾構成一個雙U形鉤，連接在犁橫木的前端，藉由顎夾上一系列的孔洞作用，調節加深或減少犁的運作深度，並將犁溝切割成預期寬度。

　　不同長度的兩根槓桿，上面裝有一組使役用平衡器，兩根槓桿各在顎夾兩側軸轉，並連接一條鏈條，該鏈條環繞固定於拉桿下側的滑輪。採用此方式，使役力量便能在兩根橫木之間平衡施力。擺動臂桿會軸轉至橫木兩側，維持並支撐鏈條，以由平衡作用槓桿直接拖動。

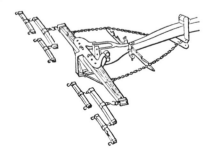

4. 三匹馬專用單杆槓桿平衡器
LEVER EQUALIZER FOR THREE HORSES

　　臂桿AC緊固在樺的兩側，且從樺到兩端樞軸之距離相等。臂桿A的一端上有一根軸轉之雙駕橫木B，B的另一端為固定之車前橫木G，G的對側端為車前橫木F，F由穿過雙駕橫木末端其中一個孔洞的銷固定，但可受調節。雙駕橫木會從外端軸轉，軸轉長度約為全長之五分之二。臂桿C的一端上有軸轉的雙駕橫木D，D的外端有車前橫木H，H由穿過其中一個孔洞的銷所固定。此雙駕橫木D的內端由繩索E與雙駕橫木B相連。雙駕橫木D會從內端軸轉，軸轉長度約為全長之三分之一。槓桿可透過兩根雙駕橫木各端上的孔洞產生變化，以適應不同環境條件。樺的直接使役力量位於兩個使役點的中間。

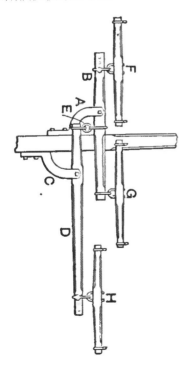

5. 槓桿式鉗子
LEVER NIPPERS

　　電纜工人使用的省力裝置。可輕鬆透過觀察如複合式槓桿的詳細零件發現其槓桿優點，也就是可雙倍擴大鉗子的剪切力量。

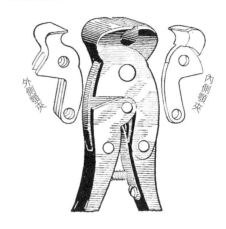

5A. 三匹馬平衡器
THREE-HORSE EVENER

　　此三匹馬平衡器與普通平衡器之差異，在於使用延伸部分將第三匹栓在樺上。此裝置的製作方式為讓兩匹馬使用雙駕橫木組，並使用圖上所示的部件取代車前橫木。這些部件的長度，每個

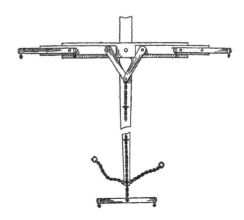

都比半個雙駕橫木再長一點。每個部件
皆緊固於雙駕橫木上，於距離一端三分
之一之處取代車前橫木。車前橫木緊固
在部件的短側，兩側較長端與兩根木條
相連，有一個U形鉤連接在榫下側運作
的鏈條上。數個掛鉤或掛環緊固於木頭
上，以此避免鏈條下垂。此平衡器可避
免由領路的馬匹負責拉動大部分的負
重。圖中所示為榫的下側。

5B.馬鈴薯挖掘機
POTATO-DIGGING MACHINE

此發明不僅能從地下挖出馬鈴薯，
也可將馬鈴薯與泥土分離並堆疊一起，
便於稍後收集工作。此機器由雙輪卡車
或手推車組成，具有一系列彎曲齒狀裝
置，這些齒狀裝置會組成耙狀部件。這
些齒狀裝置由軸轉的槓桿推動，進入馬
鈴薯堆後側的土中。藉由槓桿反向運
動，將泥土和馬鈴薯挖出地面，並透過
齒狀裝置篩出泥土，僅留下馬鈴薯。手
推車稍微傾向一側移動，把馬鈴薯傾倒
至馬鈴薯堆之間的地上，當機器前進至
下一堆時，將會重複上述操作。

5C.改良式動力曲柄
IMPROVED POWER CRANK

圖中顯示之曲柄經專門設計，適用
於任何由曲柄推動的機器，從咖啡研磨
機到火車頭皆可。使用改良式動力曲柄
可獲得更大的槓桿作用，且不會增加曲
柄銷或手把的轉動圈數。圖上所示為改
良式裝置，適用於腳踏車推進，圖1為
剖面圖，圖2則為俯瞰圖，顯示踏板在
向下和向上運動中，與鏈輪輪轂相距的
不同距離。改良式裝置具有專利，顯而
易見地，該原理可適用於任何傳輸力量
之機器。承載曲柄之環的凸出軸承是鏈
輪軸的一部分，或其會剛性固定於鏈輪
軸的軸承上，並具有偏離軸心的圓周。
對側曲柄會固定於環上，以組成曲柄的
剛性延伸部分，而環和中央軸最好皆裝
有滾珠軸承。軸的各端上皆固定一根臂
桿，臂桿外端由連桿連接至曲柄，曲柄
位於臂桿之前，或順著旋轉方向位於臂
桿前方，因此，在曲柄通過一半轉程的

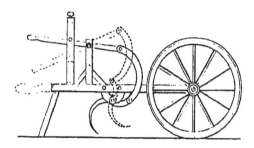

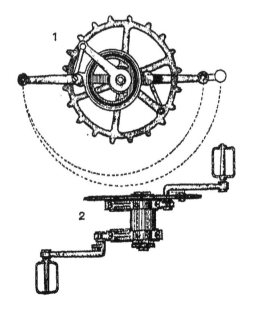

期間，最能直接傳達其拉力。透過觀察此裝置可發現，在不使用附槽曲柄、滑塊或其他操作部件等可能造成過度摩擦力之部件時，仍可獲得槓桿作用。

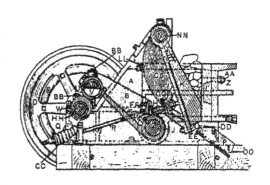

5D. 實用腳踏鉗
USEFUL FOOT VISE

圖上所示為簡易腳踏鉗，由鐵匠鉗製成，且具有優良的顎夾。皮帶A寬度為0.5英吋x2.5英吋。每側一條，彎曲方式如圖所示。共有四根連桿E，一側兩根，以形成肘節連桿。使用一個螺旋彈簧開啟顎夾，該顎夾使用腳踏板保持關閉狀態。

5E. 碎石機
STONE CRUSHER

此強力機器為槓桿動力實際應用的優秀範例。石頭會被放入固定的碎石板L和可移動板K之間，K鉸接在NN上，並透過肘節連桿J從槓桿B運作。槓桿B的上端承載軋輥，並由凸輪HH移動。由於可獲得數倍動力，因此材料會被粉碎成很小的碎粒。

5F. 手動推動車
HAND-PROPELLED VELOCIPEDE

此機械的設計與廣受歡迎的小型推車相似，但後者的一般驅動機制已由轉桶和皮帶運動取代。每次拉動驅動槓桿後，都可在鼓輪上重新倒轉皮帶，並使用棘輪放開鼓輪，讓鼓輪可在車輛行駛時於驅動軸上自由運作。用腳來駕駛推車，兩個滑動支架放在觸手可及的地上，對任一滑塊施以大量壓力可強制推動前方相鄰的輪子。煞車槓桿會放在騎行者易觸及之處，且可為兒童調整成適當的座椅大小。

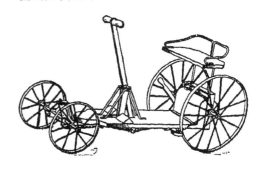

6. 萬用型螺絲起子
UNIVERSAL SCREW DRIVER

　　握柄上有棘輪套筒，可插入三尖式刀片，以獲得更大動力或配合特殊使用情況。

7. 此剖面圖顯示用於固定刀片方柄的棘輪和棘爪套筒，適用於轉角處作業。

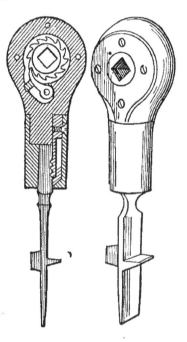

8. 快速接頭
QUICK COUPLING

　　適用於下水道桿。讓桿子能順暢連通，且在使用時不會鬆脫。

9. 動力傳輸
TRANSMISSION

　　透過鋼索和錨定槓桿傳輸。支撐用的T形管部件A、B，其臂桿透過鋼索WW與遠處的搖桿相連，軸轉至風車框架以及位於A處的曲柄桿，為十分有效率的遠端幫浦操作方式。家用幫浦使用堅固的柵欄網線已足夠，並可在長距離內使用滾輪支撐。

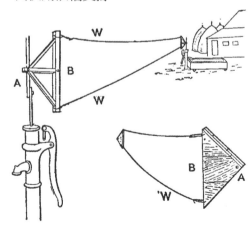

10. 貨袋升降梯
BAG ELEVATOR

　　貨袋從車門運送至格柵，升降梯的叉形機爪會撿起貨袋，並將其放在傾斜的滑槽上，以滑向水平輸送帶，這個機制可以讓貨袋放在想放置之處。叉形機爪會鬆鬆地固定在鏈輪鏈條上，鏈條會在凹槽中引導機爪，確保叉形爪不會在載重時下垂。

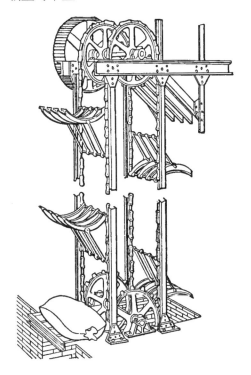

11. I 形橫梁推車
I BEAM TROLLEY

　　配有鏈式滑車的簡單有效裝置，適用在車床上安裝重型工作物，以及在商店中移動輕型物品。I形橫梁為倉庫或工廠前方最便利的承力支架，用於運送貨物進出卡車。

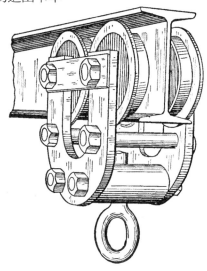

12. 雙向輸送機
TWO WAY CONVEYOR

　　可透過繩索和圓盤變更運輸方向。適用於穀物、礫石、沙、黏土和其他鬆散物質。

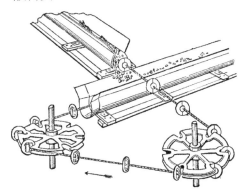

13.水平輸送機
HORIZONTAL CONVEYOR

接收來自升降梯（圖10）的貨袋，並將貨袋從傾斜導板處卸下，沿著倉庫地板放置。

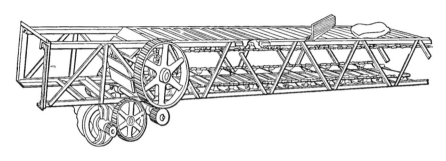

14.摩擦滑輪
FRICTION PULLEY

鎖在軸上的輪轂A會向上轉動，形成滑輪的軸承，並固定位於滑輪圓形循環室上的外蓋B。夾取牽轉具或槓桿C會掛在輪轂A的臂桿兩端，一端經過加工，以配合滑輪室的摩擦表面。鑽出副軸，以接收連接於開關上的硬化桿D。由於該桿子是透過開關在軸上移動，由桿子構成的雙楔會強制將兩個銷E推出，而這些銷會將槓桿緊緊夾在摩擦表面上。若桿子以反方向移動，彈簧會強制銷朝中心移動，並放開槓桿。插在滑輪室後方的螺旋塞可移除，且可調整銷E，給予抓取槓桿所需的壓力。

15.圖為銷和楔桿的剖面圖。

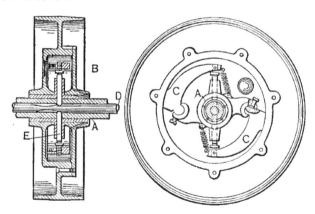

16. 繩索纜車運輸廂
ROPE TRAMWAY CARRIAGE

布萊希特（Bleichert）系統。上方繩索負責承載纜線和吊運車，下方繩索為拖引繩索，附有固定裝置連接到車廂框架。拉動掛繩以啟動或停止車廂。

17.
為敞開式車廂框架和手柄凸輪的側視圖。

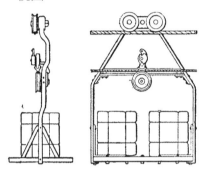

18. 囓合式 I 形橫梁推車
GEARED I BEAM TROLLEY

專為在工廠中的高架I形橫梁軌道上移動重型物品所設計。推車輪與驅動軸上的鏈輪齒輪相連，透過鏈條傳動，升降吊索為普通滑車，未顯示於圖中。

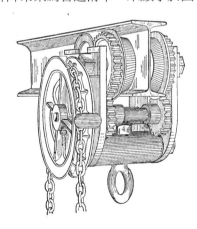

19. 可變式動力和速度
VARIABLE POWER AND SPEED

由摩擦錐形滑輪和橫動滑輪驅動，適用於鑽床。傳輸軋輥於側邊條上框架軸轉，且該框架由螺絲固定夾在所需速度必要的位置上。請參閱《機械運動》編號106內容，可瞭解傳輸軋輥的無摩擦形式。

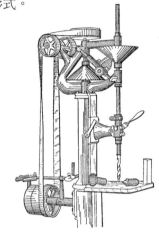

20. 蝸桿齒輪升降機
WORM GEAR ELEVATOR

史普瑞（Sprague）式。具雙蝸桿和齒輪，以平衡驅動軸的推力，亦為避免輪齒斷裂的安全方法。因為具有重複蝸桿和齒輪，可大大減少兩者間的磨損。

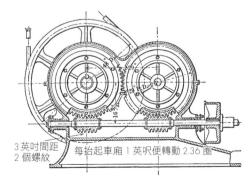

3英吋間距　每抬起車廂 1 英呎便轉動 2.36 圈
2 個螺紋

21. 現金運輸工具
CASH CARRIER

車廂上方表面有固定的立柱,軸頸用來安裝在高架鋼索或軌道上運行的有槽輪子的車軸。其他立柱上則有一根桿,桿上裝有兩個螺旋彈簧,讓該桿成為運輸工具的雙緩衝,每側都裝有觸止塊,其中兩個與鋼索連接,鋼索每端各一個。靠近木條的各端皆有一個棘爪,由彈簧推動作用,抬升未固定端,以自動與觸止塊上形成的唇口接合,讓車廂在到達任一端時靜止不動。在棘爪斷開連接後,槓桿會在框架上軸轉,並與棘爪連接,以啟動車廂。

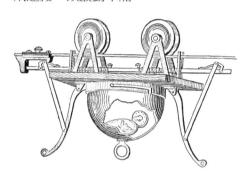

22. 變速裝置
VARIABLE SPEED DEVICE

輪子A和A'分別由安裝於軸上的兩個圓盤組成,兩者間裝有齒狀小齒輪BBB和B'B'B',這些小齒輪安裝於軋輥離合器上。小齒輪軸承以此方式放置的原因,是為了在圖示的板上槽中呈放射狀移動,以便依需求延長或縮短鏈條必須纏繞的直徑長度。若一個輪子或鼓輪的小齒輪向外輻射狀移動,連接的鼓輪就必須向內移動,反之亦然。

小齒輪經每個鏈輪上的兩個螺旋板帶動後會呈輻射狀移動,螺旋槽與小齒輪的軸承接合,並以與蝸形夾頭之顎夾相同的運作方式移動後者。有兩個位於插入鏈輪軸之槽中的扁平齒條,藉由同時移入或移出該扁平齒條來轉動螺旋板,以改變驅動齒輪和被動齒輪的直徑。

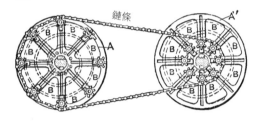

23. 摩擦滑輪
FRICTION PULLEY

左側法蘭固定於軸上,而右側法蘭則未受固定。如圖所示,後者法蘭齒的輪轂端受到切割,而齒之間的表面為螺旋狀。右側固定軸環經軋磨以與其對應。固定在未固定法蘭和軸環上的彈簧

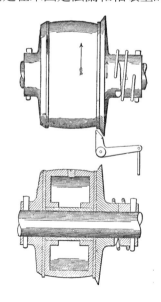

永遠為緊繃狀態，且會使法蘭依皮帶運作的方向旋轉。法蘭在軸上轉動時會被迫靠在運作的滑輪上，並因摩擦力而轉動，直到滑輪在兩個摩擦力表面之間被快速夾緊為止，此時滑輪、法蘭和軸三者會一起旋轉。若要放開滑輪，制動器（如右側摩擦片下所示）會被帶至法蘭的角面上。這會阻止法蘭運作，但軸環仍會與軸一起轉動，因此可消除摩擦的終端壓力，而放開滑輪。

24. 剖面圖所示為相關構造細節。

25. 板式離合器
PANEL CLUTCHES

辛普森（Simpson）式。無聲離合器，避免向後運動，並在無棘輪和棘爪猛然動作的情況下向前運動。適用於農具、縫紉機等。

26. 下圖為三角形快速操作板，其原理與用於另一個摩擦區段的操作板相同。平面圖和剖面圖。

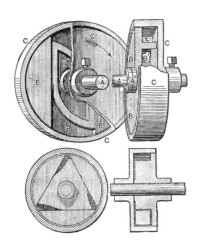

27. 摩擦滑輪
FRICTION PULLEY

在滑輪輪轂上鎖有一個軸環，一側具有凸緣，與摩擦片上的凸緣接合，會讓摩擦片鬆動地安裝於滑輪的輪轂上，與滑輪共同旋轉，同時在必要時，讓摩擦片能自由地橫向振動。讓摩擦片以此鬆散方式與滑輪相連，優勢是有助於減少損耗並保持穩定運行。

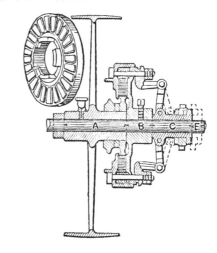

28. 黏度計
VISCOSIMETER

測量液體黏度的工具，或用於測量液體對流動或狀態快速變化時帶來的阻力。欲測試的液體會被放置在儲存槽中，該儲存槽中有槳式攪拌器或輪子。如圖所示，此輪軸是由一連串受鼓輪驅動之齒輪推動，該輪由砝碼和繩索旋轉之。軸的上端為蝸桿和蝸輪，蝸輪軸上為指示器，通過刻度盤的前方來確定槳或攪拌器的速度。砝碼會先被鼓輪頂端的曲柄拉起。將液體倒入儲存槽中，然後將儲存槽抬升至適當位置，讓槳輪適

度浸入。接著，在鼓輪和砝碼開始讓樂輪旋轉時，會拋出刻度盤正下方的樂軸軌跡。然後便可使用其他液體做為參考標準，注意刻度盤上指示器說明，瞭解液體的黏度。指示器旋轉圈數或在指定時間內通過的刻度，與測試另一種液體的讀取數相比，便可取得相對黏度。

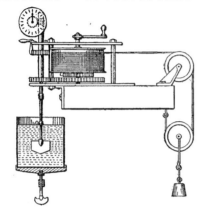

29. 正向組合離合器
POSITIVE COMBINATION CLUTCH

此離合器手柄的首個動作會接觸摩擦圓錐，進一步推動手柄後，會移動離合器上的齒輪使其接觸摩擦圓錐，避免摩擦圓錐滑動。手柄上的雙臂曲柄臂會讓離合器固定在鎖定的位置。

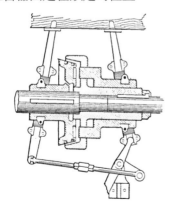

30. 氣動皮帶開關
PNEUMATIC BELT SHIPPER

此裝置包含具有活塞運作的簡易小型氣缸，此類裝置能適當擲出皮帶，氣缸各端以管線連接雙通旋塞，該旋塞的塞子具有一根操作人員可取得之木條，木條上附有環狀繩索。連接至活塞的是臂桿o，向下延伸至承載移動叉的木條，剩下則由空氣完成。編號31圖示說明僅需一個運動即可完成皮帶的運作。

具有背襯皮帶的機器如編號32配置圖所示，當皮帶位於未固定滑輪上時，活塞和移帶叉則由兩個螺旋彈簧固定於中央位置。彈簧會受到壓縮，極易克服其阻力，在空氣進入對側氣缸時，該動作會將皮帶放在前側或背襯滑輪上。

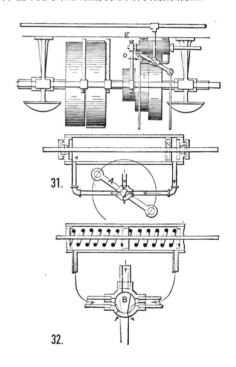

31.

32.

33. 聲學電話
ACOUSTIC TELEPHONE

傳話筒a具有中央孔徑，能將聲波傳遞至膜片c，其邊緣會固定在傳話筒的槽口中。該膜片直徑約為7英吋，由雲杉木製成，聲響極大，且提供足以維持線路導線張力的力量。傳話筒和膜片藉由線路導線的張力固定於台座部件b上。台座部件兩側fg嵌入，中央開口，用於將線路導線連結至膜片的螺紋通道。前側凹槽f在膜片和台座部件中心提供一個讓膜片可自由活動的空間，好讓儀器做為接收器使用時，能促進發音清晰度，而後側凹槽g則會為發射器提供微量支撐力，以此避免大量接觸牆壁，並預防過度振動。

若要避免發音不清和聲學電話常見的饗聲，線路導線會透過絲線連接至膜片，絲線會纏繞在線路末端並?牢牢連接，同時，絲線會分成三股或更多股線固定於金屬環c上，並在金屬環c和膜片之間插入橡膠環或皮環d。線路導線是由纏繞在一起且上漆的股線製成，以綑綁導線並避免導線互相摩擦。

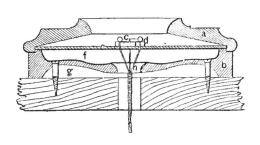

34. 聲學電話
ACOUSTIC TELEPHONE

如圖所示，藉由讓角度旋轉約45°，將橡膠帶連接至木軛，懸掛鋼索藉此加強聲音傳輸。小型橡膠或皮製阻尼器會連接或綁在節點之間的主鋼索上，避免因風或雨產生過度振動和音調變化。若傳話筒為金屬製成，應接地，以避免發生電火花。

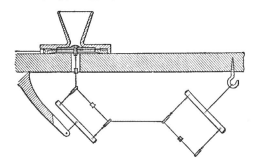

35. 聲學電話
ACOUSTIC TELEPHONE

箱體前板A具有中央孔徑。膜片b在板D的中央開口上延伸伸展，板D下方和邊緣皆有強化肋。環狀木塊F的厚度

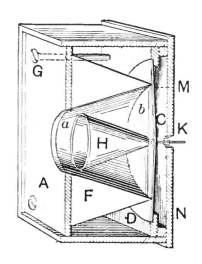

由上至下變薄，內、外側皆同，並放置於前板和膜片之間。木塊的上方開口與前板的中央開口重合，下方開口則比板D的開口小。木塊底端邊緣由螺栓G帶動壓在膜片上。木塊的中央開口中有一個漏斗形槽H，由鋼索ab固定於上下兩端，讓漏斗的下端能與膜片保持一小段距離。有一個固定於膜片中央的按鈕，鋼索K固定於上方。漏斗會集中聲波，並將聲波引導至膜片，造成強烈且明顯的振動，以重新產生非常清楚的字詞。膜片由交替的膜皮層和紡織物層或約1/16英吋厚的硬膠層組成。

36. 聲學電話
ACOUSTIC TELEPHONE

此電話的特徵為曲型傳話筒D、一個振動室I和一個耳管T，以便在通話時無須移動頭部便可將振動傳回耳朵。其亦連接一個發條齒輪振動器，透過膜片上的錘擊發出響亮的聲音。傳話筒D和共振器I可依便利性，以金屬、硬膠、木頭或紙漿製成，直徑為3至5英吋。

37. 截面圖。

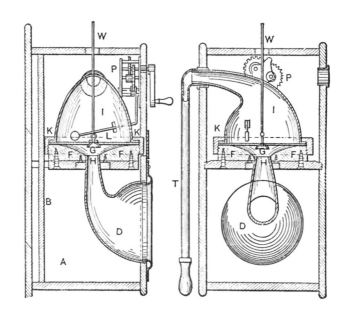

第 3 節　動力測量，彈簧

38. 顯示風向標
REGISTERING WIND VANE

風向標aa約位於建築物屋頂上15英呎處，垂直軸bb固定於風標上，且隨之轉動，並讓圓筒cc進行相應運動，將顯示紙固定其上。顯示紙會依據一天的小時數垂直分為24部分，且鼓輪之圓周分為4等分，北（N）、東（E）、南（S）、西（W），各為風向的四分之一。d處有一個鉛筆管連結至砝碼e的頂端，而該鉛筆會利用印度橡膠彈性彈簧輕靠在紙上。發條g讓此砝碼能在二十四小時內降至圓筒的底部，若取出圓筒，顯示紙便會滑落。黏貼顯示紙的邊緣，並讓其與圓筒的另一邊重疊，以此放置另一張顯示紙。

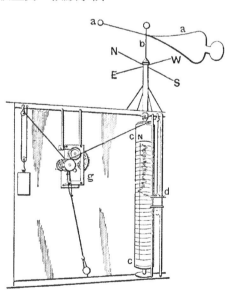

39. 風速計
ANEMOMETER

魯濱遜（Robinson）式。用於測量風速。蝸形螺絲會在承載指示器的其中一列囓合分度輪上運作。刻度標示可供直接判讀，從0.1英里、1英里、10英里、100英里到1,000英里。如此一來，便可從兩個讀數和時間的差異得出風速。

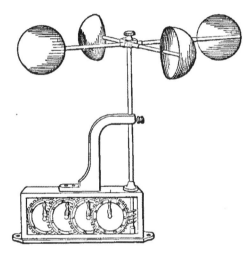

40. 電子信號風速計
ELECTRIC SIGNAL ANEMOMETER

　　由四個固定於水平桿A上的空心半球或空心杯組成，其與桿A垂直橫跨彼此，並以垂直軸D支撐，軸D的蝸桿螺紋與輪H囓合。輪H表面上有斜面凸出的銷E，與彈簧I上的斜面凸出部分囓合。該銷也會如此排列在輪H上，讓杯臂A每旋轉二十五圈便能經過單擊電鈴，可暫時關閉電路。電子電路會在絕緣接線柱B上啟動，經由導線前往絕緣彈簧C，在此完成彈簧I到儀器框架和非絕緣接線柱F的電路。從接線柱B和F開始線路導線，由鈴和電池完成電路。

41. 金屬溫度計
METALLIC THERMOMETER

　　此儀器具有兩個硬膠滑輪組，安裝於板上凸出的螺栓上。一條細黃銅線（No.32）會連接至板上一端，交替繞過上方組和下方組的連續滑輪，最終端會與螺旋彈簧的一端相連，該彈簧的強度足以在不拉伸銅線的情況下，讓其持續繃緊。彈簧的另一端會連接至板上凸出的螺栓。滑輪的直徑不同，因此每一組都能形成一個圓錐體。這個結構可讓一個摺積的導線不會與下一個摺積的導線重疊。

　　上方組的最後一個滑輪具有轂，附有一個平衡分度器。由板上的凸出支柱負責在分度器後支撐曲形刻度。

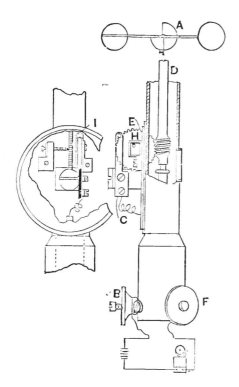

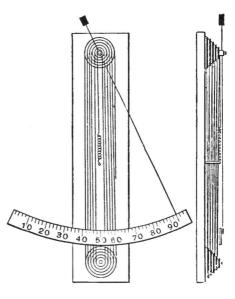

42. 風力顯示器
WIND FORCE REGISTER

金屬桶aa由馬口鐵製成，高度為兩英呎，直徑為一英呎，並由鏈條b懸掛在天文台屋頂強而有力的支柱c上。其下端由鏈條和導桿d連接，外殼底端裝有螺旋彈簧。此彈簧頂端為一枝鉛筆，靠在紙張gg上，並固定在被發條拉到一旁的板上。風吹時，錫製圓筒會被推至其他位置，如虛線圖a'a'所示，而鉛筆則會被向上拉起。風愈大，錫製圓筒被推得愈旁邊，且鉛筆也會被拉得愈高。向上拉起鉛筆至指定點所需的力量直接由實驗決定，並以每平方英呎的磅重表示。風吹的方向不會有影響，因為不論何種方向，施壓的表面都相同。

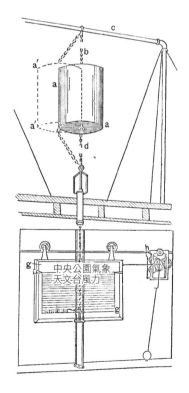

43. 記錄風速計
RECORDING WIND METER

由垂直軸支撐的十字末端位於建築物屋頂上數英呎處，該末端為四個半球形銅杯。無論何種風向，都會以約三分之一的風速讓這些半球形銅杯轉向，如同實驗中決定的速度。

因此，連接至環形螺絲的軸的下端會被銅杯旋轉，該環形螺絲會連接至一列會移動凸輪的輪子。此輪子的放置方式是為了讓凸輪轉動一圈便能對應至風動15英里。在每次凸輪旋轉時，放在凸輪邊緣且輕靠在表面上的鉛筆會被從紙張底端向上端帶動。應注意，此紙張會貼於板上，而該板會被發條以每小時半英吋的速度拉至側邊。鉛筆由紙張底端移動至上端的次數，乘以15，就會得到風在每小時或每日移動的英里數。

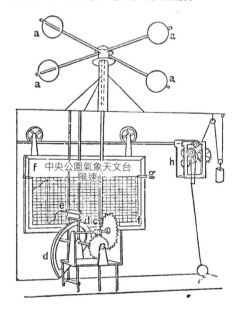

44. 記錄氣壓計
RECORDING BAROMETER

標有AB的管子為玻璃管，上方部分的直徑大於導桿的直徑，A內部直徑為3/4英吋，長度為10英吋；而導桿B的孔徑為1/8英吋，長度為26英吋。因此，管子的總長為36英吋。儲存槽C懸掛在黃銅框架D上，並固定在外殼的背後。此框架也負責支撐鋼彈簧E、E的上端。玻璃儲存槽C與管子A上方部分的直徑和長度相同，會於開口端轉動法蘭，以此固定於黃銅框架F上，鋼彈簧E,E的下端固定在F上，也承載墨鉛筆G，G會碰觸板上的格線紙H,H，而該格線紙會被發條J拉至一旁。

秤重儲存槽的彈簧由鋼索製成，為英國線規第22號，緊繞在心軸上，直徑為1/2英吋，長度為10英吋，其先經硬回火冶煉，後再進入油後點燃兩至三次，以降至適當溫度，燃燒的油會形成漆器，避免在潮濕的天氣中生鏽。

氣壓計和其他儀器的墨鉛筆製法，皆為將窄玻璃管拉至細筆尖，其會輕觸紙表，留下已由四分之一體積的甘油稀釋的紅墨水記號。甘油能避免墨水太快乾掉。

若要接收大氣波動，應以小黃銅夾K、K將適當格線紙固定於板HH上，該板子會以軋輥懸掛在固定在箱側的粗鋼桿上，紙張會在箱上被發條J透過其時針心軸上的滑輪，以每小時1/2英吋的速度，從右側運送至左側。

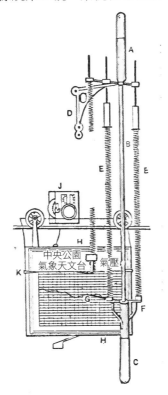

45. 顯示空氣溫度計
REGISTERING AIR THERMOMETER

彎成圓形的玻璃管，頂端有一個氣閥，由平衡砝碼達成完美平衡。部分玻璃管中（如圖粗黑線所示）會填滿汞。氣閥末端的空氣膨脹和收縮會移動汞，並透過重力變換帶動指示器向上或下移動。由發條移動的圓筒會收到紀錄。

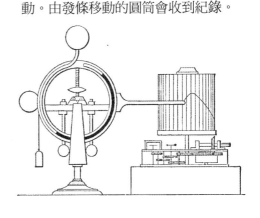

46. 金屬溫度計
METALLIC THERMOMETER

一系列交替排列的鋅桿（條）和鐵桿（條），其交替末端會被固定在一起，因此第一根桿應為鋅桿，最後一根應為鐵桿，最後一根鐵桿應延展至曲形槓桿，該槓桿負責推動連接指針的扇形和小齒輪。與標準溫度計進行比較，以此製作度盤刻度。

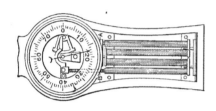

47. 恆溫器
THERMOSTAT

用於保溫箱。用鉚釘或焊料將一捲鋅和鋼帶捆在一起，其中心端固定於保溫箱室中的塊狀物上，並由槓桿連接至阻尼器和油芯齒輪上的槓桿，負責控制進氣口和火焰。鋅應比鋼細，並放置於平衡槓桿和連接物上。A為進氣缸、B為全鐵皮燈罩，O為阻尼器桿，D為油芯桿。

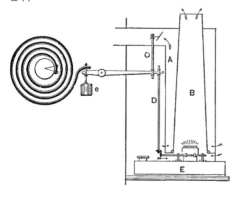

48. 金屬溫度計
METALLIC THERMOMETER

儀器的操作依黃銅和鋼之間的膨脹差異而定。黃銅的線性膨脹較鋼更大，因此若黃銅製曲形條被鋼製直條限制在兩端，在加熱時，黃銅條將比鋼條拉得更長，因此也會更加凸出。

圖示右側為兩根條棒，直條為鋼條，而曲形條則為黃銅條。鋼條兩側各有兩個短距離裂縫，其耳狀環會朝反方向彎曲，可當彎曲黃銅條兩端的橋座，並由一根鋼條固定兩根黃銅條，以此構成一根複合條，如下圖所示。每個複合條都會鑽過中心。十根或更多根此類複合條會不固定地串在桿上，該桿則會固定於支座上。鐙由兩根桿和兩根橫木組成，放在上方複合條上，並向上穿過支座。支座上方與連桿相連，並有一個扇形槓桿，該槓桿與分度軸上的小齒輪嚙合。

49. 直鋼條和曲形黃銅條。

50. 複合條。

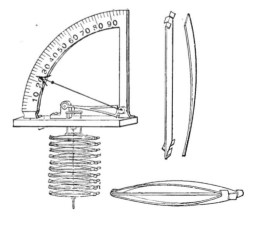

51. 最高和最低記錄溫度計
MAXIMUM AND MINIMUM RECORDING THERMOMETER

　　a、b為兩根硬膠條或桿，連接至分度臂k和調整柱f。較低一端會在槓桿d,l上軸轉，如側方圖所示。m為容納鬆動的彈簧。j為木製框架。s、s為兩個輕法蘭套筒，在固定於分度刻度上的彎桿n上自由滑動。刻度為與汞溫度計比較後製作的刻度。e,a為調整分度器位置的螺帽。

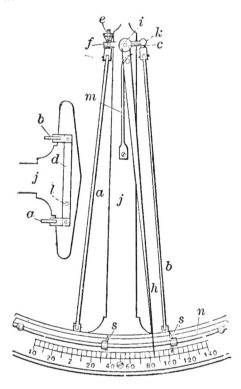

52. 日照溫度計
SUNSHINE RECORDING THERMOMETER

　　一根鐵管從房間中的儀器穿過屋頂延伸至室外。其上端有一根緊固於金屬溫度計棒d上c點的鐵棒b。從d未固定端開始，會有一根細線從導輪向下穿過鐵管內部到下面房間中的槓桿e。在槓桿的長端有一支墨鉛筆f，負責在登記紙gg上記錄溫度計條的運動，該登記表會以兩個小夾子固定在被發條h橫移的板上。屋頂上金屬溫度計條上方為玻璃罩I，用來保護金屬溫度條避免受到天氣影響；若僅記錄溫度，則會以百葉箱覆蓋金屬溫度條。

　　登記紙gg上會顯示整日的波動情況。在此情況下，將有許多雲層通過太陽和儀器之間。如果曲線沒有震盪，即表示當天天氣晴朗。

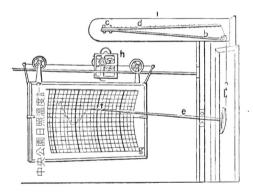

53. 離心速度指示器
CENTRIFUGAL SPEED INDICATOR

中央和外側管路中彩色液體的重力，會隨固定指示器的旋轉離心力而變化。

此機器包括三條管路a、b、b2，彼此間自由相連，並垂直安裝在錐形中心。這些管路會緊緊密封空氣，不讓任何液體流出或流入。刻度會放置在標準中央玻璃管的對面，且各刻度對應至各種速度。當裝置啟動時，彩色液體的液位高度會在中央管a中下降，並在b和b2中上升。透過比較a中的液位和刻度，便能讀取速度。

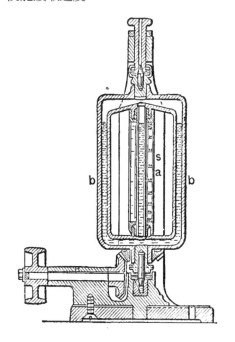

54. 濕度計
HYGROSCOPE

在此儀器中，脫去所有脂類的金屬細絲股線H上端會固定在f點，下端則固定在曲柄k上，由在O點軸轉的角度桿上較短且重的臂g帶動。較長且輕的槓桿臂為指示器，並於三叉戟Z處終止。金屬絲線的特性為隨相對濕度增加而膨脹或增長，或隨其降低而收縮。由於金屬細絲股線會持續低於臂g重量提供的張力，因此若相對濕度增加或減少以及相對應的金屬絲線膨脹或收縮，指示器Z便會隨之運動，一次會行進雙刻度。臂Z的中央點代表相對溼度中較低的刻度（刻度從0至100）。在海拔不高處使用溼度計時，若發生大量露水或降雨後，便會受到土壤濕度影響。因此，若為小雨（雪、霧）、中雨和大且持續的雨勢，應從指示器指出的百分比中減掉百分之五、八或十五。

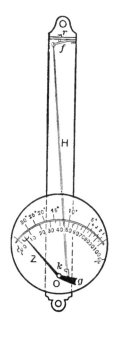

55. 普洛尼式煞車
PRONY BRAKE

槓桿臂於A點軸轉。承載煞車塊的帶子於D和B點連接至槓桿。煞車塊為空心，具有內部水循環供冷卻使用。煞車蹄片的表面塗有動物性油脂，摩擦表面上不得有任何水分。與帶子相連的塊B會在曲形槽中移動，由螺絲和方向盤手輪S控制。帶子中有鬆緊螺旋扣，以收緊煞車塊的抓力。由於摩擦表面有絕佳的潤滑且無水分，因此摩擦係數會些微波動，可藉由多種調整方式進行極細微的調節。軸的中心M、位於A點的支點，以及砝碼連接至槓桿的接點，皆必須在同一條與接地線平行的直線上。

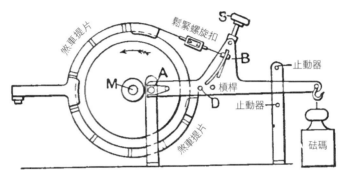

56. 傳動測力計
TRANSMISSION DYNAMOMETER

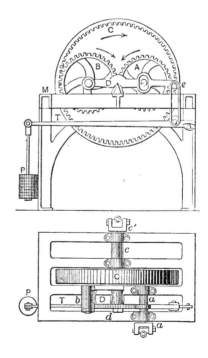

馬達會直接在輪A的軸上朝圖的箭頭所示方向作用，且此輪會帶動中間的輪B，將動作傳遞至內齒輪C。後者會藉由軸c和萬向接頭c'與要實驗的機器相連。

輪軸a和lc安裝在固定於框架M上的軸承轉動，但輪B的軸會在軸襯中轉動，該軸襯會由衡梁帶動，該橫梁的固定軸會剛好通過輪A和B的圓周接點。這是因為輪A施加在輪B上的力量或動量與上有橫梁震盪的刀刃邊緣無關，也因此，此類力量不會朝其中任一方向移動橫梁。而該橫梁僅受輪C推動輪B之力的阻力影響，而此阻力也可透過槓桿系統，以砝碼P來測量，比例為1比10。

57.熱能深度計
THERMOHYDROSCOPE

此儀器包括必要的鋅製和鋼製雙螺旋S，以及一根預先備妥的金屬細絲股線H，會由螺旋的a端延伸經過中心r，越過軋輥O，到達分度器Z的終端。中心r由彈簧f推動，並透過固定螺釘s抬升或降低。若中心降低，金屬細絲股線會受張力約束，而分度器Z便會因此上升；若中心上升，金屬細絲股線會被放鬆，而分度器會因自身重量下降。此儀器的分度器便是以此方式調整。

螺旋S的運作方式與溫度計螺旋相同。溫度上升時，螺旋會向內彎曲，讓自由移動的一端a向下移動至a'。股線H的張力也會因此減少，而分度器會下降。由於相對溼度依舊相同，因此股線的長度不會改變。雖然多能濕度計會持續指向百分之五十，但熱能濕度計會透過分度器下降來顯示溫度升高，而在溫度相同時，分度器的變化則表示相對濕度的變化。

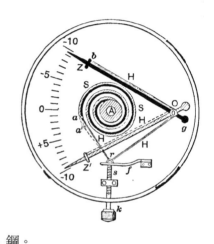

彈簧動力
公式字母參考說明：

P　為最大磅數。

B　為彈簧的寬度（單位：英吋）。

H　為彈簧的厚度（單位：英吋）。

L　為彈簧的長度（單位：英吋）。

F　為彈簧的撓度（單位：英吋）。

R　為螺旋彈簧的半徑或套用負載處。

　　S = 最大壓力。

　　　= 100,000磅/平方英吋，橢圓彈簧

　　　= 80,000　　　"　　　"　　　螺旋　　　"　　 } 鋼。

　　　= 14,500　　　"　　　"　　　"　　　"　　 黃銅

　　E = 彈性模量。

　　　= 31,500,000磅/平方英吋（鋼）。

　　　= 15,000,000　"　　　"　　（黃銅）。

　　G = 扭力的彈性模量。

　　G = $\frac{2}{5}$ E = 12,600,000磅/平方英吋（鋼）。

　　　= 6,000,000　　"　　　"　　（黃銅）。

根據公式，彈簧的最佳運作，為其最大負載的一半。

58. 矩形彈簧
RECTANGULAR SPRING

固定在某側的單側負載上。

最大負載	撓度	彈性度
$$P = \frac{S B H^2}{6 L}$$	$$F = \frac{6 P L^3}{E B H^3}$$	$$\frac{F}{L} = \frac{S L}{E H}$$

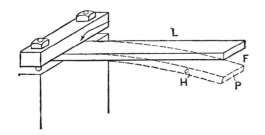

若彈簧為寬度相等且和厚度相同的三角形，請使用上述公式，其中B=底部或最寬部分的寬度。

59. 複合式三角彈簧
COMPOUND TRIANGULAR SPRING

或切口中有超過一種的任一板片。

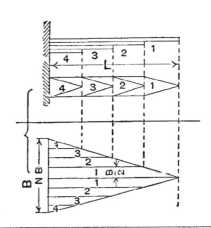

最大負載	撓度	彈性度
若為單一或雙重橢圓彈簧，最大負載＝2 P。 $$P = \frac{S N B H}{6 L} = \frac{S B^1 H^2}{6 L}$$ N ＝ 離開數	雙重橢圓彈簧的撓度 ＝ 2 F。 $$F = \frac{6 P L^3}{E N B H^3}$$	$$\frac{F}{L} = \frac{S L}{E H}$$

板片逐漸變細為 $\frac{H}{2}$

60. 渦形或螺旋彈簧
VOLUTE OR SPIRAL SPRING

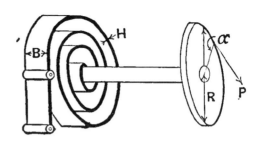

扁形。P=套用至臂桿末端R的動力。距離a=臂桿的彎曲。

最大負載	撓度	彈性度
$$P = \frac{S B H}{6 R}$$ $R = P$ 的半徑。	$$F = R\alpha = \frac{12 P L R^2}{E B H^3}$$	$$\frac{F}{R} = \frac{2 S L}{E H}$$

L為作用中彈簧的總長度。

61. 單一橢圓彈簧
SINGLE ELLIPTIC SPRING

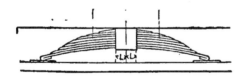

62. 雙重橢圓彈簧
DUBLE ELLIPTIC SPRING

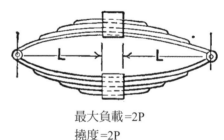

最大負載=2P
撓度=2P

63. 螺旋彈簧
HELICAL SPRING

扁形。P=套用至臂桿末端R的動力。距離a=臂桿的彎曲。

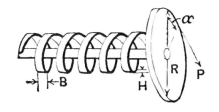

最大負載	撓度	彈性度
若為正方形，B＝H. $$P = \frac{S B H^2}{6 R}$$ R＝半徑	$$F = Ra = \frac{12 P L R^2}{E B H^3}$$	$$\frac{F}{R} = \frac{2 S L}{E H}$$

L=作用中彈簧的總長度。

64. 螺旋彈簧
HELICAL SPRING

圓形。P=套用至臂桿末端R的動力。距離a=臂桿的彎曲。

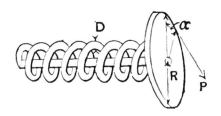

最大負載	撓度	彈性度
$$P = \frac{S \pi D^3}{32 R}$$	$$F = Ra = \frac{64 P L R^2}{\pi E D^4}$$	$$\frac{F}{R} = \frac{2 S L}{E D}$$

L =作用中彈簧的總長度。

=3.1416。D=鋼的直徑。

65. 直線形扭力彈簧
STRAIGHT TORSION SPRING

扁形。

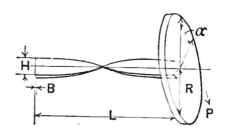

最大負載	撓度	彈性度
$P = \dfrac{S B^2 H^2}{3 R \sqrt{B^2 + H^2}}$ $H > B$, 兩者相近 $P = \dfrac{S B^2 H^2}{3 R [0.4 B + 0.96 H]}$	$F = R\alpha$ $= \dfrac{3 P R^2 L [B^2 + H^2]}{G B^3 H^3}$	$\dfrac{F}{R} = \dfrac{S L \sqrt{B^2 + H^2}}{G B H}$

H為彈簧的寬度。B為厚度。G為模量$= {}^2\!/_5 E$。

66. 直線形扭力彈簧
STRAIGHT TORSION SPRING

圓形。P=套用至臂桿末端R的動力。距離a=臂桿的彎曲。

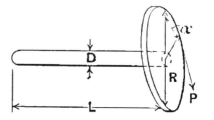

最大負載	撓度	彈性度
$P = \dfrac{S \pi D^3}{16 R}$ $R =$ 半徑	$F = R\alpha = \dfrac{32 P R^2 L}{\pi G D^4}$	$\dfrac{F}{R} = \dfrac{2 S L}{G D}$

$\pi = 3.1416$。D=鋼的直徑。G為扭力的彈性模量。

67. 螺旋扭力彈簧
HELICAL TORSION SPRING

圓形。用於縱向拉動螺旋。

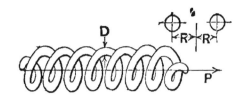

最大負載	撓度	彈性度
$$P = \dfrac{S\,\pi\,D^3}{16\,R}$$	$$F = \dfrac{2\,R\,S\,L}{D\,G}$$ $$F = \dfrac{32\,P\,R^2\,L}{\pi\,G\,D^4}$$	$$\dfrac{F}{R} = \dfrac{2\,S\,L}{G\,D}$$

π=3.1416。D=鋼的直徑。G為模量。

68. 螺旋扭力彈簧
HELICAL TORSION SPRING

扁形。用於縱向拉動螺旋。

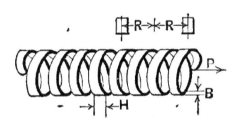

最大負載	撓度	彈性度
$$P = \dfrac{S\,B^2\,H^2}{3\,R\,\sqrt{B^2+H^2}}$$ H > B，兩者相近 $$P = \dfrac{S\,B^2\,H^2}{3\,R\,[0.4\,B+0.96\,H]}$$	$$F = \dfrac{3\,P\,R^2\,L\,[B^2+H^2]}{G\,B^3\,H^3}$$	$$\dfrac{F}{R} = \dfrac{S\,L\,\sqrt{B^2+H^2}}{G\,B\,H}$$

G為模量。

69. 錐形螺旋扭力彈簧
CONICAL SPIRAL TORSION SPRING

圓形，用來拉或推。

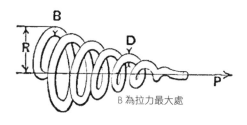

B 為拉力最大處

最大負載	撓度	彈性度
$P = \dfrac{S\pi D^3}{16R}$	相近 $F = \dfrac{16\,P\,R\,L}{\pi\,G\,D^4}$	$\dfrac{F}{R} = \dfrac{S\,L}{G\,D}$

π=3.1416。G為模量。

70. 錐形螺旋扭力彈簧
CONICAL SPIRAL TORSION SPRING

扁形。用來拉或推。

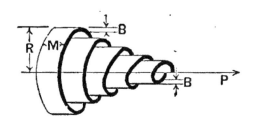

最大負載	撓度	彈性度
$P = \dfrac{S\,B^2\,H^2}{3\,R\sqrt{B^2+H^2}}$ H > B, 兩者相近 $P = \dfrac{S\,B^2\,H^2}{3\,R(0.4\,B + 0.96\,H)}$	相近 $F = \dfrac{3\,P\,R^2\,L\,[B^2+H^2]}{2\,G\,B^3\,H^3}$	$\dfrac{F}{R} = \dfrac{S\,L\sqrt{B^2+H^2}}{2\,G\,B\,H}$

G為模量。

71. 承樑彈簧
BOLSTER SPRINGS

圓形。讓每個彈簧的效果加倍。

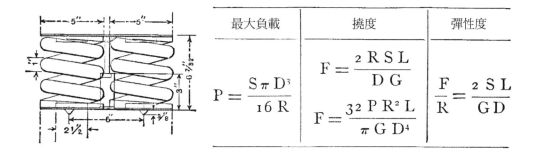

最大負載	撓度	彈性度
$P = \dfrac{S \pi D^3}{16 R}$	$F = \dfrac{2 R S L}{D G}$ $F = \dfrac{32 P R^2 L}{\pi G D^4}$	$\dfrac{F}{R} = \dfrac{2 S L}{G D}$

D=鋼的直徑。π=3.1416。G為模量。

72. 複合式承樑彈簧
COMPOUND BOLSTER SPRING

必須先取得每個彈簧的值,然後再全部相加,即為複合式彈簧。

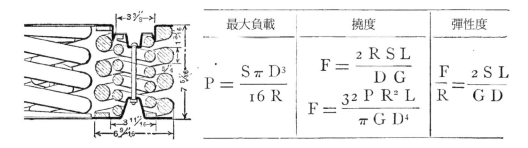

最大負載	撓度	彈性度
$P = \dfrac{S \pi D^3}{16 R}$	$F = \dfrac{2 R S L}{D G}$ $F = \dfrac{32 P R^2 L}{\pi G D^4}$	$\dfrac{F}{R} = \dfrac{2 S L}{G D}$

G為模量。

72A.牽引力測力計
TRACTION DYNAMOMETER

　　任何機動車輛的拉桿拉力是由部分形式的牽引力測力計所判定。此儀器會放在動力來源或車輛拉桿以及不動物體（例如大型樹木）之間。車輛啟動後，在汽車驅動輪滑動或引擎停止之前，儀錶板上會顯示最大拉力值（單位為磅）。此測力計也可能用以表示托鏈或牽引裝置的張力。顯而易見地，此性質的儀器可能很容易被用來執行對比測試，即牽引力或多種形式引擎的拉桿拉力，以及鑽頭之間的對比測試，也可用來表示拖車、拉犁或其他工作時所需的牽引力。

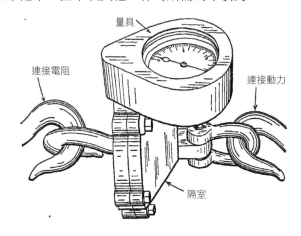

量具

連接電阻

連接動力

隔室

72B.水泥測試機器
CEMENT-TESTING MACHINE

　　圖示為理勒（Riehle）美規1,000磅自動水泥測試器。該機器由全金屬打造。藉由將彈丸倒入機器左側的錐形斗中讓橫木平衡，以此平衡右側的砝碼。然後，將測試煤磚放在夾具中，並藉由下方夾具下的手輪抬起收緊部分。接著，斗中的新式設計活塞閥會被向上抬起，彈丸會從該斗流出，砝碼讓斗失去平衡，以此將負載物放至檢測樣品上。足夠數量的彈丸從斗中落下後，砝碼的不平衡力量便足以打破煤磚，然後重量減輕的斗會因砝碼而震動，接著活塞閥會關閉，停止彈丸的流動。

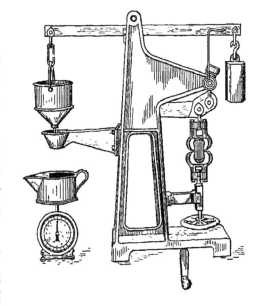

進入接收器的彈丸重量是打破煤磚所需的力量。此彈丸以放在分度標上的勺子舀取，以便直接讀取煤磚上的壓力。若煤磚變得柔軟，讓橫木能在煤磚破掉前先撞擊下方緩衝物，則閥門會自動關閉，且彈丸會停止流動。因此，可依操作者意願，使用蝸桿和輪子抬起橫木，繼續測試。若需要極精確的測試，則可在檢測期間讓橫木保持水平，放置曲柄和蝸輪裝置。任何形式的磅秤皆可用來代替彈簧平衡。由於過去曾收到抱怨，抗議握把會在測試過程中分離，因此堅固的後方握把也是一項新設計。分離會讓測試條件發生重大變化，導致出現相對應的不準確結果。握把十分牢固，可避免發生任何彈跳情況。在1,000磅機器中的彈丸重量比例為1比100，普通秤上的10磅彈丸即表示1,000磅的拉力。在2,000磅機器中的比例則為1比80，25磅的彈丸即表示2,000磅拉力。

72C. 速度指示計的計時裝置
TIMING DEVICE FOR SPEED INDICATOR

執行動力測試的重要裝置即為速度指示計。圖上顯示的為施泰力（Starrett）式的自計時配件。圖上所示的指示計盒切分為兩部分，這兩部分皆與鉸鏈和肘節接頭相連，因此蝸桿齒輪便可使軸上的蝸桿搖擺，並停止顯示旋轉。運動時，固定閂會被擲出或通過固定在主輪上心軸的延伸碟，此時螺旋彈簧便會讓盒子在中心橫木上搖擺。動力來自固定在主輪心軸上的主彈簧。一個有凹槽的圓盤會與棘爪嚙合，以固定彈簧。從主輪傳遞至擒縱器的傳動裝置是由三列輪子和小齒輪組成。擒縱器為具有棘輪形輪齒的齒輪，與托板相連並一起運作，托板上有一條延伸細線，做為調速器使用。小型銷能避免圓盤繞一整圈。若彈簧行進至零，會由輥紋旋鈕旋緊，每條線代表15秒。偏心螺桿做為調節器運作，會接觸調速器的線繩。

操作時，外殼會被向下推並關閉，以連接具有運作轉軸的蝸輪。同時，銷會釋放摩擦力，開始運動。由彈簧壓至到位的閂會讓外殼保持關閉，直到計時針向下行進至零處才會被打開。若是首次放入彈簧，會旋緊三圈，以確保適當的運動張力。輪子的心軸會在圓盤上運作，其中一個心軸可能固定於其中有轉軸運作的橫木上。

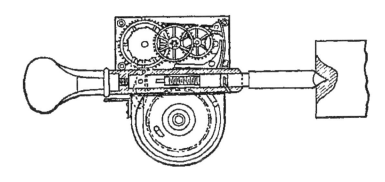

第 4 章　產生動力，蒸氣

73.內部燃燒鍋爐
INTERNALLY FIRED BOILER

雙層瓦楞管狀爐，具有圓柱殼和回流管。有大水量和大水面，能確保蒸氣穩定。

充足的蒸氣空間和乾管能避免發生虹吸作用。

74.鍋爐的截面圖。
大陸式（continental type）。

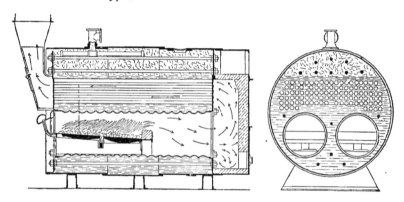

75.海恩鍋爐中的熱循環
HEAT CIRCULATION

兩道縱向耐火磚隔牆沿著上方和下方管路負責引導加熱的氣體，使之與整個管路表面接觸。

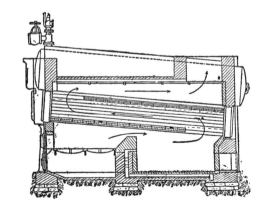

76. 三殼鍋爐
TRIPLEX BOILER

具有下引式爐排（grate）的范寧（Fanning）式鍋爐。外殼充滿管路，無支柱。頂殼用來做為蒸氣空間。燃燒的氣體會經由管路通過下殼下方，並回到三個外殼之間。水管路位於上殼中。據稱，此裝置的效率很高。

77. 鍋爐部分的剖面圖。

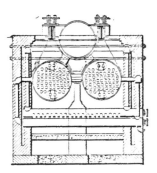
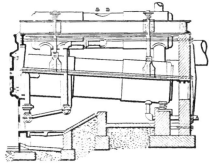

78. 下引式鍋爐
DOWN DRAUGHT BOILER FURNACE

海恩鍋爐中的霍利（Hawley）式，c為管狀爐排，d為爐排集管和前鼓筒之間的連接管。b為爐排集管和後方具有噴氣口之鼓筒間的連接管。

a為從爐排集管各端至鍋爐殼的連接排氣煙道。此配置能在爐條中產生快速循環，且可避免過熱。

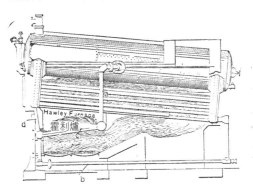

79. 水管鍋爐
WATER TUBE BOILER

此配置目的為利用攪煉爐的熱能。最有效的熱能節能器，可從任何爐中獲得足夠的廢棄熱能，以產生蒸氣。膜片會引導熱能通過兩組直立管路，發揮最大優點。

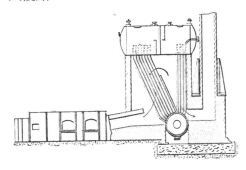

80. 直立式水管鍋爐
VERTICAL WATER TUBE BOILER

木製式。爐膛位於一側，具有上、下管路鼓筒，該管路分成兩部分，且防火磚隔板會延伸至靠近管路頂端處。唯一的循環供給，是透過火側的向上氣流帶動管路後排的向下氣流。管路清潔方式為蒸氣噴射，會途經安裝在牆上的門。

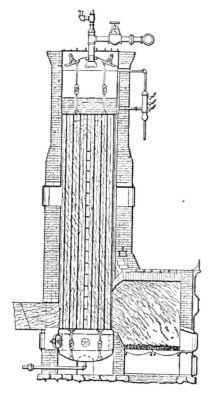

81. 閃蒸盤管鍋爐
FLASH COIL BOILER

由兩個環環相扣的開放式鐵盤管組成，因此中央空間成為實用的蒸氣產生表面。

此形式可在小空間中提供大型蒸氣產生表面。

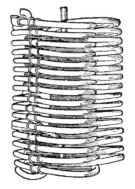

82. 指狀水管鍋爐
FINGER TUBE BOILER

外殼由小型鍋爐的厚管路或較大尺寸的1/2英吋板製成。指狀結構為數個短管，這些短管由一個方形扳手頭將一端焊接在一起，並使用普通管狀螺紋拴在外殼上。連接管並非必要結構，因此可省略。適合業餘使用的優秀鍋爐。

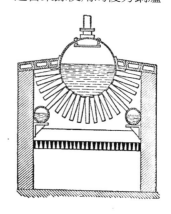

83. 雙工水管鍋爐
DUPLEX WATER TUBE BOILER

　　現在普遍使用的水管鍋爐有許多種，此為其中一種，在取得蒸發能力和空間方面具有極佳的經濟效益。膜片會在許多直立管路間傳播而均勻地熱能。

　　右方半側剖面圖為管路與外殼的連接。

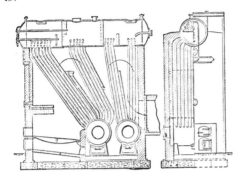

84. 閃蒸式蒸氣產生器
FLASH TYPE STEAM GENERATOR

　　進水處A位於盤管底部。汽油會在位於蒸氣盤管下方的小型鑄鐵蒸餾器B中汽化。此為一種經濟實惠且安全的類型，適合業餘使用和汽車使用。由此類鍋爐的泵作用控制蒸氣的產生。

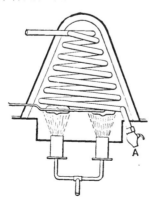

85. 蒸餾器平面圖，顯示來自進水泵的連接方式，以及通往蒸餾器下方燃燒器的連接方式。

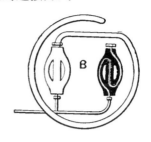

86. 新型馬達
NOVEL MOTOR

　　此類馬達中，球形體會以彼此直徑相對的方式，成雙成對地排列，每一對皆由一根管子連接。此類馬達是由一系列的球形體構成，管狀臂和支撐軸皆由小型燈泡的熱源推動運作。每一對球形體皆包含足以填滿其中一個球形體的水。如此一來，形成的輪子會在以燈泡加熱的偏轉器上旋轉。球形體中的空氣會耗盡，由於沸點低，水在真空情況下便會產生壓力，足以迫使水從熱球形體流向上方較冷球形體。

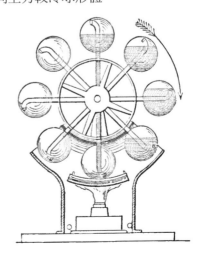

87.太陽能引擎
SOLAR CALORIC ENGINE

愛立信（Ericsson）系統。此引擎在晴天時的轉速為每分鐘420圈。與一般熱氣式引擎的構造設計相同，可在相同的環境下運轉。

根據計算，若為赤道至北緯45度之間的所有緯度，太陽每天照射九小時的輻射能量，約對應光線照射普通表面每分鐘和每平方英吋的3-5熱單位，即772英吋磅。因此，100平方英吋的表面會提供27萬英吋磅的動力，或約8至9馬力。

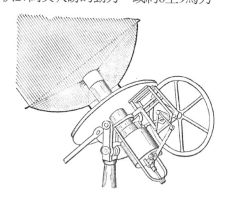

產生的壓力為每平方英吋75磅力，每小時蒸發的水量為11磅。用於驅動泵。此類型的太陽能馬達現在多使用於美國南加州，用於抽水灌溉。反光板直徑為33又1/2英呎，產生10馬力。

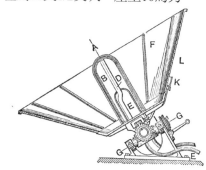

89.船舶用水管鍋爐
MARINE WATER TUBE BOILER

此為一種輕巧且有力的鍋爐，由迪．湯普勒（Du Temple）於法國發明，並用於英國魚雷炮艦。於1876年獲得專利。

此鍋爐已具備日後水管鍋爐所需的必要品質。

後方連接管線提供充足的水循環，其中一個如切面圖所示。

88.穆喬式太陽能鍋爐
MOUCHOT'S SOLAR BOILER

A為玻璃鐘罩，B為具有雙層包絡的鍋爐，D為蒸氣管，E為進料管，F為錐型鍍銀鏡。GG為心軸，依據季節不同，調整心軸GG上裝置傾斜度的齒輪裝置，由東向西讓機器運動。I為安全閥、K為壓力計、L則為水位計。

頂端的直徑為9英呎，鍍銀玻璃表面為45平方英呎。黑銅鍋爐高度為31英吋，直徑為11英吋。薄玻璃覆蓋面積比鍋爐大2英吋。

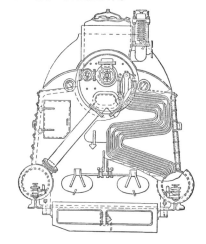

90. 移動連結床式鍋爐
TRAVELING LINK GRATE

連桿條爐排是由齒輪鼓筒向前送入，該齒輪鼓筒會攜帶從漏斗處送入的煤，並在爐的前拱下方燒成焦煤。由齒輪速度以及開啟進料斗、滑動門和爐篦護板來調節爐篦的動作和煤的數量。

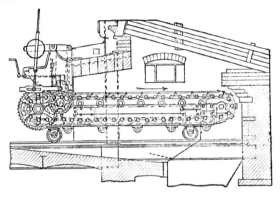

91. 下引式燒木爐
DOWN DRAUGHT WOOD BURNING FURNACE

曲形槽有助於將木材自動送入爐篦中。槽的寬度適合堆疊木材。火從側門熄滅。聖卡拉路（St. Clair）式，也適合燃燒煙煤。

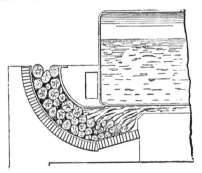

92. 重力進料爐
GRAVITY FEED FURNACE

用於內部火箱鍋爐。爐排的傾角專為煙煤設計，適合煤的滑動特性。進料漏斗會明顯擴大橫跨爐排的寬度。煤的進料量會依燃燒率而下降，而燃燒率則會受允許之通風量調節。新的煤會在被適當「捕獲」之前由燃燒的燃料加熱，以初步釋放氣體，將可極為明顯地減少爐所產生的可見煙霧量。

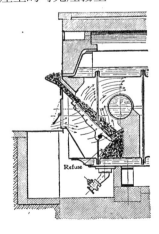

93. 下引式爐
DOWN DRAUGHT FURNACE

位於內部燃燒鍋爐中。伊斯威特（Eastwood）式。

水管爐排，在爐頭之間具有管子，上、下爐門之間有十字頭，讓爐排內能有良好的循環。

94. 爐的縱剖面圖。

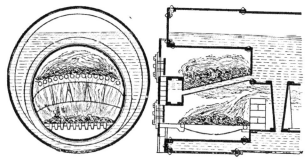

95. 下進式爐
UNDER FEED FURNACE

中央具有深口的循環爐排，煤會由螺旋承載道從盒箱中升起並送入。煤會被往上推，穿過中央漏斗並落至爐排上，並以此方式持續循環。

A為箱盒或進料斗。

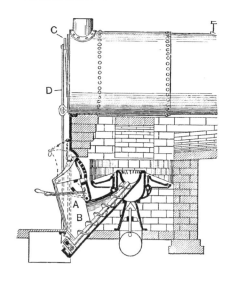

96. 環形汽動鼓風機
ANNULAR STEAM BLOWER

用於鍋爐和其他爐。環形鑄鐵室，以特定角度噴射蒸氣並投射至聚合式錐形體中，並以與蒸氣壓力對應的力量吸入空氣。

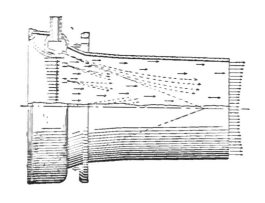

97. 汽動鼓風機
STEAM BLOWER

艾農科庭（Eynon-Korting）式。雙噴嘴空氣注射器和雙錐形管路，適用於鍋爐和其他爐。針閥會調節來自中央噴嘴的蒸氣氣流，從兩個噴嘴周圍進入的氣體會強化該蒸氣氣流。

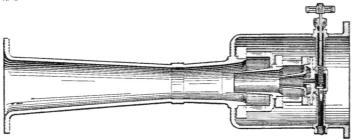

98. 阿剛德汽動鼓風機
ARGAND STEAM BLOWER

　　適用於爐。此為封閉於外殼內的穿孔型環形噴嘴，具有曲形側面和蒸氣連接口。

　　以少量蒸氣供給大量空氣。空氣和蒸氣會在鼓風機的外殼中均勻混合，吹出的氣體才會送入灰坑中。運作時產生之噪音極為小聲。

99. 圖為環和噴嘴。

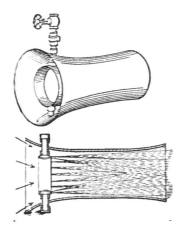

100. 煤粉進料裝置
COAL DUST FEEDING APPARATUS

　　旋轉的鋼刷會將煤粉高速帶入爐中，並與從進料斗口進入的空氣混合。利用由刷軸操作的搖動裝置調節進粉量。

　　進料斗的搖動部分如虛線所示。

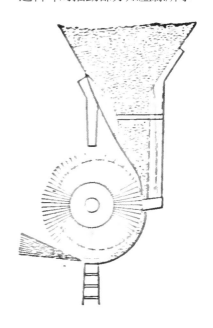

101. 煤粉燃燒器
COAL DUST BURNER

　　直立管a用於引入空氣，使空氣成為系統的樞軸，a的組成部件如下：1.可移動式套管b以螺栓固定於主要空氣導管c以及次要空氣導管d上；2.進料斗e由箱f支撐；3.進氣管g；以及4.錐形室h。箱f由導管d支撐，但不相通。

　　固定管a側面有兩個孔徑，該孔徑位於兩根導管c和d的前方，會在裝置運作時重合。在停止運作時，系統會旋轉運動，讓可移動式套筒的側面關閉管子d的孔徑。導管c分為兩個分支，讓煤粉進入進氣管g。

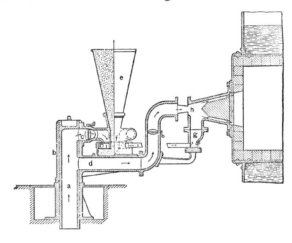

102. 燃油燃燒器
FUEL OIL BURNER

　　適用於南加州鐵路之石油燃燒器的平面圖和剖面圖。此燃燒器有兩個室，分別為油和蒸氣室；空氣會透過燃燒器周圍的階段式開口進入爐中。

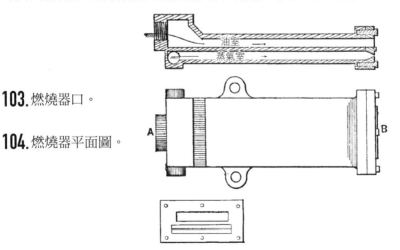

103. 燃燒器口。

104. 燃燒器平面圖。

105.–109. 燃油燃燒器
FUEL OIL BURNER

平面圖和剖面圖，用於南太平洋鐵路（Southern Pacific Railroad）火車頭的石油燃燒器。

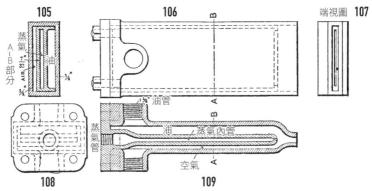

蒸氣、油和空氣室皆十分寬廣，且會散播廣泛的火焰。

第106、107、108和109圖為燃燒器的細節。

110. 自動鍋爐的燃燒器
BURNER FOR AUTOBOILER

圓盤室由鐵板重壓而成。內部空氣管路會拴入後方頭部，並供給空氣完成燃燒。外部管路會拴入頂板，並從下方腔室供給環形蒸汽氣流。

111. 汽車鍋爐
AUTOMOBILE BOILER

圖為燃燒器管上方的燃燒器和汽化盤管配置。

汽油會進入螺旋盤管，並在該盤管中汽化。透過閥B注入燃燒器室之蒸汽中具有空氣。C和A為開啟燃燒器的油和空氣霧化閥。

汽油槽應具有30磅的空氣壓力。霧化閥A與汽油槽的空氣室相連。

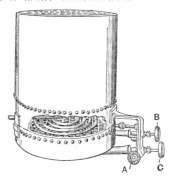

112. 油料燃料燃燒器
OIL FUEL BURNER

此為英式核准設計，在此裝置中，蒸氣會從雙錐形爐喉油氣環內的環中噴出。經過專門設計，為最經濟的油料燃燒裝置。

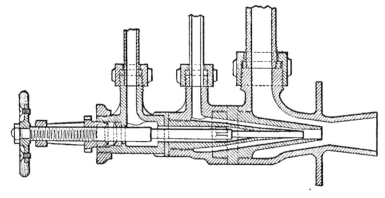

113. 液體燃料燃燒器
LIQUID FUEL BURNER

阿克特（Urquhart）火車頭式。空氣噴嘴為固定式，蒸氣噴嘴則可使用螺絲和蝸型齒輪移動，並調節油的流動。空氣會進入燃燒器前端與被雙頭螺栓延遲動作的板子之間。火焰會從穿過容水空間的牽條管進入爐中。

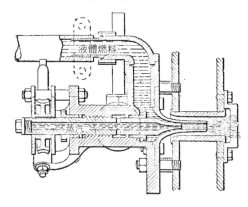

114. 燃油爐
OIL FUEL FURNACE

用於加熱和固定輪胎。油和空氣的混合物會透過特殊形狀的延長噴嘴進入排氣罩，該噴嘴能有效混合油和空氣，並將混合物同時向外擴散。空氣管與D室連結，D室尚有一個排水用的旋塞。D和C之間裝有一個閥，用於控制壓力。油管會連接至C的後側，並由管G牽引穿過C，G的末端為一個四孔噴嘴。空氣會從噴嘴底端四周的環形孔中流出，讓細霧形式的油穿過延長管進入排氣罩A。

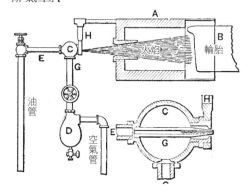

115. 燃油燃燒器
FUEL OIL BURNER

空氣燃燒器。布朗（Brown）式。空氣會從環形漸縮錐體d噴出，遇到來自中央管D的小油柱，也會從小孔a、a、a、a噴出細緻的熱油柱；以上所有皆會形成霧化燃料的發散錐體e, e, e, e。C為耐火磚的喇叭形開口。J為點火杯。空氣壓力為25至30磅。

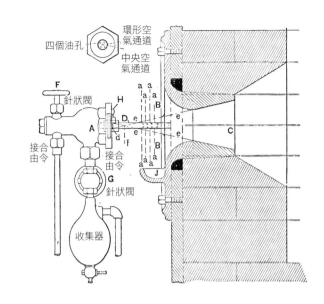

116. 液體燃料燃燒器
LIQUID FUEL BURNER

杯狀爐蓖式，藉由煙囪的自然風力運作。爐中的熱能會加熱杯槽的內側邊緣，讓油料汽化，並讓油與空氣混合。油會流入上槽，並溢流至下一個槽，接著依序流過各槽。使用滑蓋和氣塞來調節火量。請參閱編號117圖，深入瞭解細節。

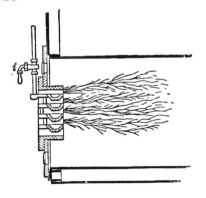

117. 石油火爐排
PETROLEUM FIRE GRATE

諾貝爾（Nobel）式。此爐排由一系列的疊加槽a、a'、a"組成，包含液體燃料，由小盆r、r'、r"負責調節排放，這些小盆與槽b、b'互通。透過經排放管T、T'、T"的小盆，在各末端開啟。爐排的所有部分皆以鐵鑄成一個部件，且包含不可移動的接頭。油會進入上槽，並透過管T溢流至下一個槽，依序流過各槽，直至最後溢流至接收槽中。此方法可讓所有槽皆保持恆定油位。

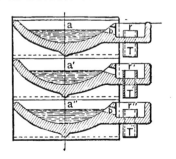

118. 煙囪風力指示器
CHIMNEY DRAUGHT INDICATOR

一杯水中的倒置浮子會經齒條和小齒輪連接至刻度指針。煙道或煙囪會經管子或軟管連接至中央管的底端。由於部分真空之故，煙囪的風力會釋放與水靜態高度相等的壓力浮子，產生持續的刻度紀錄．

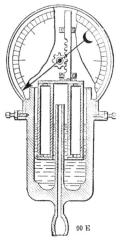

120.-123. 鍋爐的安全管塞
SAFETY PLUGS FOR BOILERS

倫肯海默（Lunkenheimer）式，符合美國調查局的規定，禁止使用不可靠的合金，且規定所有管塞應以純班薩錫（Banca tin）填充，該錫合金在達華氏446°（=攝氏230°）時才會熔化。

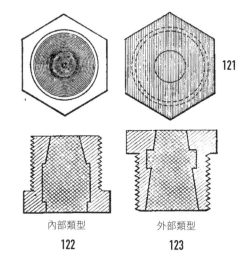

內部類型　　　　　　外部類型
122　　　　　　　　123

119. 漏氣鍋爐管的管塞
PLUG FOR LEAKY BOILER TUBES

螺栓會緊緊拴入其中一個管塞，其他管塞有填函和填料函，使用橡膠或石綿包裝完整封住桿的四周。

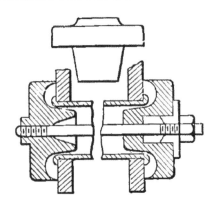

124. 簡易型浮子蒸氣收集器
SIMPLE FLOAT STEAM TRAP

尤里卡（Eureka）式。一個緊密銅球，底部具有閥門和導桿，且進氣管中有導桿。

進氣口

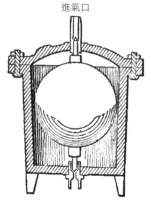

125. 差速膨脹蒸氣收集器
DIFFERENTIAL EXPANSION STEAM TRAP

由黃銅管和鐵管的差速膨脹和收縮（3：2）來控制排放凝水閥門的開啟和關閉。透過調整槓桿來控制閥門狀態，將水排出，因此在蒸氣進入黃銅管時，黃銅管會因額外熱能而膨脹，並抬起閥座來關閉閥門。

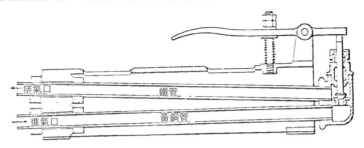

排氣口　鐵管　黃銅管　進氣口

126. 自動蒸氣收集器
AUTOMATIC STEAM TRAP

勞拉（Lawler）式。開放式浮子會經由溢流，利用槓桿連接、填充、下沉和開啟排放閥。若浮子因蒸氣壓力而清空，則會上升並關閉閥門。

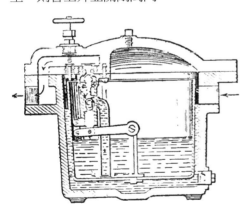

127. 浮子蒸氣收集器
FLOAT STEAM TRAP

此為其中一種具有密封浮子的蒸氣收集器，浮子和閥門直接連接，專門提供少量運動給浮子，以操作閥門。

閥門具有箱籠導軌，其導桿會鬆鬆地托著浮子，無論浮子任何一側產生動作，皆不會鬆開閥門。

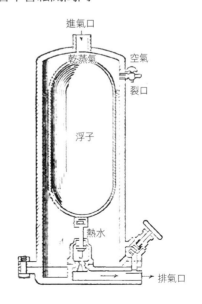

進氣口
乾蒸氣　空氣
裂口
浮子
熱水
排氣口

128. 自動鍋爐進料器
AUTOMATIC BOILER FEEDER

讓水進入鍋爐，運作原則與真空泵相同。

此進料器位於鍋爐水線上方4英呎處，讓水能藉由重力或壓力流入進料器。水的重量會交替填入腔室中，讓腔室下降，並在水藉重力流入鍋爐時，開啟轉閥中的蒸氣端口，以達鍋爐壓力。同時，凝結的蒸氣會填入上方腔室。透過讓蒸氣管連接至鍋爐的高水線，使其自動動作，此時，蒸氣將無法進入腔室，動作也會停止。緩衝器會調節進料器的動作。

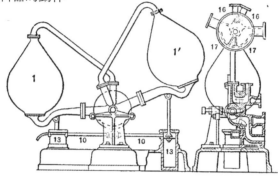

129. 平衡式蒸氣收集器
BALANCED STEAM TRAP

浮子B永遠充滿水，且不易倒下。透過閥門槓桿另一端的平衡砝碼W來達成平衡，讓浮子B能藉由砝碼和浮子的差速漂浮，在室S充滿水時開啟閥門。

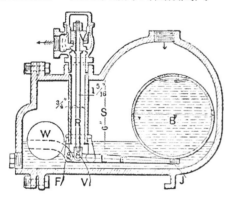

130. 回流收集器
RETURN TRAP

布雷辛（Blessing）式。用於將冷凝水抬升至比鍋爐水線更高的水位，透過重力讓壓力平衡，使冷凝水回到收集器中。

可移動式斗可讓槓桿運作，並透過鍋爐壓力平衡閥門，將水排至接收器，再藉由重力讓水從接收器回到鍋爐。

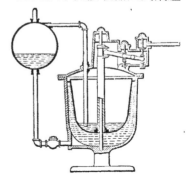

131. 離心蒸氣分離器
CENTRIFUGAL STEAM SEPARATOR

由螺旋格板四周蒸氣旋轉而產生的
離心力，會使夾帶的水分被甩到外殼
上，並滴入外殼底部。

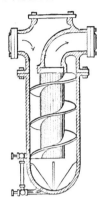

132. 簡易式鍋爐進料裝置
SIMPLE BOILER FEED DEVICE

A為通氣旋塞，以排出進料槽中的
空氣或蒸氣；C為旋塞，讓鍋爐中的蒸
氣進入槽中；D亦為旋塞，讓水從槽流
向鍋爐。槽的底部應高於鍋爐中承載的
最高水位。供水的最低水位必須高於槽
的底部。若要讓鍋爐進料，請先關閉C
和D，再開啟A和B。然後，水將流入槽
中。然後便會關閉A和B，並開啟C和
D，槽中的水將流入鍋爐中。

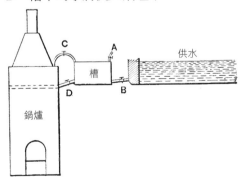

133. 低水位警告器
LOW WATER ALARM

邦迪（Bundy）式。適用於蒸氣鍋
爐。此為一個失去平衡且浸入水中的桶
子，槓桿會連接至號笛閥上。低水位會
讓桶子露出，其不平衡的重量便會開啟
號笛閥。

切面圖顯示的是詳細的零件組成。

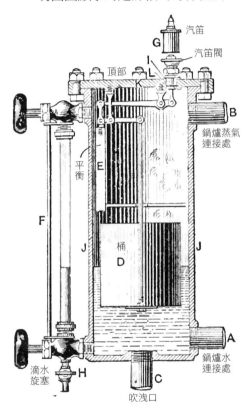

134. 表面冷凝器
SURFACE CONDENSER

外殼一端有兩個管頭，冷卻水會流過較小的同心管，並透過管與管間的環形空間回流。每根管子僅有一個接頭，避免因管子膨脹和收縮而發生問題。

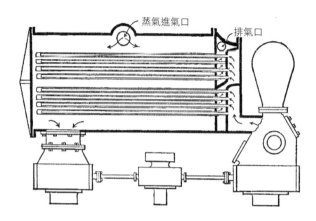

蒸氣進氣口　　　　排氣口

135. 進水加熱器和淨化器
FEED WATER HEATER AND PURIFIER

安德生（Anderson）式。此裝置包含一個直立式汽缸，該汽缸內有多個充滿過濾物質的分隔間。排出的蒸氣會進入底部，並經由短管流入第一個分隔間，並從該處透過環繞第二個分隔間的環狀開口進入該分隔間，再從另一個環型開口流入下一個分隔間，以此循環，直到抵達汽缸或外殼的頂部。

在通過環型開口後，蒸氣會與擋板接觸，該擋板會引導蒸氣穿過落下的水，進一步凝結大量蒸氣。水會經過環型管中的穿孔從頂部進入，水會落在擋板上，擋板會將水傳輸到上方過濾分隔間中。水會從下一個分隔間透過蒸氣流滴落至第二個過濾室或過濾床，依此類推循環，直到落至底部儲存槽中。球型

浮子會與頂端的調水閥連接，並維持儲存槽中不變的水位。密封的溢流管讓儲存槽中的水無法溢流至排放管中。進水泵在靠近底部之處，從儲存槽中抽取熱水，以此避免讓表面上出現任何油類。

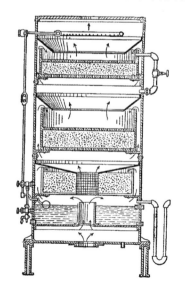

136. 新型表面冷凝器
NOVEL SURFACE CONDENSER

汽缸充滿小型管，如編號137圖所示。從一端噴射至管子上的噴射水柱會帶有大量空氣，被錐形室底端的吸取式鼓風機吸入管子。水會汽化，並與空氣一起吸收排出蒸氣的熱能，再由鼓風機排出蒸汽。泵會保持排氣室內的真空狀態，並讓冷凝水流回鍋爐。據稱，僅需一磅水便能凝結一磅蒸氣。

137. 冷凝器和管子的剖面圖。

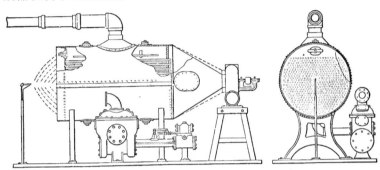

138. 蒸發器
EVAPORATOR

用於從鹽水中取得淡水。箱室負責持續供應半滿的鹽水，並透過吹洩保持低於飽和度。蒸汽會由真空泵透過冷凝器，經頂部的穿孔型管抽出。在26英吋真空下，海洋鹽水的沸騰溫度約為華氏153°（=攝氏67.22°）。來自盤管的冷凝蒸氣會被裝置儲存並過濾，或再次送入船上鍋爐。將足以供船舶使用的蒸汽傳輸至曝氣器和冷卻器。

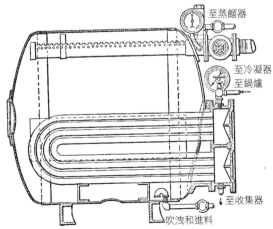

139. 複合式引擎類型
TYPES OF COMPOUND ENGINES

　　在單缸或單筒引擎中，高壓和低壓區域會由活塞桿或筒的尺寸來調整，該活塞桿或筒由一個填料函封閉。連接桿會在筒中連接。

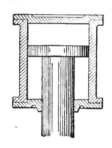

140. 複合式引擎類型
TYPES OF COMPOUND ENGINES

　　並列雙軸與曲柄在軸的兩端呈120°。飛輪位於中心。此類型沒有止點。

141. 低壓汽缸，圖示為活塞的相對位置。

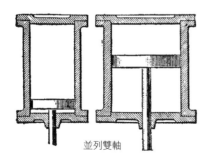

並列雙軸

142. 複合式引擎類型
TYPES OF COMPOUND ENGINES

　　雙複合式、緊密連結的串聯，高壓汽缸在前方，曲柄在軸的兩端呈120°，飛輪位於中心。

143. 活塞的相對位置在兩張圖片中以交替衝程呈現。

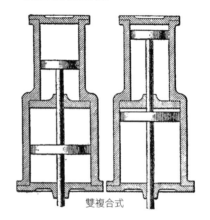

雙複合式

144. 三段膨脹引擎
TRIPLE EXPANSION ENGINE

具有雙串聯高壓汽缸。愛德華（Edwards）專利。此設計的目的是製作汽缸、蒸氣閥和端口的配置，讓中間汽缸的背壓不會對高壓活塞產生反作用力，亦為中間汽缸提供蒸氣壓力，且不會增加高汽缸的背壓。蒸氣進入a3室中，並經過兩個活塞閥的開口，當通過底部中心時，該開口會通向上方活塞a。切面圖為關閉狀態。

在做為三段膨脹運作時，閥門會在活塞到達b2點時關閉，其會讓蒸氣以完整壓力進入活塞b上方的汽缸B，但汽缸A的曲柄位於最高速移動的四分之一處，同時，活塞B會向下移動。亦可看出較低的活塞A會到達其汽缸的頂部。同時，與上方活塞位於排氣位置不同，活塞A會位於通過下方端口a9的接收位置，而閥門a5已向下移動至足以開啟的遠處。活塞A會在返回衝程上開始運作，無需進一步解釋。

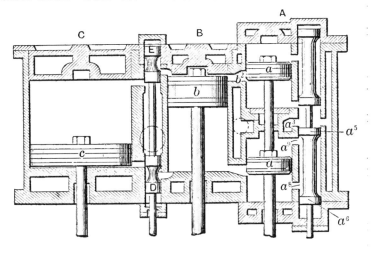

145. 複合式引擎類型
TYPES OF COMPOUND ENGINES

串聯複合類型，其中前方汽缸為高壓，僅使用金屬套筒做為填料函，與低壓汽缸緊密連結。

146. 反向型的汽缸獨立，且與一般填料函分開一小段距離。

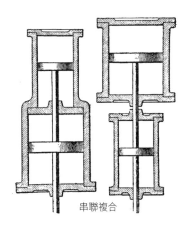

串聯複合

147.高速立式引擎
HIGH SPEED VERTICAL ENGINE

　　羅德（Rhodes）式。平衡式格子閥，具有新式設計的汽門，能透過生皮盤H提供快速且完整的閥門運動，H會在軸上的不規則凸輪滾動，並可在3/8和5/8的限制之間調整停氣時間。軋輥經由彈簧K持續與凸輪接觸。

　　凸輪如圖機架所示。

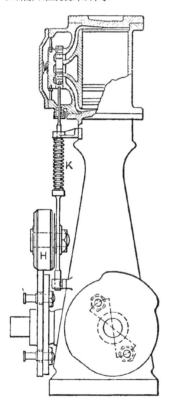

148.複合式蒸氣或空氣引擎
COMPOUND STEAM OR AIR ENGINE

　　華生（Watson）式。蒸氣或空氣會從底部和活塞之間進入，向外驅動活塞至圖示的汽缸左端位置。若活塞位於此位置，凸輪閥會開啟上方端口，並關閉進氣口，讓蒸氣或空氣聚集在活塞之間，並傳至活塞的另一側，將蒸氣或空氣向內驅動至切面圖右側所示的位置。在完成向內衝程後，活塞上的延長導桿會立即開啟終端或排氣閥，並保持開啟，直到活塞完成向外衝程和旋轉循環。若要讓馬達反轉，裝置會從頂端取得蒸氣或空氣，而非底端。此類馬達配置方式可讓蒸氣或空氣使用一次後、或者使用兩次後排放。

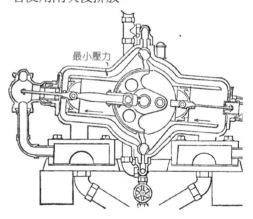

最小壓力

149. 三段膨脹船用引擎
TRIPLE EXPANSION MARINE ENGINE

明尼蘇達號（Minnesota）蒸氣船式。汽缸面積比例為1:5:15、衝程為48英吋、曲柄位置為120°、高壓汽缸直徑為23英吋、中間汽缸直徑為51英吋、低壓汽缸直徑為89英吋。

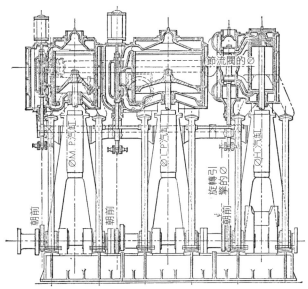

150. 複合式考利斯引擎
COMPOUND CORLISS ENGINF

阿特拉斯（Atlas）式，高壓汽缸和低壓汽缸皆有直接連接的排氣閥。此類型引擎釋放齒輪的獨特之處，在於使用慣性、離心力和重力來操作抓鉤。

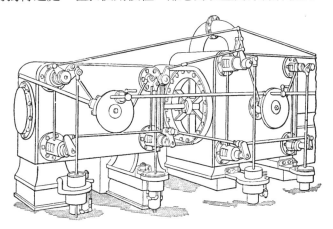

151. 複合式考利斯引擎
COMPOUND CORLISS
ENGINE

圖為低壓汽缸上的考利
斯閥，直接連接肘板，每個
汽缸一個，以在排氣閥全部
由連桿相連時操作蒸氣閥，
連桿又會直接連接至偏心桿
上。兩個汽缸的汽門皆有跳
脫鉤和緩衝器。

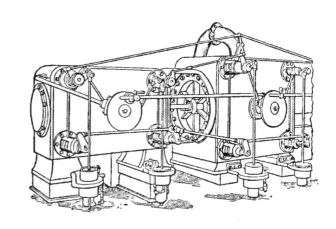

152. 考利斯引擎
CORLISS ENGINE

C. & G. 庫伯（C. & G.
Cooper）式，具有雙肘板。
調速器會藉由可調整的跳脫
鉤和緩衝器來控制蒸氣閥的
動作。

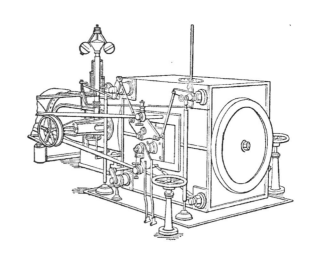

153. 考利斯引擎
CORLISS ENGINE

漢米爾頓（Hamilton）
式，具有由調速器控制的單
肘板和跳脫閥。為最經濟的
蒸氣動力類型。

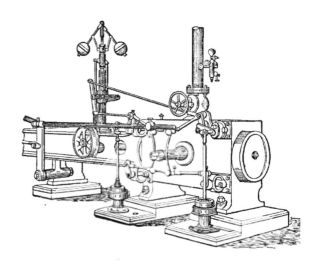

154. 轉換式複合引擎
CONVERTIBLE COMPOUND ENGINE

汽車用的芬靈（Flinn）式。蒸氣會進入高壓蒸氣閥的中心，且在截斷閥位於左側截面圖示位置時，可通過高壓箱直接流向低壓箱，讓兩個汽缸皆能如簡易引擎般使用壓力蒸氣運作，高壓會從A點排放至主排放箱中。此會提供機器極大啟動動力或爬升動力。若需要較少的動力及較高的經濟性，截斷閥會轉至右側剖面圖所示位置，關閉高壓的自由排氣和連接至低壓蒸氣箱的即時壓力，並強制高壓汽缸的排氣進入接受器，然後流至低壓閥。

155. 截斷閥和端口的垂直剖面圖。

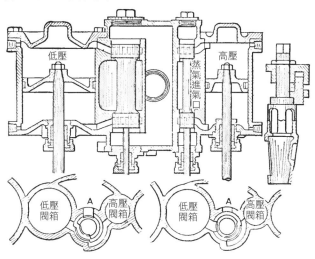

156. 新式三汽缸引擎
NOVEL THREE-CYLINDER ENGINE

新型功能為活塞閥和輔助排氣口的運作方式。活塞閥會連接至後面活塞，並由該活塞推動運作。氣體會透過空心線軸閥排放至引擎的主筒中，並從該筒活塞開啟的端口排放至夾套凹槽，最終的排出口則位於外殼的底部。英式設計的密閉高速引擎。

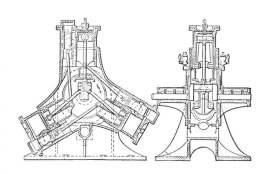

157. 軸線的垂直剖面圖。

158. 旋轉引擎
REVOLVING ENGINE

　　基普（Kipp）式。基普式旋轉引擎中有外部汽缸，皮帶可直接與之相連，因此該汽缸受隔熱層包覆，並造成以兩個活塞的往復運動進行旋轉，汽缸中的該活塞為彼此軸線之間呈直角的雙頭活塞。活塞頭a、a'和b、b'皆由零件c、c、c'、c'連結。軛d、d'透過筒之主軸上的曲柄與其連結。蒸氣會透過閥f進入做為蒸氣箱使用的中央空間g。端口位於圖上i點。鼓筒安裝於耳軸上，蒸氣會通過其中一根耳軸，其他供應蒸氣則會經由其中一個空心支柱k排放至進水加熱器l；主軸上的偏心輪也可推動進水泵。

159. 穿過轉軸的剖面圖。

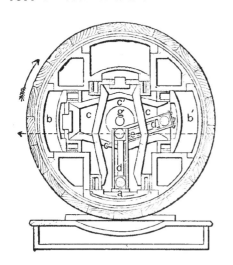 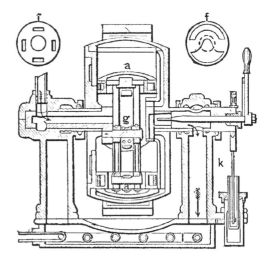

160. 消除D閥中的摩擦力
FRICTION RELIEF IN D VALVES

　　此為消除滑閥摩擦力的新方式，包括切割蒸氣室端口面上外部軸承的對角線凹槽，如圖a, a所示。此會釋放閥門的壓力，並增強潤滑。

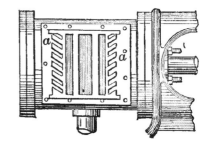

161. 新式三重複合式船用引擎
NOVEL TRIPLE COMPOUND MARINE ENGINE

　　新式特色為在曲柄銷上來回擺動的三部分偏心輪，固定在每個汽缸側活塞桿上的皮帶，會在各偏心輪上以與活塞桿平行的方式滑動。偏心輪和曲柄的動程各與一半的活塞衝程相等。偏心輪為90°和180°，如圖a處所示。三個活塞閥會直接由桿連接至傾斜安裝汽缸上的皮帶，並經由手桿在軸上滑動，執行向前、停止或反向運動。

　　使用活塞閥，從中間抽取蒸氣，並從兩端排氣。流經第一個閥門的蒸氣，會穿過汽缸之間的三角形空間，流至下一個閥箱。

162. 此為穿過中間汽缸的垂直剖面圖。

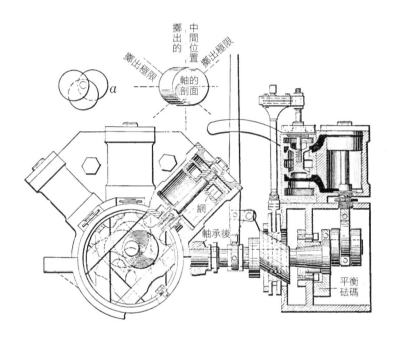

163. 滑閥的類型
TYPES OF SLIDE VALVES

　　艾姆斯（Ames）式引擎的滑閥。閥門兩側經過加工，且位於部分平衡壓板下方。

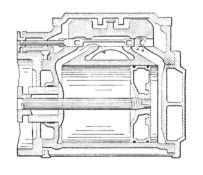

164. 平衡活塞閥
BALANCED PISTON VALVE

　　蒸氣會由法蘭E的孔洞進入，讓分段襯墊E藉由蒸氣壓力保持靠近汽缸牆，如汽缸下方的圓圈所示。e為連接至低壓汽缸接受器的即時蒸氣連接器，由活塞閥導桿操作的輔助閥。用於義大利複合式火車頭。

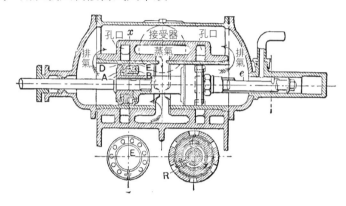

165. 串聯複合式火車頭汽缸
TANDEM COMPOUND LOCOMOTIVE CYLINDERS

　　平衡閥。匹茲堡火車頭廠（Pittsburgh Locomotive Works）式。

　　汽缸之間稍微分離，且汽缸蓋間有套筒，用螺栓固定於低壓汽缸前蓋上。前方使用一個法蘭固定，法蘭會將其圍繞成為一個接頭。因為有問題的套筒會滑至高壓汽缸中，且兩個活塞可一起向前移動並從汽缸中取出。因此，使用此設計，可更容易檢查和維修低壓活塞。

　　閥門會由一根桿連接通過高壓汽缸和低壓汽缸蒸氣箱之間的管子。高壓閥會透過安裝在箱蓋中的平衡板接收蒸氣。蒸氣會通過閥門中的端口，流向汽缸中的通道。

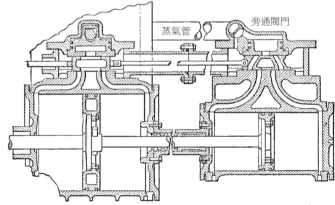

166. 蒸氣引擎專用平衡閥
BALANCED VALVE

威爾森（Wilson）式。壓力會由載板下方的蒸氣壓力達成平衡。閥門有雙重進氣口和雙重排氣口。三個剖面圖分別為閥門在運作、全開和排氣開啟時的位置。

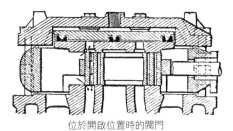

位於開啟位置時的閥門

167. 全開位置，在平衡板下吸收蒸氣。

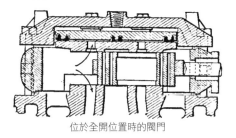

位於全開位置時的閥門

168. 汽缸和平衡板在排氣開啟時的閥門位置。

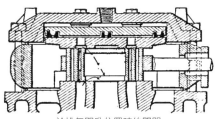

於排氣開啟位置時的閥門

169. 新型活塞閥
NOVEL PISTON VALVE

用於蒸氣引擎。閥門和外殼的側視圖、部分結構的剖面圖，以及縱向剖面視圖。該閥門主要由一個以彈簧固定的排氣閥組成，但另一側會暴露在蒸氣壓力的反側之下，因此，在壓力、吸力或真空過度的情況下，引擎在運轉且蒸氣關閉時，閥門便會升起，而蒸氣或熱蒸汽和氣體便會進入且破壞壓縮和真空情況。解決方法是從閥門下的縫隙排出，以及從開口直接經由活塞閥進入蒸氣管，讓蒸氣管的自由開口經由排氣管通向大氣中。閥門外殼上具有蒸氣口，且該閥門由兩個相似的活塞頭或活塞組成，每個活塞頭或活塞皆由圓板和垂直法蘭組成，圓板邊緣與活塞桿平行，且有開口穿過圓板和邊緣。排氣閥安裝在邊緣範圍內，並由螺旋彈簧固定在兩個閥座上，該螺旋彈簧由活塞桿上的圓板固定，與閥門相連，而該活塞桿也負責將墊圈和外環牢牢固定在閥體的法蘭上。排氣閥的一個閥座會覆蓋排氣口，另一個閥座則位於外側邊緣，覆蓋通往蒸氣管和蒸氣箱的通道，閥門開啟的同時，會打開所有通過活塞頭的連接通道，包括從節流閥通往排氣管或大氣的通道。

170. 自動閥門運動
AUTOMATIC VALVE MOTION

適用於蒸氣泵。活塞撞擊器缸中的輔助閥會釋放閥門筒管端的壓力，並在擲出時讓閥門隨之轉動。主汽缸各端的小型汽缸各有一個即時蒸氣口和一個排氣口，活塞會在兩個孔口中如獨立閥門般自由運作，其各有一根從主汽缸中伸出的導桿。這些閥門會藉由主活塞與導桿的接觸，朝同一個方向運作，並經由背面的蒸氣壓力朝反方向移動。此裝置適用於直動式泵，以及用於其他目的的直動式引擎。

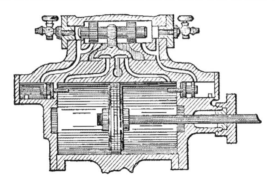

171. 滑閥的類型
TYPES OF SLIDE VALVES

錢德和泰勒（Chandler & Taylor）式串聯複合式引擎的滑閥。此閥門為格子閥類型，且具有用於蒸氣和排氣的雙氣口，能讓大量蒸氣快速進入汽缸各端，且閥動行程極短。此閥門十分輕盈，且適合使用頂部壓力板方式進行平衡，因此調速器可輕鬆運作。

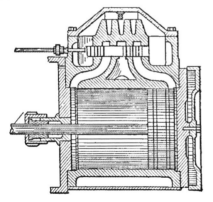

172. 滑閥的類型
TYPES OF SLIDE VALVES

布朗內爾（Brownell）式引擎的滑閥。此閥門為箱型，且具有用於蒸氣和排氣的雙氣口，幾乎可達完美平衡。透過支撐蒸氣箱蓋的平衡環，從閥門背後移除蒸氣壓力。利用螺旋彈簧將環固定於箱蓋上，因此便可自動消除磨損，並避免讓環離開閥座，發出嘎嘎聲。

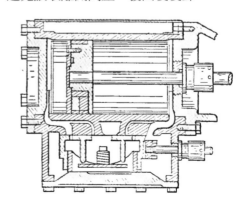

173. 同心閥
CONCENTRIC VALVES

考利斯式。儘管此閥門本質上屬於「考利斯」式，但卻與原有的「考利斯」式不同，差異在於蒸氣閥裝在排氣閥內，因此實際上僅有兩個閥門，卻能完善地執行四個閥門的功能。附圖為通過汽缸和閥門的截面圖，E為排氣閥、S為蒸氣閥。蒸氣閥為雙口平衡型，裝於排氣閥E中，但並非位於排氣閥E的正中心，是藉由壓力固定在位置上。以彈簧緩衝器代替常用的真空緩衝器，即依賴彈簧的張力來關閉閥門，而緩衝器汽缸中的緩衝空氣可用來避免在未使用時受到無法避開的撞擊。

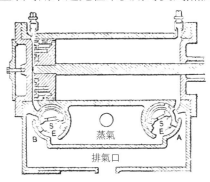

174. 擺動式蒸氣閥和排氣閥
OSCILLATING STEAM AND EXHAUST VALVE

適用於吊車引擎。此閥門是由從曲柄銷臂至閥臂的直通桿操作。S為蒸氣管，且汽缸四周具有通向蒸氣箱P, P的通道。此設計可讓汽缸不沾到水。

175. 圖示為從曲柄銷臂至閥臂的連接情況。

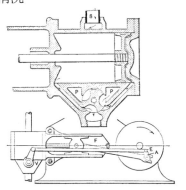

176. 騎式切斷閥
RIDING CUT-OFF VALVE

來自單偏心輪。主閥門是由直接連接的閥桿移動。騎式閥則由軸轉至兩閥門的短槓桿和連桿負責移動。

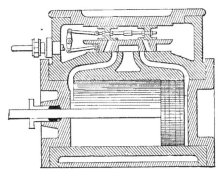

177. 滑閥的類型
TYPES OF SLIDE VALVES

貝利（Brownell）式引擎的滑閥。
此為位於平衡壓力板下的平閥。壓力板
是由靠在蒸氣箱上的支架固定到位。

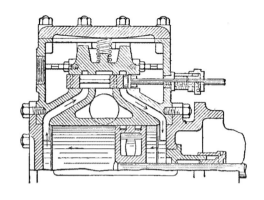

178. 帕森蒸氣渦輪
PARSON'S STEAM TURBINE

　　蒸汽會從調速器閥進入，並抵達位於渦輪旋轉處小型端的腔室A。蒸氣會一路
向右通過渦輪葉片，行經一系列的固定葉片，讓蒸氣朝同一方向偏轉。接著撞擊渦
輪的動葉片，讓蒸氣朝反方向偏轉，以此類推。如此一來，碰撞動葉片的蒸氣流會
驅動動葉片旋轉。通道面積增加，體積也會隨著蒸氣膨脹而增加。蒸氣進氣口左側
為旋轉平衡活塞CCC，對應至渦輪中的每個汽缸。從A點進入的蒸氣，會對渦輪旋
轉零件和第一個平衡活塞施加相同的推壓力量。在蒸氣抵達通道E時，會推壓下一
個較大的渦輪旋轉零件，也會推壓下一個最大的平衡活塞，兩者之間由通道F固定
連接。同樣地，通道G會保持渦輪最大部分的平衡。透過適當安排這些平衡活塞，
無論任何負載或蒸氣壓力，渦輪軸皆不會具有軸端推力。H點的推力軸承位於最左
側，用於處理可能出現的意外推力，也讓軸能保持準確對齊，並確保能正確調整平
衡活塞。

　　由於這些平衡活塞永遠不會在轉動時與汽缸發生機械接觸，因此也不會有摩擦
力。推力軸承的尺寸夠大，且採用強制潤滑方式。

　　管子K連接具有排氣口平衡活塞的後腔室，以此方式確保渦輪兩側的壓力箱
等。

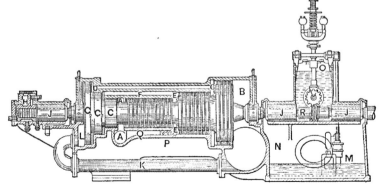

軸承JJ的構造極為特殊。每個軸承皆包含一個砲銅套筒，避免因未固定的定位銷而轉動。此軸承外側為三個圓柱管，三個圓柱管之間有一個小空隙。這些小空隙會被油填滿，讓內殼輕微振動，同時能控制內殼，避免產生過大的運動。因此實際上，軸會繞著動力軸旋轉，而非如一般剛性結構的軸承般繞著幾何軸旋轉。若軸有一點不平衡，則軸頸會讓軸能稍微偏心運作。旋轉和固定葉片形式與柯蒂斯（Curtis）式的葉片十分相似，詳細細節可參閱以下切面圖。

　　蒸氣渦輪自問世以來出現不同改良形式，大量提升蒸氣渦輪的經濟效益，也因此，蒸氣渦輪現在幾乎已能與最佳的四段膨脹引擎搭配使用，且可獲得最高航行速度。

179. 蒸氣渦輪
STEAM TURBINE

　　柯蒂斯式，圖為三碟引擎中動葉片和固定葉片內蒸氣通道的配置。此類具有真空排氣的渦輪，聲稱每馬力僅需使用12磅的蒸氣。發散噴嘴是由滑閥和調速器組成可變區域。

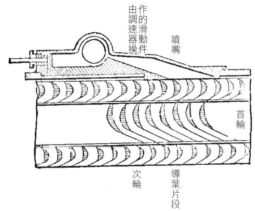

180. 圖為以較大比例顯示之其中一個圓盤的一段。分段葉片會在特殊設計的銑床中受到切割，並以螺栓固定於圓盤的邊緣。有一條帶子會封閉葉片的外端，避免圓盤和外殼之間發生過度洩漏情況。

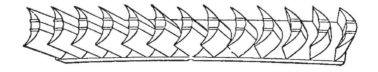

181. 蒸氣渦輪
STEAM TURBINE

多噴嘴式。圖為葉片在轉盤和固定式圓盤上反曲線的位置。多噴嘴可延伸至整個圓盤,如帕森渦輪各剖面的第一個固定式圓盤所示。

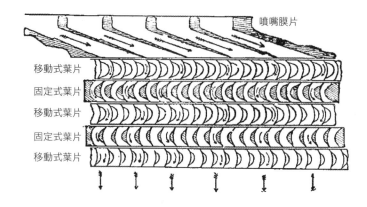

182. 蒸氣渦輪
STEAM TURBINE

德・拉瓦爾(De Laval)式。垂直剖面圖為斗和噴嘴的形式。蒸氣會碰撞斗的外側邊緣,並從側邊排出。

183. 為平面圖,圖為彈簧軸、軸承、潤滑通道和蒸氣管。運作方式來自五個噴嘴的蒸氣對輪斗外側的撞擊力量。長軸是為了吸收圓盤的不平衡振動。

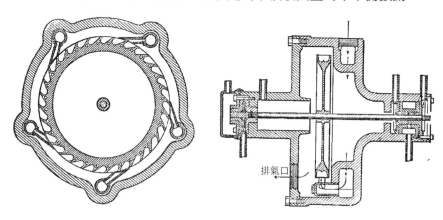

184. 史蒂芬式汽門
THE STEVENS VALVE GEAR

　　圖為偏心桿未鉤住的雙前束角和刮刷器。此形式適用於哈德遜河汽船。最早使用於1840年，為船用走動樑引擎的標準形式。

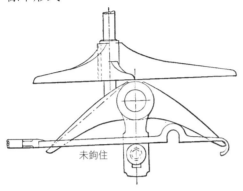

未鉤住

185. 考利斯汽門
CORLISS VALVE GEAR

　　以及釋放機構，標準式。A為閥導桿。由來自肘板之連接桿操作的鐘形曲柄，其會提起抓鉤E和閥臂。可調整的軋輥位於R點，會釋放閥臂，該閥臂會軸轉至調節其下降的緩衝器。由調速器的鐘形曲柄H和桿Z帶動操作釋放軋輥。

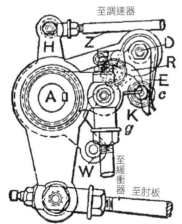

至調速器
H Z
A
D
R
E
c
K
g
W
至緩衝器
至肘板

186. 汽門裝置
VALVE GEAR

　　一種肘板，軸頸連接在銷上，該銷由機架上的犁柱和柱子帶動。肘板由偏心輪轉動，該動作會由合適的桿子傳送至多個閥門，該桿連接至兩個軸轉至肘板的水平連桿；這些連桿會由兩個垂直連桿向外固定在適當的位置上，垂直連桿的內端會軸轉至靠近軸板輪轂的附槽桿條。調速器的桿會通過柱子承載的導軌，並連接至附槽桿條，方法如圖所示，是透過在同心槽上運作的滑塊，其讓桿條能與肘板一起擺動，且不會干擾調速器桿。從圖可看出，在由調速器帶動的附槽條桿位於圖的位置時，閥門會有完整閥動行程，但若此條桿被拉向調速器，閥桿連接的水平連桿兩端便會被短垂直連桿拉向肘板的輪轂，以此減少閥桿連接的半徑，並藉此縮短閥門衝程，最終便可改變汽缸中的停氣點。

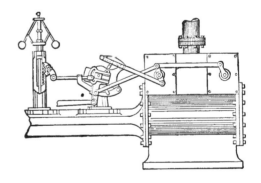

187.考利斯汽門
CORLISS VALVE GEAR

以及釋放機構。抓鉤由塊C組成，C會在鐘形曲柄槓桿BB的有凹槽中滑動，通常由彈簧向外推動。塊C後側會承載銷E，銷E與凸輪環F的內側表面保持接觸，F具有兩個停氣模具M和N。鐘形凸輪會隨著箭頭方向從圖示位置移動，銷E上的軋輥會撞擊凸輪模具N，並被迅速朝內推動，釋放自落槓桿a。若因為任何原因導致緩衝器無法作用，鐘形曲柄槓桿上的凸出部分會與自落槓桿接合，並關閉閥門。

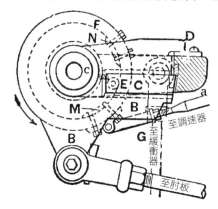

188.考利斯汽門
CORLISS VALVE GEAR

在此設計中，B為鐘形曲柄，其會承載安裝於短軸上的鉤H，另一端為跳脫桿（圖未顯示），該跳脫桿會與由調速器桿操作的停氣凸輪C嚙合。K為連接緩衝器的自落槓桿。凸輪槓桿C由調速器控制，會限制釋放鉤H的時間。

189. 圖為釋放時的部件位置。

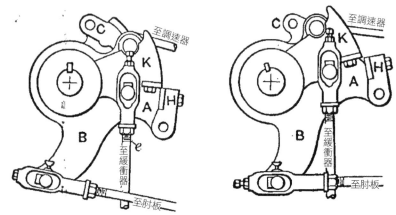

190. 考利斯汽門
CORLISS VALVE GEAR

此設計原則上包含曲形的鐘形曲柄B，B會承載安裝於短軸上的抓鉤D，該短軸的另一端為軸臂。跳脫桿d位於停氣凸輪A上，一如既往，其位置是由調速器控制。在鐘形曲柄到達上方插圖所示的位置時，跳脫桿會被朝外擲出，釋放自落槓桿，釋放點由停氣凸輪之位置所調節。

191. 圖為釋放時的零件位置。

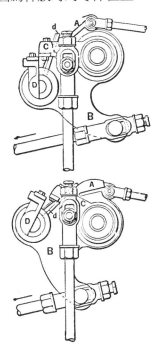

192. 考利斯汽門
CORLISS VALVE GEAR

A為鬆鬆地安裝於閥導桿或閥帽凸出部分上的鐘形曲柄槓桿，其一端承載抓鉤H，並藉由可調整連接桿連接至肘板，透過該連接桿接收運動。鉤H通常會被彈簧S朝內壓，讓鉤的長臂能一直牢牢固定於停氣凸輪C上，C位於鐘形曲柄旁，且由拉桿連接至調速器。自落槓桿B鎖在閥導桿上，並由桿子連接至緩衝器，其負責承載與抓鉤H上滑塊或模具嚙合之鋼滑車或模具。隨著鐘形曲柄朝圖上箭頭方向移動，抓鉤H會與自落槓桿B上的模具嚙合，且由於兩者相對位置不變，因此會具有共同的旋轉中心，B的末端會被抬起並開啟閥門，而閥門會一直保持開啟，直到鐘形曲柄前進，足以使停氣凸輪C凸出部分將鉤H較長臂向外壓為止，此時自落槓桿B會快速被帶回原位，而閥門也將因此關閉。

193. 圖為釋放時的零件位置。

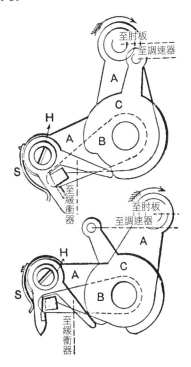

194. 回動裝置
REVERSING GEAR

狼式。E為偏心輪，B為偏心皮帶和偏心臂、p為在連桿中滑動的銷、S會移動至S'位置倒轉回動，aR為於a點連接至偏心臂的閥桿。橢圓線p表示閥門運動的範圍以及透過連桿擺動至垂直狀態，並在其一圈範圍內移動閥門。

195. 閥門剛向前打開。

196. 閥門剛倒轉關閉。

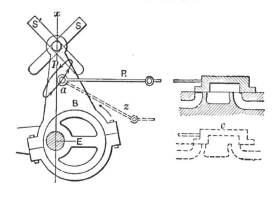

197. 考利斯汽門
CORLISS VALVE GEAR

艾利斯-查默斯（Allis-Chalmers）式。從最低的活塞（圖未顯示）開始，鉤H會被彈簧強制朝內與自落槓桿B嚙合，隨著鐘形曲柄A, A朝著箭頭指示方向移動，槓桿B會被帶動至圖示位置，並開啟閥門。抵達此位置後，跳脫桿T會與凸輪C的凸出部分N接觸，並強迫N和隨後之抓鉤H朝外並釋放自落槓桿B，B會被緩衝器的動作快速地帶至原始位置。

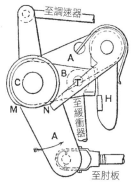

198. 考利斯引擎的緩衝器
DASHPOT FOR CORLISS ENGINE

P為柱塞，會被汽門向上拉，而空氣會被從環型箱A經止回閥C拉入柱塞氣缸中。然而，這些空氣不夠，無法形成真空狀態，在閥轉桿被釋放時，真空狀態會快速將柱塞往下拉。隨著柱塞靠近氣缸底部，會受從周圍箱中拉下的空氣緩衝，且該等空氣會經由提動閥V被推回箱中。可利用螺絲S精確調節壓縮程度。

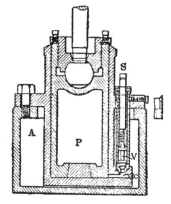

199. 撓性接頭
FLEXIBLE COUPLINGS

適用於船舶軸系。滾珠軸承，位於剖面兩端的軸系線。為了將摩擦力降至最低，會將由適當材料製成的平行片，放置在傳動軸上顎夾的前傳動面a與從動軸上顎夾之前從動面b之間。這些平行片會夾住顎夾底端或內側端，避免顎夾在運動時飛出。為了消除後座力並彌補可能發生在顎夾前驅動面的任何磨損，製成楔形的可調整式平行片，會剛好放入傳動軸上顎夾尾端之驅動面a與從動軸上顎夾尾端之從動面b之間。

200. 縱剖面圖圖為滾珠軸承、顎夾、楔和渦形蓋的重疊情況。

201. 圖為用於收緊楔的交替顎夾、楔和渦形蓋。

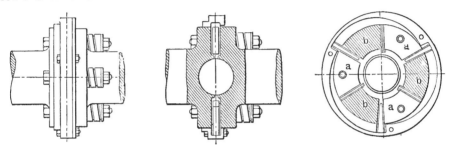

202. 撓性曲柄
FLEXIBLE CRANK

適用於船舶軸系。曲柄銷會固定於雙曲柄的一側，並於另一側旋轉，如圖所示，給予船用引擎軸系一定彈性。

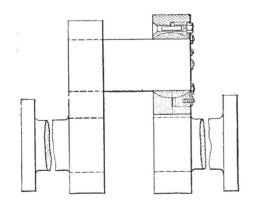

203. 新型汽門
NOVEL VALVE GEAR

曲柄銷臂會E點軸轉至槓桿R、連桿塊B，以及閥桿，如圖所示。搖晃連桿L便可控制閥門的運動。

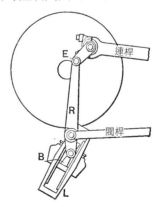

204. 回動裝置
REVERSING GEAR

　　無離心輪。閥導桿會連接至短連桿的中間，該短連桿的一端會軸轉至十字條，而相對端則會軸轉至徑向條，該徑向條又會被軸轉至連桿塊。後者包含可安裝至傾斜連桿或回動條的有槽鐵塊，且有可承擔磨損的適合蹄片。此鐵塊會從相似塊上接收運動，該相似塊會在連接桿上滑動；此塊會以軸轉至塊和汽缸上的徑向桿固定於適當水平位置。十字條會經過套筒塊，該套筒塊由安裝於蹄片上的十字頭承載，以承擔磨損。將可看到十字條將水平運動傳遞給閥導桿，該運動與閥門的重疊量和閥早關相等。

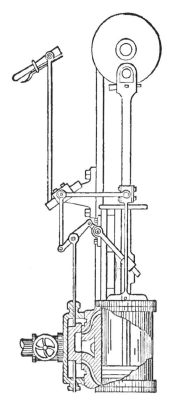

205. 浮力汽門
FLOATING VALVE GEAR

　　或船用引擎的反向撞鎚。在此裝置中，浮桿g於k點連接至十字頭。桿f於h點鉸接至浮桿，並將浮桿與閥導桿相連。桿e於i鉸接至浮桿，並將浮桿與反向槓桿d相連。接著，活塞會受到固定，浮桿會以k為支點搖擺，然後閥門會被推向左側。此閥門為間接閥，即其會在中心吸收蒸氣，並由外部邊緣排出蒸氣，正好與原始的D滑閥運作相反。滑桿的較低側會隨十字頭移動，在i四周搖擺，並因此讓閥門返回中間位置。若活塞朝任一方向緩緩移動，則汽門會自動將其歸回適當位置。為了避免因反向槓桿突然移動而造成衝擊，因此裝有緩衝彈簧l，l，會讓移動零件逐漸緩緩停止。

　　圖的兩種裝置中，閥箱中的適當止動器能避免讓閥門移動超過端口完整開啟所需的位置。

206. 圖為停止運動時，位於中心的閥門。

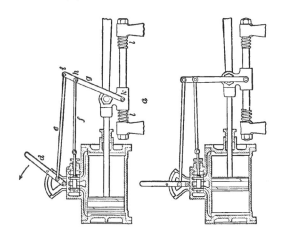

207. 華式汽門
WALSCHAERT'S VALVE GEAR

適用於複合式火車頭。曲柄銷臂負責操作附槽連桿的運動。閥桿塊和桿是由搖桿臂上的砝碼保持平衡，並由連接至第三支臂的槓桿控制操作。閥早關是由連接至閥桿和連桿塊桿的十字頭臂連桿和槓桿製成。義大利鐵路。

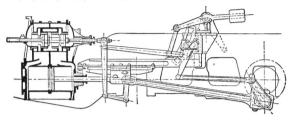

208. 三段膨脹汽門
TRIPLE EXPANSION VALVE GEAR

具有單偏心輪。A為偏心皮帶支撐臂，也可用來操作高壓閥桿。B為鐘形曲柄搖軸，用於操作連結至偏心臂的中壓閥桿。C為以連桿連接至偏心輪及低壓閥桿的搖臂、軸、鐘形曲柄。（位於紐約市的愛迪生發電站（Edison Electric Station））

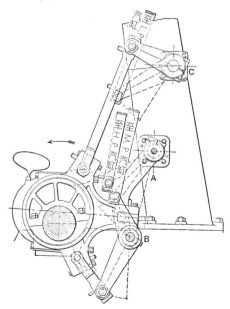

209. 引擎停止機構
ENGINE STOPPING MECHANISM

若調速器帶毀壞，砝碼N會掉下，並穿過槓桿系統和連桿，撥動鐘形曲柄槓桿B，讓汽門停氣凸輪上的保險塊移動，以此避免閥門被抓鉤開啟。

亦裝有輔助裝置，避免空轉。此裝置由安裝在主調速器皮帶輪上的小型軸式離心調速器組成。此輔助調節器的砝碼w附有唇口，在異常速度的情況下，會被向外拋擲，以與圖示搖臂一端的小型唇口O囓合。此搖臂的另一端會連接至閂，該閂通常會用來保持節流閥開啟。若調速器上砝碼w的唇口與凸出部分O囓合，則此閂會被擲出，讓砝碼M關閉節流閥。

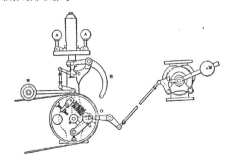

210. 回動裝置
REVERSING GEAR

　　偏心輪在有小齒輪嚙合的周圍附近裝有曲形齒條。小齒輪會固定於軸的末端，該軸的部分長度上有螺旋形的槽。該軸的軸頸連接在兩個鎖在主軸上的軸環或法蘭中，以此讓小型軸能與引擎軸保持平行。第三個軸環以可滑動方式安裝在引擎軸上，以此避免被適當的機鍵轉動，此軸環會帶動皮帶前往連接的反向槓桿。後者軸環中的銷會與較小型軸中的槽嚙合，在此軸環側向移動時，銷會讓較小型的軸旋轉，該軸會使引擎軸上的偏心輪旋轉，因此改變閥門的位置。

211. 縱剖面圖，圖為螺旋有槽軸和小齒輪。

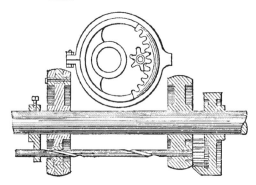

212. 移動式偏心輪
SHIFTING ECCENTRIC

　　用於停止引擎或讓其反向動作。在軸上使用楔形翼滑動的附槽套筒，該楔形翼會經過偏心輪中的對應槽，而附槽套筒則會經由套筒和楔形翼之縱向運動將偏心輪移動至中間，並進行反向運動。叉槓桿和附槽軸環會控制套筒和停止軸環之間楔形翼的運動。

213. 偏心輪、套筒和翼的剖面圖。

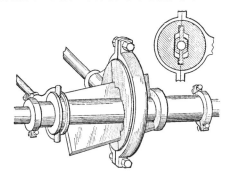

214. 扇形齒輪調速器
SECTOR GEAR GOVERNOR

　　鐘形曲柄上的兩個球，齒輪在中央雙扇形區嚙合，該扇形區連接至壓縮彈簧，而壓縮彈簧會被調整至適當的偏心輪組，b和c與偏心輪保持軸轉連接。

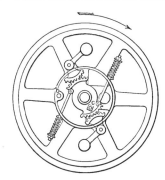

215. 緩衝器調速器
DASHPOT GOVERNOR

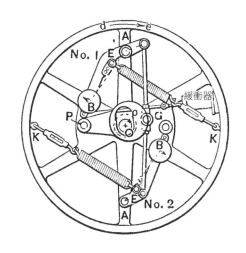

偏心輪會安裝於板G上，且於P點軸轉，由連接桿連接至EB, No. 1和EB, No. 2，透過此方法，向外擲出砝碼BB的離心力動作可使偏心輪中央擺向軸的中央。於K點軸轉的彈簧會搖擺對抗離心力，並將砝碼固定在各速度的既定位置上。緩衝器速度過快時可輕鬆限制運動，並避免發生空轉。

216. 離心調速器
CENTRIFUGAL GOVERNORS

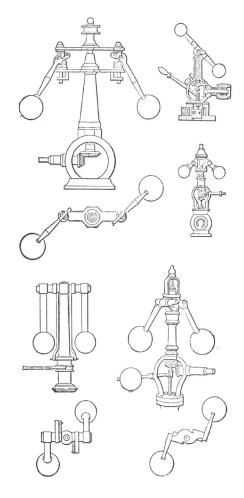

此類型的調速器有數百種專利，本書和《機械運動》已列出許多主要型號，但多數在實務上已過時。

217.–218. 有槽凸輪接頭調速器。

219.–220. 曲柄銷調速器。

221.–222. 可調整式調速器。

223. 直臂調速器。

224. 摩擦力控制器
RICTION POWER CONTROLLER

維克（Wick）的專利。僅傳送設定的馬力量。經由臂a、螺旋彈簧和摩擦扇形將馬力提供給滑輪B。這些扇形會被可調整式連桿C、凸輪和推舉條推向與滑輪接觸。

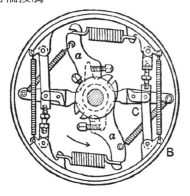

226. 風扇調速器
FAN GOVERNOR

在此裝置中，空氣阻力會改變風扇的離心動作，以調節齒輪系和制動器。此為調整蒸氣引擎的早期形式，如切面圖所示。翼調速器是用於調整時鐘、音樂盒和旋轉櫥窗展示框的齒輪系。

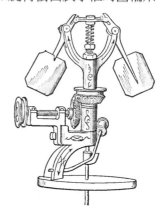

225. 慣性調節器
INERTIA GOVERNOR

砝碼B和B'於軸臂的中央線上保持平衡，該軸臂以小齒輪於A點連接至飛輪或滑輪，並於p點連接至偏心輪。彈簧K會將砝碼固定於正常位置，這些來自引擎可變速度的差速動量的砝碼運動範圍，會受限於滑輪邊緣止動器。

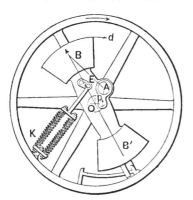

227. 可調整式調速器
ADJUSTABLE GOVERNOR

金（King）式。球由彈簧連在軸上，並連接至被球的離心動作往下拉的閥頭和閥轉桿。由小型螺旋彈簧和槓桿進行調節。動作會直接通過轉桿前往節流閥。

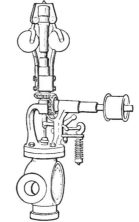

228. 船用調速器
MARINE GOVERNOR

波特（Porter）式。一個具有螺旋皮帶開關的錐形滑輪，用於關閉速度調整。球會連接至軸臂，連桿則會以阻力彈簧連接至滑動軸環。軸環會帶動中央桿，朝鐘形曲柄及節流閥前去。

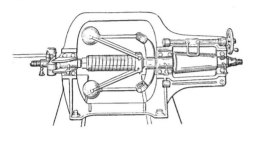

229. 差壓調節器
DIFFERENTIAL PRESSURE REGULATOR

輔助活塞和配重槓桿會於F點軸轉，對差壓進行封閉調整。位於A點的蒸氣活塞會與高壓側連接，並由位於B點的彈簧進行平衡，同時，輔助槓桿會由位於C的塊和銷連接至閥轉桿。

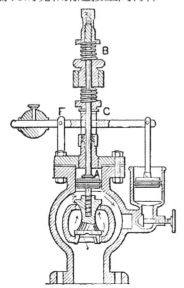

230. 平衡壓調節器
BALANCED PRESSURE REGULATOR

黃金（Gold）式。D為平衡閥、O為低壓調節盤和膜片、L為平衡彈簧、Q為調節柱塞。F為接觸彈簧，好讓板P與橡膠膜片持續接觸。N為防鬆螺帽手柄。其他部分則一目了然，無須多解釋。

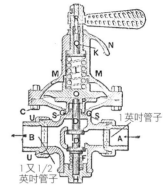

231. 自閉停止閥
SELF-CLOSING STOP VALVE

閥導桿上的活塞區域較閥盤上的大。釋放壓力並讓壓力經過旁通旋塞和三向旋塞，藉此保持閥門開啟。利用掛繩讓槓桿下落，關閉排放並給予活塞內側完整的蒸氣壓力，以快速關閉閥門。藉由在三向旋塞排放壓力，位於頂端的旁通閥門可用於使壓力達成平衡，並開啟閥門。

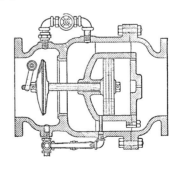

232. 回動裝置
REVERSING GEAR

　　適用於蒸氣引擎。圖為可逆偏心輪的側視圖，裝有操作偏心輪所用的手輪，而前視圖則顯示截面的引擎軸，立體圖則為將此發明應用於直立引擎的情況。偏心輪由具有凸肩的輪轂組成，以與軸上的止動銷嚙合組成，並結合位於偏心輪輪轂的操作輪，且可在上方進行有限的旋轉動作。偏心輪能在軸上進行有限的獨立運動，且手輪具有獨立於偏心輪之外的旋轉運動，並與彈簧掣子結合，該彈簧掣子的安裝目的為將手輪鎖至軸上。

233. 立體圖。

234. 前視圖。

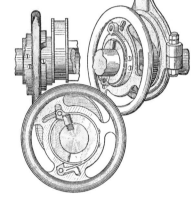

235. 新型減壓閥
NOVEL REDUCING VALVE

　　荷利（Holly）式，平閥盤有大面積，且一圈的範圍也較大。相對壓差是由自由懸掛在盤下的砝碼調節，背壓過大時，會因盤背後大面積上的壓力來關閉閥門。輪子和螺旋心軸是用來在需要時關閉閥門。

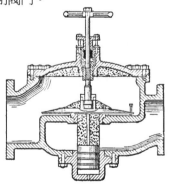

236. 差速排氣閥
DIFFERENTIAL EXHAUST VALVE

　　用於調節排氣加熱系統中引擎上的背壓。

　　雙翼閥門幾乎達到平衡，僅需小型砝碼來平衡及避免閥門顫動即可。

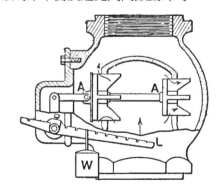

237. 自動快速關閉閥門
AUTOMATIC QUICK-CLOSING VALVE

閥帽活塞C的面積較閥盤面積大，且經由空心軸與主要管路中的蒸氣壓力相通。G點活塞未固定套筒四周的蒸氣洩漏，會在排氣管關閉時平衡兩側的壓力。

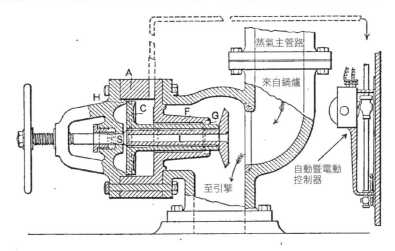

238. 上圖右側的自動發電控制器，裝有一個磁性壓具，可鬆開落在槓桿上的砝碼，並由活塞後側較大的壓力來開啟並快速關閉排氣閥。螺旋心軸S會如普通停止閥一樣關閉閥門。電動按鈕放置在緊急時所需之處。

239. 可逆節流閥
REVERSIBLE THROTTLE VALVE

在此設計中，可旋轉閥體兩部分的法蘭連接器，轉換角閥或直通閥。

最方便且易於維修的設計。閥轉桿會帶動小斜齒輪，與閥盤上的扇形齒輪囓合，藉由在表面旋轉90°來開啟或關閉該閥盤。

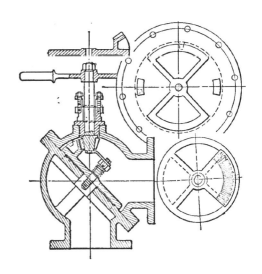

240. 閥盤的平面圖。

241. 盤上的扇形齒輪。

242. 撓性球形接頭
FLEXIBLE BALL JOINT

　　球和外殼之間的空間會填滿彈性潤滑襯墊,並以環形從動器和彈簧固定在位置上。

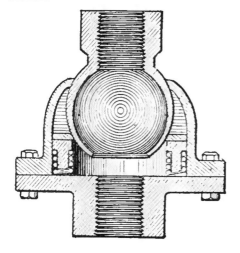

243. 補償伸縮接頭
COMPENSATING EXPANSION JOINT

　　經專門設計,用於避免蒸氣管中的普通伸縮接頭遭強制分離。該接頭四周圍繞截面與蒸氣管相等的環形室,一個緊密的墊圈會在其中如活塞般運作。蒸氣會透過旁邊管路排放至此箱中。蒸氣方向會推出活塞以拉近管路各端,但由於管中和室中蒸氣的總壓力相等,各種力量會彼此抵消,因此,接頭在所有一般情況下皆能保有安全性。該接頭由鋼管和鍛造零件製成,但填函為例外,其經鑄造而成,且初始成本僅比一般接頭高出一點點。

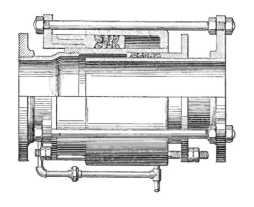

244. 平衡伸縮接頭
BALANCED EXPANSION JOINT

　　適用於史密斯(Smith)專利的蒸氣管。參考切面圖可發現,直徑或環的尺寸從內管長度約一半之處開始增大。這會在大型填料函鑄件底部旁的一端形成凸肩或活塞。此環形活塞或環的另一端為開放式,且由填函固定。此環下方的內管中有多個孔洞,可將蒸氣從凸肩背後的排氣總管排出。由於凸肩或活塞的排氣區域與排氣總管的區域相等,因此排氣總管中的壓力也會均等。由於長螺栓會將填料函與接頭綁在一起,因此就終端壓力而言,整條管路皆為平衡狀態。位於接頭鑄造端的自由空間會提供因熱能而導致的膨脹。

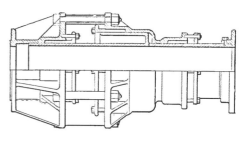

245. 利用廢氣為工廠供暖
FACTORY HEATING FROM WASTE GASES

風扇會將冷空氣吹過鍋爐和煙囪之間的環形室，而冷空氣會受加熱成為暖氣，並分配至各房間。煙道中的高壓鼓風機和噴射噴嘴可能會為煙囪提供額外風力。

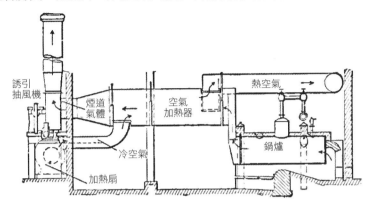

246. 萬用撓性管接頭
UNIVERSAL FLEXIBLE PIPE JOINT

剖面圖顯示的內部構造，說明如何避免與可能腐蝕磨損表面的氣體或流體接觸，並同時確保部件能順暢且自由地運動。除B部件之外的材質皆為鑄鐵，B部件為青銅。接頭體A因B而略帶錐形螺紋，因此，在B被拴緊後，兩個部件之間便不應有滲漏。B的頭部下側被製成圓錐座狀，與C形成蒸氣或氣密式接頭，而介於C和A之間的平面也會圍繞在一起，形成額外保障，避免滲漏。

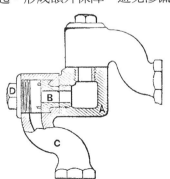

247. 貨物升降梯
CARGO ELEVATOR

適用於裝船或從船上卸貨。奧的斯（Otis）式。蒸氣會由雙引擎驅動，該引擎以齒輪連接至軸，且有兩個鼓輪固定於該軸上。

來自鼓輪的四條纜線會以緊線調節器連接至平台的各角落。

自動調整，可停於任一層甲板，以裝卸貨物。可容納兩公噸的貨物，速度為每分鐘100英呎。

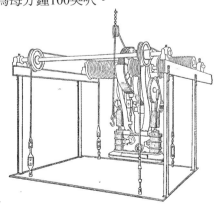

248. 轉子引擎
ROTARY ENGINE

帶領蒸氣穿過軸L。橋座活塞o、o、o、o會被蒸氣壓力向外推動，且在穿過閉合塊D、D後開啟蒸氣口。在排氣口C、C處推入橋座活塞以關閉蒸氣口。E為排氣套筒、F為排氣空間。

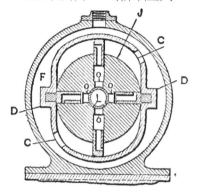

249. 可逆轉子引擎
REVERSIBLE ROTARY ENGINE

有一個輪子的輪轂會固定在汽缸中的驅動軸上，包含安裝在輪子邊緣的一系列四個可滑動活塞，對側活塞則在內側以軸會經過的附槽框架兩兩連接在一起。如此一來，活塞便能自由地徑向運

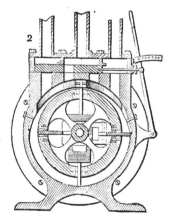

動，一個向內移動時另一個便向外移動，反之亦然。活塞的外側端與汽缸部分內側表面和汽缸內的部分橋座嚙合。橋座分為兩部分，外側端以螺栓固定至汽缸上，而兩者內側則以螺栓和中間包裝皮帶互相連接，橋座負責將最外側的活塞向內壓，讓與該活塞相對之另一個活塞能向外滑動，與汽缸周圍內側表面接觸。

250. 轉子引擎
ROTARY ENGINE

哈靈頓（Harrington）式。圓盤彼此之間具有數英吋的軸承表面，防止蒸氣通過其之間。剖面圖為部分終端前視圖，圖為活塞A和橋座圓盤B，位於讓蒸氣立即從閥室E通過端口的位置。活塞碟盤和齒輪連接至驅動軸，而橋座圓盤和齒輪則連接至軸K。這些軸會在錐形磷青銅軸承上運作，該軸承可由螺帽調節磨損或其他情況。整個機械會由法蘭輪轂牢牢固定到位。裝有法蘭的頂部會凸出穿過汽缸頭，並接觸活塞碟盤，藉此避免軸有任何終止運動。

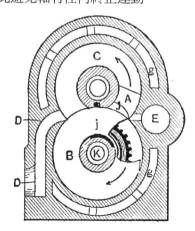

251. 轉子蒸氣引擎
ROTARY STEAM ENGINE

　　法式設計。此引擎的組成特別包括一個夾套汽缸C，內部有一個滾動的活塞環G，G在其上方承載一個隔板H，且永遠與特殊擺動片r, r相連，並持續協助將內部空間分為兩部分，其中一部分的容量會與另一部分的容量成反比。兩個旋塞J、J位於H的兩側，負責依據運作方向擔任允許進入的擒縱器，而可使用簡易手柄操縱，該手柄可驅動與兩個旋塞嚙合的齒緣輪。活塞環的運動會以兩個對稱凸輪E做為媒介，傳遞至驅動軸D，兩個凸輪E在中心以桿和螺帽互相結合，可調節之間的距離。兩凸輪之間的接頭被放置於馬達軸上，可或多或少構成一個通道，該通道中有一系列回火鐵球，這些鐵球會在活塞環內的對應路徑上滾動。受驅動軸橫動之兩個頰板會關閉兩側汽缸，以此在頰板和活塞環側面之間取得適當緊密度。

252. 垂直剖面圖，圖為部件的細節。

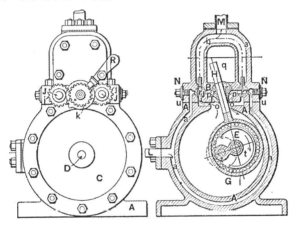

253. 轉子蒸氣引擎
ROTARY STEAM ENGINE

　　圓柱形活塞A具有翼形橋座C、C。雙凸輪塊H可使用固定螺絲進行調整，且於K點和I點皆有排氣口。蒸氣口會經過活塞蓋和蓋中的曲形通道，如圖虛線所示，如此一來，橋座活塞便能攜帶完整的蒸氣壓力經過從F點至G點的扇形通道，並在約四分之一的活塞旋轉時間內膨脹。

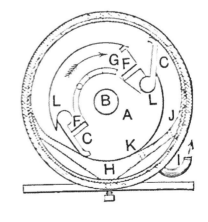

254. 轉子引擎
ROTARY ENGINE

活塞上有凹槽,而凹槽之間有S形隔板,蒸氣從位於活塞對側端的凹槽開口進入蒸氣箱,方法是從端口進入外殼和活塞之間的環形空間。活塞具有偏心輪部分,其有極佳的接觸軸承,而外殼內壁會經由周圍凹槽中的可縮塊執行交替運作,將橋座塊向後壓,調整至可在外殼臂上凹槽中的抗摩擦滾珠軸承上滑動。蒸氣供應管會與旋轉閥中連接環形室之通道相連,如此一來,蒸氣便能被導入與活塞各端蒸氣箱連接的任一管路分支中,箭頭所示為蒸氣排放至右側管時的方向。閥箱也會與蒸氣排放管相連,該閥由手柄或輪子轉動,將蒸氣導入一條或另一條分管,此時對側管子將會形成出口管,以倒轉引擎。

255. 縱剖面圖,詳細顯示上述各部分。

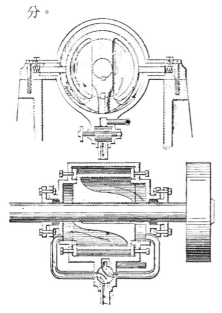

256. 擺錘式複合引擎
PENDULUM COMPOUND ENGINE

此為擺錘式的複合式引擎,上方或高壓汽缸會被蒸氣箱AA環繞。在鐘擺位於圖的位置時,即時蒸氣會排放至高壓葉片的右側,如圖箭頭所示。同時,上方葉片左側的蒸氣會從該蒸氣室排放至低壓葉片的左側。低壓葉片右側的廢汽會排放至右側排氣室B。圖示為將鐘擺運動傳送至旋轉運動的方式。可從圖上發現,連桿的上端有往復的環形運動。

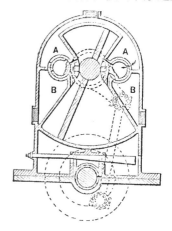

257. 轉子引擎
ROTARY ENGINE

活塞為以偏心方式安裝於主軸上的常用鼓輪形式。橋座由圓柱形導塊帶動,並停留在活塞上,可在銷上自由擺動。此設計可避免蒸氣藉由橋座從蒸氣口溢出流向排氣口,該橋座與圓柱形導塊上的隔板有滑動接點。導塊上端會終止於活塞處,該活塞於引擎外殼的圓柱形上半部運作,且通常會被上方的彈簧、彈簧的向下壓力以及擺動橋座上的蒸氣動作向下推,讓擺動橋座能與活塞

鼓輪牢牢接觸。藉由改變蒸氣從隔板一側流入至另一側來反轉引擎，且此操作也會反轉排氣開口。

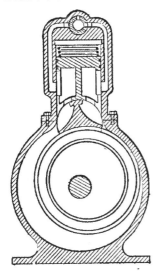

258. 轉子活塞引擎
ROTARY PISTON ENGINE

如圖所示，有一個外殼或框架，其中具有環形槽或汽缸。此凹槽中裝有一個活塞，該活塞由活塞碟盤帶動。滑動橋座由引擎軸上的凸輪以及凸輪桿抬起或降下。旋轉軸和凸輪會造成橋座在活塞運作途中的適當點抬起和落下。在剖面圖中，橋座才正要開始向下衝程，形成汽缸頭。活塞碟盤上有徑向凹槽，會與圖示的環形凹槽相通。蒸氣會由圖虛線所示且緊靠軸的滑閥排放至環形凹槽。在橋座抵達活塞碟盤所在位置時，閥門會開啟並將蒸氣排放至環形凹槽中，接著，蒸氣會進入徑向凹槽，蒸氣會被導入活塞和橋座之間，並且推動活塞，讓其在環形汽缸中環繞旋轉。蒸氣會在活塞抵達其衝程上此點時，經由橋座右側的大型排氣口排出。

259. 縱剖面圖，圖為蒸氣連接口。

260. 轉子引擎
ROTARY ENGINE

卡薩迪（Casaday）的專利。搭配可調整停氣的反向旋轉部件。A為可調整旋轉式汽缸中的停氣塞，由臂和連接桿操作轉至偏心輪或由鏈輪和鏈旋轉的塞子。D為反向塞。H為橋座塊，由穿過涌道I、I的蒸氣達成緩衝。

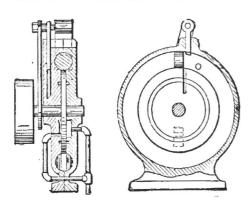

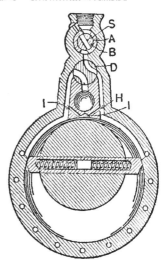

261. 擺動轉子引擎
OSCILLATING ROTARY ENGINE

此引擎包含一對曲形汽P、P、一根環形活塞桿L，其上連接兩個活塞Q、Q，還有在汽缸中進行往復旋轉運動的活塞，以及一對搖晃徑向臂K、K，該臂會將活塞桿的動作傳遞至橢圓齒輪（未顯示於圖中），該橢圓齒輪會「控制運動並傳遞引擎的動力」。具有蒸氣管p的汽缸由托架H帶動，H會牢牢固定於主軸A上，並隨主軸一起旋轉。活塞桿L固定在徑向臂K、K上，該徑向臂之軸頸會鬆鬆地連接在A上，並帶動橢圓齒輪，其會與副軸上承載的另一個橢圓齒輪嚙合。在蒸氣經由汽缸的任一側端口r排放至汽缸時，橢圓齒輪在接觸點的直徑差異會使主軸橢圓齒輪與其附屬零件一起旋轉。

262. 可逆轉子引擎
REVERSIBLE ROTARY ENGINE

在活塞依箭頭方向旋轉時，會由雙通旋塞的動程帶動蒸氣，讓其經由對角線槽進入位於f, f的橋座片，並經由e、c端口排出。將蒸氣旋塞開口拋至通往汽缸反向端口的通道，以此進行反向動作。1和2為向前端口，3和4則為反向端口。

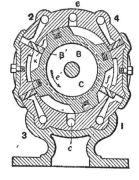

263. 轉子引擎
ROTARY ENGINE

霍德森（Hodson）式。閥門U由軸S上的凸輪帶動運作，以阻絕膨脹。A, B為與橢圓汽缸接觸的騎式閥，該汽缸具有襯墊滑件S, P，與軸同心，並做為沿著殼壁的襯墊使用。

蒸氣會隨旋轉運動的半圈或更少而旋轉，然後膨脹至排氣口C。

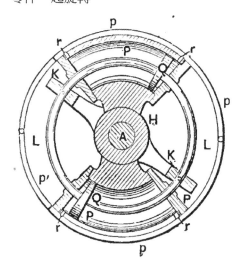

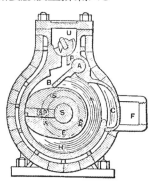

264.蒸氣撞鎚
STEAM RAM

用於將水抬升。歐文（Erwin）式。彭伯西噴射器公司（Penberthy Injector Co.）。由蒸氣和大氣壓力交替動作來將水抬升。最先從撞鎚處驅動水的蒸氣會瞬間凝結，並形成真空。接著，大氣壓力會推動一定體積的水進入撞鎚。

撞鎚位於井中或其他水源的水面下，在開始前，水會因重力而流入。當蒸氣開啟時，會通過蒸氣管A、螺紋接頭B、圓錐篩網D、主蒸氣口E，以及徑向蒸氣口F，然後進入汽缸G。接著，水會被往下帶動，經過開口H進入環繞排放室I，水在I中會經過環形止回閥J，然後流出排放管L。

在蒸氣抵達汽缸G的較低端時，與從蒸氣口F排出相比，蒸氣經由大型開口H排出會更快，且蒸氣會在環繞排放室I中凝結，並在汽缸G中形成半真空狀態。噴水會使汽缸更為真空，噴水後，水會從排放室I經由小型開口K向內衝入。

在形成真空並凝結的瞬間，大氣對撞鎚外水施加的壓力會將水向上推，流經底部過濾器。接著，主要止回閥N會抬起，而牢牢連接在N上的閥桿O會從汽缸上端切斷蒸氣。同時，一定的水量會在大氣壓力下被向上推，流經排放箱並流入排放管。然而，這些水中，有一部分會流經開口，將在閥桿O上自由移動的浮子強制上推，並重新裝滿汽缸。

接著，大氣壓力下的水失去動量，在閥桿上向下運動的蒸氣會關閉主要止回閥，然後經由施加在浮子上的壓力，再次讓水離開汽缸，並流經排放室和排放管。覆蓋管B環繞蒸氣管的距離會讓其可浸入水下，避免發生凝結現象，且B會被接收至接頭b中。

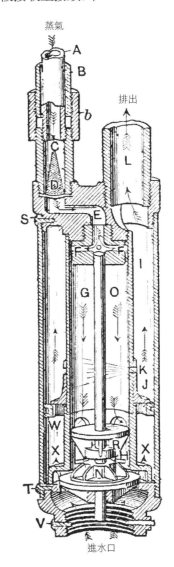

第 6 章　爆炸馬達動力和裝置

265. 最輕型的汽油馬達
THE LIGHTEST GASOLINE MOTOR

　　美國賓州雷丁的杜瑞亞電力公司（Duryea Power Co.）式。此馬達為6缸形式，以汽油做為燃油，為臥式汽缸式，以良好的機械平衡方式在3動程曲柄軸上運作。如切面圖所示，其重量會些微超過200磅，或每馬力少於五磅。若包含火花線圈、電池、燃油和半滿的水箱，其重量為232磅，或每馬力5-7磅。汽缸為4又1/2英吋，其衝程為5又1/2英吋，軸承尺寸則與該公司一般汽車馬達所用之軸承尺寸相同。使用跳火點火，且具有單一線圈並轉換二次電流。可鬆開單螺帽，從任何汽缸頭上移除進氣閥和排氣閥。曲柄軸和曲柄銷為空心，以用來潤滑。

　　此馬達被認為是有史以來最輕型的動力構造，也可做為車輛需求帶來機械發展的另一項證明。

266. 馬達的側視圖，顯示火花桿與第二驅動軸的連接處。

267. 結合式汽油和蒸氣馬達
COMBINED GASOLINE AND STEAM MOTOR

　　在此設計中，爆炸馬達的活塞被製成連接桿的十字頭。雙工蒸氣引擎，具有雙工爆炸馬達可做為額外動力，若爆炸馬達並非使用中，則其蒸氣引擎排出的蒸氣也可轉為爆炸馬達汽缸的額外動力和潤滑。

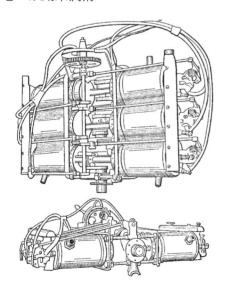

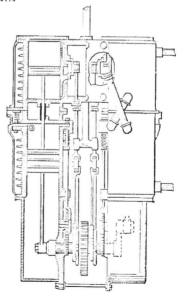

268.二衝程船用馬達
TWO-CYCLE MARINE MOTOR

　　洛澤爾（Lozier）式。主要特色為節流閥，可調節曲柄箱的進量以及軸上凸輪的斷續電點火中斷之運作。旋轉循環泵由主軸上的鏈條驅動，而水從汽缸中排出，圍繞在排氣管四周。由凸輪輪轂的滾珠軸承負責承擔推力。節流閥位於從曲柄箱至汽缸之間的通道，負責調節進量。

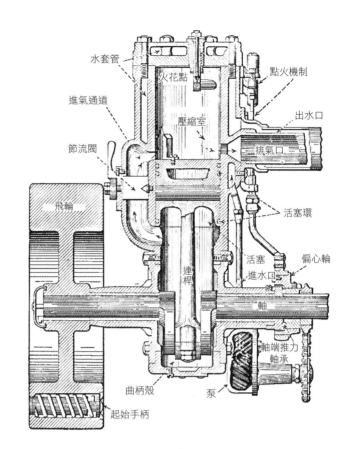

水套管
火花點
進氣通道
壓縮室
節流閥
飛輪
連桿
軸
曲柄殼
起始手柄
泵
點火機制
出水口
排氣口
活塞環
活塞
偏心輪
進水口
軸端推力軸承

269.美國機車公司的蒸汽鍋爐
ALCO-VAPOR BOILER

　　以及三缸引擎。管式鍋爐中會注入低度酒精，這些酒精會利用鍋爐下方燃燒部分蒸汽而獲得熱能，在壓力下轉換成蒸汽。三個汽缸在單一曲柄上進行單一作用。已移除鍋爐之外殼以顯示其構造。

　　排放的蒸汽會在尾脊凝結器中凝結，並回到槽中。鍋爐壓力為爐中本生燈提供蒸汽噴射之動力。

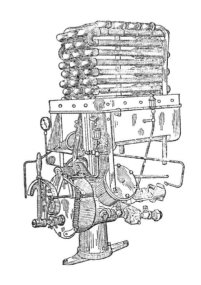

270. 煤油引擎
KEROSENE OIL ENGINE

二衝程韋斯（Weiss）式。E,D為封閉在外殼中的圓錐形汽化器，用於限制燈火焰以啟動引擎；h為具有彈簧的進氣閥，會在泵g的作用下保持關閉；e為驅動泵活塞g的鎬形葉片，適用於測量進油量。鎬形葉片之軸環下方具有楔，藉由抬升其斜面上的鎬形葉片來調節是否撞擊，而該軸環本身是由鎬形葉片上的螺帽和螺絲進行調節。圓錐形汽化器之翼如剖面圖所示。

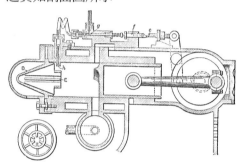

271. 平衡引擎
BALANCED ENGINE

爆炸型馬達。賽科（Secor）式。進料會在兩個活塞H、H'之間的箱X中燃燒，其運動會傳遞至曲柄G、G'，在曲柄軸上具有相等動程，但間隔180°。

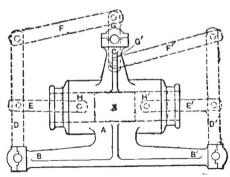

活塞由短連接桿H、H'連接至垂直槓桿D、D'，D、D'會經由連接桿F、F'將運動傳遞至曲柄。

272. 燃氣或汽油引擎
GAS OR GASOLINE ENGINE

氣冷四衝程式。肋位於汽缸四周和汽缸頭上。新式特色為長曲柄軸軸承搭配輔助曲柄（45），以及減速齒輪軸（46），其會帶動排氣閥、火花中斷凸輪和接觸條（37）和調準螺釘（39）的凸輪軋輥運動。霧化器或汽化器會分別與位於圖編號24處的空氣進氣口相連，以及於19處與空氣旋塞相連以啟動。其他部分則一目了然，無須解釋。

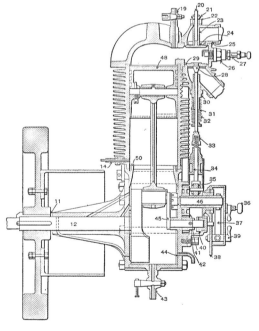

273.-274.汽油霧化器和汽化器
GASOLINE ATOMIZER AND VAPORIZER

　　海依（Hay）式。使環形箱橫動，讓排出的氣用於加熱汽化箱的壁。風扇h經由從閥E湧入的空氣和汽油在心軸j上旋轉，而閥E也會蓋住位於閥座表面上的汽油進入口，並與環形箱a和管d相連。針狀閥a負責調節汽油的進料。其他細節和排氣通道如編號274水平剖面圖。

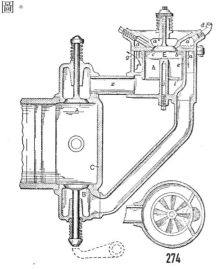

274

275.防煙灰火星塞
SOOT-PROOF SPARKING PLUG

　　適用於燃氣引擎。梅傑（Merger）式。瓷絕緣體一端的環形凸出部分會擴大絕緣表面，並避免發生電火花短路情況。

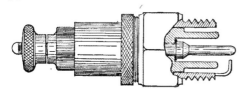

276.點火連接器
IGNITION CONNECTIONS

　　適用於燃氣引擎。圖為引擎上的雙動程形電池停氣開關、火花線圈的位置，以及電流開關。若使用跳火點火器，則應以感應線圈取代火花線圈。

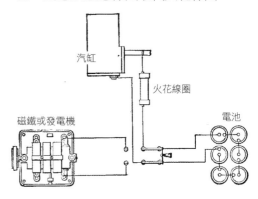

277.點火連接器
IGNITION CONNECTIONS

　　適用於燃氣引擎。圖為切斷電池的單點開關和自動開關，此配置方式可讓發電機點火故障時，電流能透過釋放自動開關的電樞來開啟電池。在復原發電機電流後，自動開關會切斷電池供應。

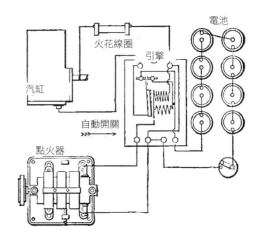

278. 多缸式點火
MULTIPLE CYLINDER IGNITION

　　博世（Bosch）式。電樞A為固定式，具有兩個繞組A1和A2，其中，A1為粗線，並對應至感應線圈的一次繞組，A2則為細線，對應至二次繞組。電樞鐵心內磁性變化會引起電流，此變化由軟鐵套筒B的旋轉產生，B有部分圍繞電樞鐵心，且與帶動凹凸邊盤B2和高壓配電盤D的空心軸B1為一體。繞組A1的一端接地在裝置的軸上，而二次繞組則會成為一次繞組的延續。一次繞組A1的另一端則會導向接觸斷路器B2的一側以及電容器的一端，而電容器的另一端和接觸斷路器B3的移動臂則會接地。套筒B具有凹槽，若凹槽與場磁鐵的兩極相反時，電樞會接收來自場磁鐵的磁性，而磁性會在凹槽經過四周時被再次剝奪，如此一來，繞組便會被誘導出強力電流。通常是經由盤B2的動作讓接觸斷路器B3保持接觸，且在此期間，低壓繞組A2會封閉自身，讓強力電流能在鐵心磁性因套筒B旋轉而產生變化時，流過A2。當B2其中一個凹槽（該凹槽一側陡峭且一側傾斜）向下來到接觸槓桿臂B3較低側時，後者會因彈簧作用而彈回，以此分開兩個接觸斷路器，並斷開A1的電路。這會在二次繞組或細線繞組A2中產生高壓電流，而電容器C則會增強此效果。由於二次繞組與一次繞組如前述般相連，且二次繞組經一次繞組接地，並依序將火星塞的中央桿F1、F2、F3、F4連接至二次繞組A2的反側，讓火花能在適當時機通過四個汽缸，如此一來，一次繞組和二次繞組的電壓便會相

加。此配置會受到換向器或配電器D的影響。這包括承載金屬盤A2的旋轉圓盤D，而該金屬盤會與二次繞組A2的絕緣端出現導電相連。在圓盤旋轉時，此金屬盤會依序與固定刷1、2、3和4接觸。

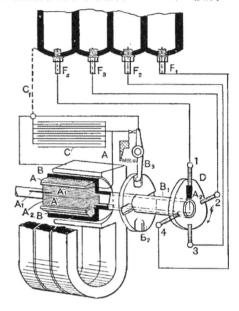

279. 汽油馬達起動器
GASOLINE MOTOR STARTER

　　啟動輪B具有斜鋸齒，且固定於馬達軸A上。鏈輪的鏈條C,C纏繞在包含螺旋彈簧D的鼓輪上，此配置方式是為了使用止動器J倒轉鏈條，以讓鏈條能在E

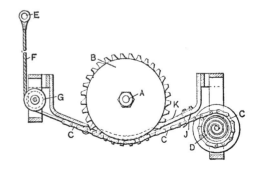

處的指環掉落至車輛地板的孔眼時，自由地掛在棘輪上。G為滑輪，K為附槽導板，F為掛繩。若要啟動，請拉動E，讓鏈條卡在輪齒中，並用力拉以讓輪子旋轉，若有需要，請重複以上動作。

280. 消音器
MUFFLER

適用於爆炸馬達。湯普森（Thompson）式。圓柱形室具有一條有罩擴散進氣管，出口管上有偏轉器，排氣煙會在汽缸中膨脹，並以幾乎恆定之氣流排出。其他類型的消音器在鼓輪中皆具有牢固的絲網汽缸，此配置目的是為了在氣體離開外殼之前，先消除影響並分散排氣。

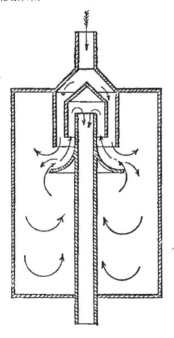

281. 排氣消音器
EXHAUST MUFFLER

適用於燃氣引擎、汽油引擎或其他類型引擎。有一個穿孔型排氣噴嘴位於大型開口管中。其構造如切面圖所示。所有消音器的外部或外殼皆應使用石棉氈。

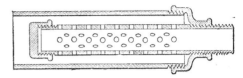

281A. 操縱曲柄
CRANKER FOR GASOLINE ENGINES

適用於汽油引擎。最新的汽油引擎自動起動器中皆使用機械型操縱手柄，其可限制手搖曲柄的加速速度。此設計十分簡易，且可從汽車座椅上操作。操作手柄本身包含一個安裝於其上的圓盤，以便與引擎軸一起旋轉並帶動數個嚙合小型輪齒的棘爪，這些小型輪齒會在相同軸上鬆散地轉動。有一條纜線連接至壓縮空氣或氣體汽缸的活塞桿，其會繞過有齒之輪上的螺旋鼓輪，並固定至另一端的螺旋彈簧上。當壓縮空氣在汽缸內轉換時，活塞會從鼓輪鬆開纜線，有齒之輪會將棘爪卡在圓盤上，讓引擎軸旋轉，接著，彈簧便會讓纜線回到之前的位置。鼓輪的螺旋形狀能加快手搖曲柄的運作速度。在引擎運作時，離心力會讓棘爪擺動，遠離有齒之輪。

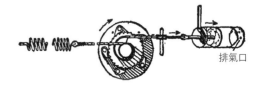

排氣口

281B. 八缸V形引擎
EIGHT-CYLINDER V ENGINE

　　近來八缸和十二缸動力設備的發展，證明汽車引擎有更平順運作的趨勢。這些動力設備也被應用於飛機和汽艇中。在裝上八個汽缸時，這些汽缸會相隔90°，不過V形在十二汽缸形式中僅展開60°。前者確保曲柄軸每轉一圈就會產生四次爆炸火花，後者則會提供六次衝量。多數情況下，這些引擎都為極高速的引擎形式。

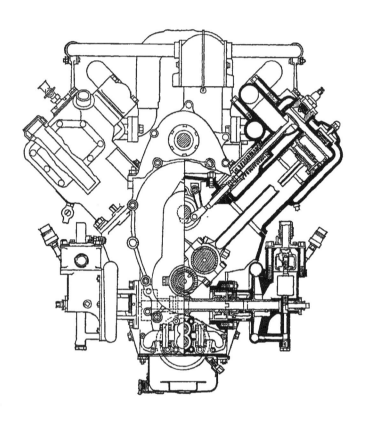

281C.汽車適用的整套動力設備
UNIT POWER PLANT FOR AUTOMOBILES

　　圖中的整套動力設備為範例，顯示用於推進汽車的汽油引擎配置。包含一個六缸引擎，該引擎一側具有冷卻泵、點火磁電機和空氣泵，另一側則有汽化裝置。變速齒輪會安裝於延伸裝置或引擎曲柄殼上，確保所有零件皆對齊引擎曲柄軸。具有此特色的引擎通常僅有三個支撐點，一個位於前方，另外兩個位於飛輪殼的兩側。如此一來，框架也能在無應變動力設備的情況下彎曲。

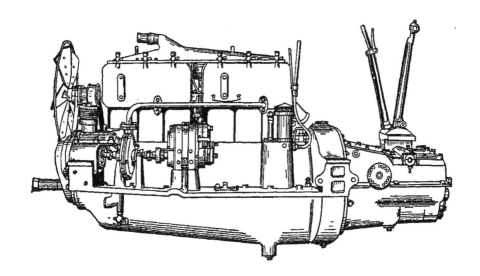

第 7 章　液壓動力和裝置

282. 波式馬達
WAVE MOTORS

波浪驅動液壓撞鎚。

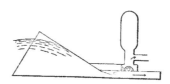

283. 波浪驅動擺動槓桿。

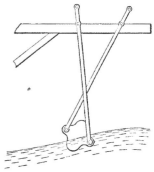

284. 波浪推動垂直表面。

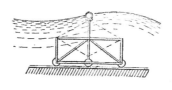

285. 波浪抬升浮子。

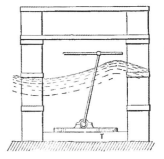

286. 波浪擺動以錨固定於底部的鉸接葉片。

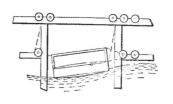

287. 霧角浮標
FOG-HORN BUOY

一個以錨固定於岸邊的浮子,具有由波浪運作的空氣泵。以此方式利用海洋作用,從浮標在適當氣密室中壓縮和釋放空氣,經霧角吹出所需的鳴笛聲,此氣密室由海洋運動驅動的泵來填充空氣。

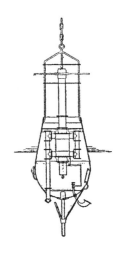

288. 無閥旋轉泵
VALVELESS ROTARY PUMP

　　活塞具有螺旋形式。固定於輪軸上，該輪軸會在填料函中運作，並經過兩側關閉的圓柱形泵室。有兩個軋輥與軸承呈直角進入此箱中，並靠在活塞的斜面上。如此一來，若後者旋轉，便會同時提供向後和向前的動作，並在每側產生吸力和壓縮的效果。有兩根管子位於泵室之上，距離軋輥稍遠。若查看活塞的運作，將能發現當活塞位於運程的一端時，會覆蓋部分管子，若管子夠寬，便能在活塞的同一側互通。但隨著活塞離開端點，管子便會被分開，各自獨立。接著，活塞移動的一端將有壓縮力，另一端則具有吸力。

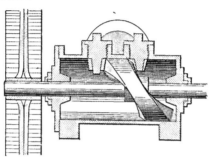

289. 東方灌溉工作裝置
ORIENTAL IRRIGATION WORKS

　　為「古時候」的裝置，且仍在使用中。此為一種古老的巧妙裝置，適合此裝置的發明時代。

　　由牛隻利用線D和E拉動牛皮桶並向下噴撒，藉此配置讓噴灑線停在H點，並抬起牛皮桶，自動將水排入輸送槽中。

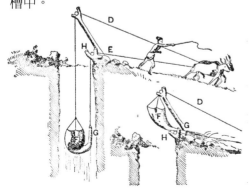

290. 離心泵
CENTRIFUGAL PUMP

　　圓錐鼓輪上的螺旋翼功能，為使錐形體較大端上主翼進水的漸進式進水器。

　　兩組翼或葉片以相反角度傾斜，以抵銷軸端推力。文策爾（Wenzel）的專利。

291. 縱剖面圖，圖為兩組翼片。

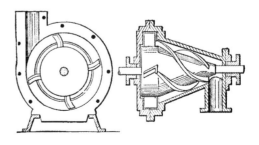

292. 河上專用馬達
RIVER MOTOR

輪子和鏈條設在樁上的框架中或河流中的浮子上，如圖所示，由大量的槳葉來增加動力。

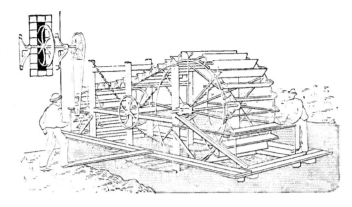

293. 旋轉泵
ROTARY PUMP

A為圓柱形外殼，在相對兩側上有泵室B、B，且其中包含滑動橋座C，C會被螺旋彈簧E向前推向活塞D。該活塞為圓盤構造，以偏心形式安裝於軸上。活塞較長端或較長側會旋轉以與器缸內部接觸，並在其周圍的相對側上隔出泵室，在邊緣留下一個分區F，F具有彈簧襯墊。在活塞插入外殼時，泵室H、H'彼此會完全分開。一個泵室經由閥門側面開口d與其中一個汽缸頭中的環形凹槽I相通，另一個泵室則與對側汽缸頭中的相似凹槽相通，兩個泵室分別通往引入口和排洩口。

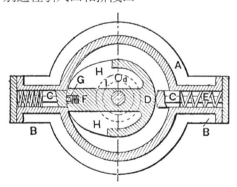

294. 離心泵
CENTRIFUGAL PUMP

德國式。旋轉盤靠近軸的各側上有環形通道，環形通道會接收水，並經由外殼中與連續槽相對的圓盤周圍開口，將水排出。靠近軸上圓盤和外殼的瓦楞封閉口可避免圓盤周圍溢出的水倒流，藉此提高此類泵的運作效率。

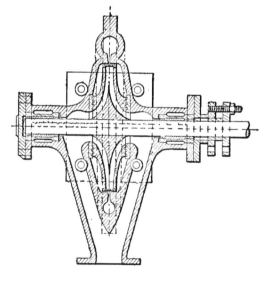

295. 河上專用漂浮馬達
FLOATING MOTOR FOR RIVERS

有一個風車式的輪子會掛在鐘口狀外殼內，該輪子可被下降或向上拉，以清除不同深度的河流，並在河流中等深度處，完整利用增加的速度。動力會傳遞至河岸，或可能會被用於浮子上，以抽水供灌溉之用。

296. 截面圖，圖為輪子和框架。

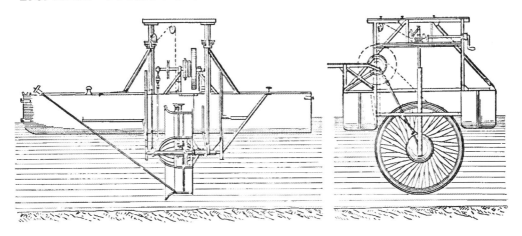

297. 水力馬達
WATER MOTOR

具有曲形斗狀邊緣的輪子會繞著固定式雙噴嘴旋轉。由附有齒輪的臂上的楔來控制噴嘴。小齒輪會與大型齒輪嚙合，軸則會延伸至殼外，帶動臂和楔。

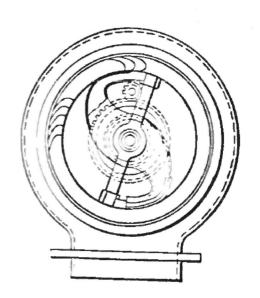

298. 水力馬達
WATER MOTOR

鏈斗式系統。包含一系列的順槳浮子，這些浮子鉸接至在鏈輪上運作的鏈上，並在外殼側面凹槽中受到引導運作。使用大量緊密固定的封閉斗，效率據說可達90%。不過，考慮到管中多個斗、未固定零件和兩個輪子的摩擦力，上述說法頗受質疑。為經常遭發明家忽略的事項。英式專利。

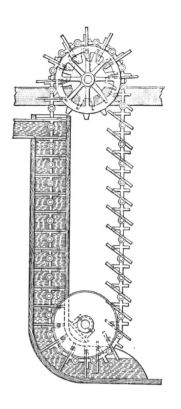

299. 1,000馬力渦輪
1000 HORSE-POWER TURBINE

瑞士式。單一噴嘴位於曲形斗輪的內側。噴嘴夠廣闊，與斗的尺寸相符。藉由開啟或關閉扇形滑閥來控制水的流動，該滑閥由懸吊調速器控制。

300. 前視圖，顯示噴嘴和斗的位置。

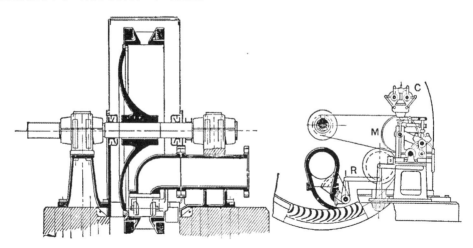

301. 多噴嘴渦輪
MULTINOZZLE TURBINE

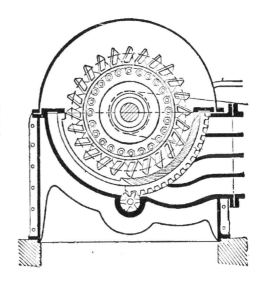

　　或稱衝擊水輪。德國式。噴嘴位於一個扇形段中，藉由關閉外部的滑動扇形段來調節動力，且該滑動扇形段由殼外具有控制輪的小齒輪來操作。水會撞擊斗的表面，並從斗的側面排出。

302. 閥門運動
VALVE MOVEMENT

　　雙缸泵。諾爾斯（Knowles）式。有一根搖臂連接至泵各側的活塞桿，負責操作其對側閥門。

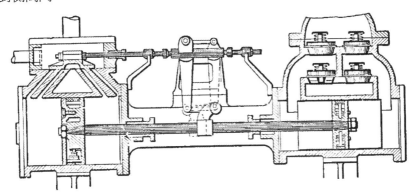

303. 閥門運動
VALVE MOVEMENT

　　單缸蒸氣泵。諾爾斯（Knowles）式。藉由使用輔助活塞A來確保無止點，A會在蒸氣箱中運作，並負責推動主滑動閥M。此主閥門為B形式，並在平閥座上移動，其頂端有一根導桿，該導桿符合箱式活塞A上凹槽的尺寸。此外，主閥門各端皆有一個小型唇口，可交替覆蓋和掀起小型第五端口S，S會從閥頭附近各端進入汽

缸。操作上，蒸氣活塞會在主端口上運作，而此小型第五端口會由上述唇口關閉，即取得一個緩衝墊。在主閥門M反轉時，唇口不會覆蓋端口，且會排放蒸氣，輕鬆啟動活塞，直到主端口掀開為止，如此一來，泵便可極為順暢地變更衝程。

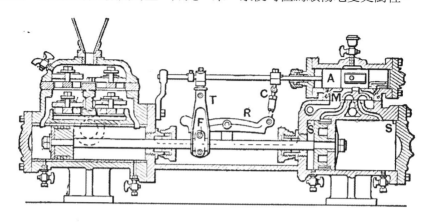

304. 衝擊水輪調速器
IMPACT WATERWHEEL GOVERNOR

錐形閥A位於噴嘴B中，其會控制噴射量，並由液壓缸C中的活塞D負責操作A。E為活塞閥和端口，讓水壓能通過通道J，並將壓力傳遞至位於C或L的缸體，其運作由調速器控制。

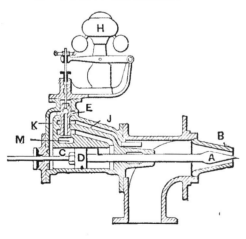

305. 雙口噴嘴及閥門
DOUBLE-PORTED NOZZLE AND VAIVE

適用於衝擊水輪。藉由關閉一個噴嘴來調整測量水流，水的完整速度可能會受限，而輪子會以一半的動力來執行全速運作。

衝擊等級輪子的一般速度為水速的一半，此時可達最佳效果。

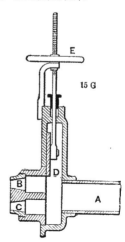

306.撓性球形接頭
FLEXIBLE BALL JOINT

可使用以環和彈簧固定的任何類型襯墊來包覆。此設計可防止讓沙或砂礫進入接頭軸承，並避免滲漏。塔布斯（Tubbs）的專利。

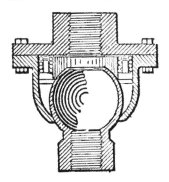

307.鐵製洩水閘門
IRON SLUICE GATE

此設計適用於自來水廠、發電廠和灌溉系統。可輕鬆地以螺栓固定至木槽上，或以錨固定於石工結構上。自來水廠形式，適用於最大閘門。

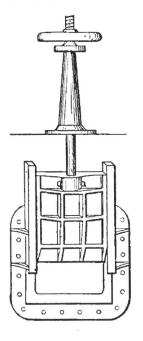

308.籃式粗濾器
BASKET STRAINER

穿孔板滑入圓柱形室，該室附有與吸入管對齊的蓋子和軛。能輕鬆移除以執行清潔。

309.剖面圖為粗濾板上的孔洞。

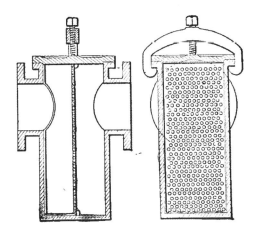

310. 水壓調節器
WATER-PRESSURE REGULATOR

用於高壓服務管。膜片x和柱塞s會經由槓桿r來操作閥c，並由可移動支點e調節相對壓力。a為高壓管；b為低壓管；v為通往低壓膜片的通道。

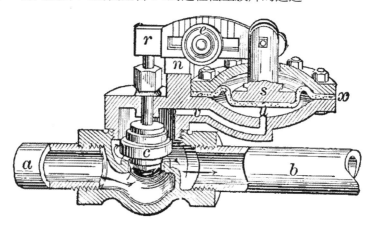

311. 雙向舌閥
DOUBLE-BEAT FLAP VALVE

位於主閥蓋後側的反轉閥蓋可大大減少閥門的拉力和磨損。利用少量提升力便能提供完整水量。

此設計十分適合用於大型泵閥，圖為剖面圖和平面圖。

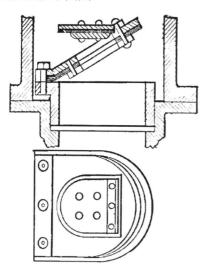

312. 水蒸餾器
WATER STILL

此為內敷錫的銅製蒸餾器和蝸桿，容量為二加侖，每日可提供約六加侖的蒸餾水。讓水進入位於D的倒虹管，並於B點彎曲處下沉密封，避免低蒸氣壓力。若要獲得最佳效果，蒸餾器盛裝的水量不應超過半滿容量。

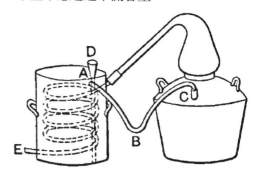

313. 文氏管和測量儀器
VENTURI TUBE AND MEASURING METER

　　主要管子和雙錐形管頸中不同速度的水會製造小型管中的不同壓力，該小型管的管嘴會轉向相反方向，以經由流經小型管的水流來顯示主要管子中的水流量。此測量工作由儀器執行。

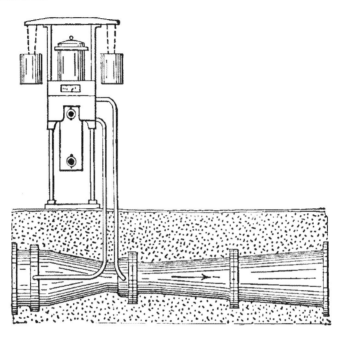

314. 均勻水流
UNIFORM FLOW OF WATER

　　來自可變式槽桶水壓，a為具有可辨識水壓的槽桶；d為小型槽桶，具有連接至槽桶a的扇形臂f浮子和錐形閥h。在調整好後，將能在d中給予e處排水口均勻的水壓。

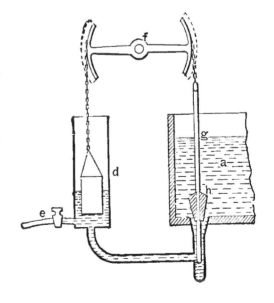

315.液壓起重器
HYDRAULIC LIFTING JACK

起重器的外殼會延伸超過並靠近撞鎚底座，可於起重器頂端和底座啟動升液器。小型柱塞和閥門會由槓桿和臂D運作抬升，而旁通閥門則會利用其自身重量降低負載或關閉起重器，將油送回槽中。S為吸入閥；D為排放閥；G為皮製杯形襯墊。

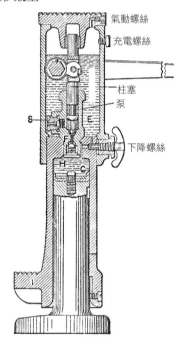

氣動螺絲
充電螺絲
柱塞
泵
下降螺絲

316.液壓機
HYDRAULIC PRESS

用於製造鍍錫和平鉛管。液壓機B活塞的作用為操作中央柱塞E和環形柱塞DF。前者會強制推出中央汽缸H中所含的錫，後者則是推出環形汽缸GI中的鉛。J為心軸。此機器被用於製造整體單一金屬製管，如下方編號318圖。目前使用中的此類鉛管機器為經多種改造的形式。有一種與上方圖相似形式用途是覆蓋電纜，該電纜會被推入穿過中央柱塞。

317. 製作所有鉛管的剖面圖。

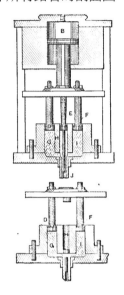

318.新型噴嘴
NOVEL SPRAYING NOZZLE

讓噴灑的水與周遭空氣接觸，藉此冷卻水。凹蓋中的縫隙會給予噴射的水些微螺旋方向動能，供其產生旋轉運動，並將水分解成細緻的水霧。

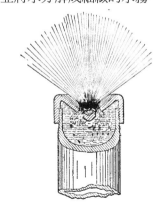

319. 滅火器
FIRE EXTINGUISHER

格林內爾（Grinnel）灑水滅火器形式。每個灑水滅火器約可供應100英呎的區域使用。閥門為一個固定在大型黃銅盤中心的鉛圓盤，閥門使用兩個弧形槓桿系統固定在閥口上，其中較低槓桿會於最低點由易熔焊料固定在輕金屬框架上。閥座本身的彈性來自將其固定在薄且硬的金屬膜片中心的裝置，該膜片因此具有穿孔，且膜片上的水壓會讓其緊貼閥門。連接至閥盤的較大圓盤，其作用為偏轉器。在焊料熔化後，槓桿會分開，且閥門和偏轉器會落下約4英吋，並留下空間供水沖出。水會沖向有凹凸且邊緣略為凹陷的圓盤，然後向上偏轉後朝天花板方向噴出。

320. 圖為槓桿和易熔接頭。

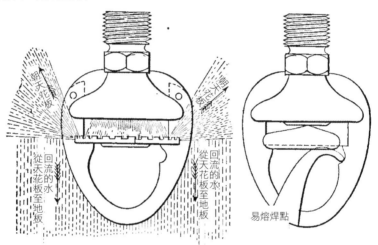

321. 液壓衝床
HYDRAULIC PUNCH

汽缸D中有一個小型柱塞，下方有進氣閥E和排氣閥，由槓桿B執行運作，為與衝床連接的撞鎚H提供大量壓力。在開啟旁通閥門K時，撞鎚會受槓桿L抬升，並旋轉楔M，再將油推入儲存槽A。

322. 液壓衝床的截面圖，圖為槓桿動作。

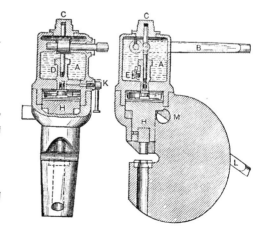

323. 家用冰箱
DOMESTIC REFRIGERATOR

水會流入位於A點的盤管，並被引入位於B的槽中，該槽中有一些與水重量相等的硝酸銨。在混合物中製造的低溫會冷卻盤管中的水，並可從盤管中抽取飲用水。水會從槽虹吸管中流向下方冰箱槽，以降低儲存室的溫度。若要提高冷藏功能，或製造冰塊或冷凍玻璃壺，可在溶液溫度降至零度時，將一些硝酸銨放在第二個槽中，並由閥門Y將冷水從盤管中引至槽中。第二個槽中的溶液或鹽水會流向儲存槽。

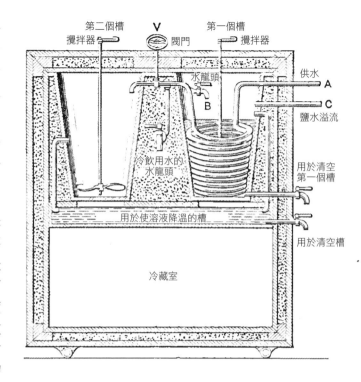

第二個槽
攪拌器
V 閥門
第一個槽
攪拌器
水龍頭
供水 A
C
鹽水溢流
冷飲用水的水龍頭
用於清空第一個槽
用於使溶液降溫的槽
用於清空槽
冷藏室

324. 平衡式液壓升降機
COUNTERBALANCING HYDRAULIC ELEVATORS

圖為閥門、汽缸、液壓活塞上下運動的循環管等配置，以及與動力相等砝碼的分配方式。詳細操作內容如切面圖文字所示。

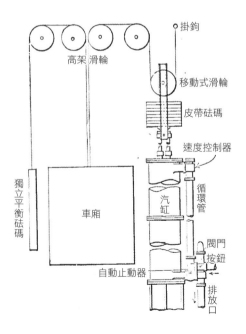

掛鉤
高架 滑輪
移動式滑輪
皮帶砝碼
速度控制器
獨立平衡砝碼
循環管
車廂
汽缸
閥門 按鈕
自動止動器
排放口

325.-329. 強化水井
RE-ENFORCING WELLS

可在乾旱時期輕鬆強化水井，方法是製作一個鍍鋅鐵的圓柱體，以細鑿打孔（如編號326圖），並插入該圓柱體，然後往下推至井底（如編號328圖），並使用沙地螺旋鑽（如編號327圖）挖出沙子。同時，也可能驅動傳動過濾器管，並由螺旋鑽拉出沙子。也會使用過濾器端點，且會在靠近井底處斷開。可使用這些方式大量增加供應水量。

過濾器管焊直接與泵連接的管子，如編號329圖。

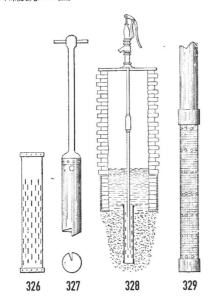

326   327   328   329

330. 虹吸水壓撞槌
SIPHON WATER RAM

B為虹吸管頂端的箱室。C為舌閥，位於臂和延伸至箱室外的心軸上，由槓桿和砝碼L保持開啟，並使用槓桿上方和下方的彈簧調整運動。D為排水閥。G為具有彈性頂部或薄瓦楞金屬膜片的箱室，做為氣室使用，並避免錘擊。K為塞子，利用水或空氣泵的吸力來淨化虹吸管。

此裝置會將水抬起約14英呎，並讓水落在6英呎的虹吸柱上，並傳輸一半的總供水量。

331. 閥門和氣室的剖面圖。

332. 外觀圖，為閥槓桿、砝碼和彈簧。

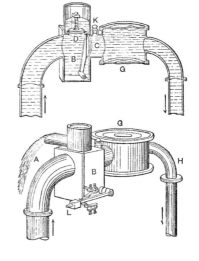

332A.液壓動力的獨有裝置
UNIQUE APPLICATION OF HYDRAULIC POWER

　　在特定河流中，春天會有高水位期，尺寸適當的海上汽船屆時便可輕鬆航行。在有疑慮處，每英哩有22英呎的落差，便會因此出現急流。某位貨主欲載運原料前往位於河流中心的島上，該島所在之處河流寬度約為2/3英哩，且位於河川上游約7/8英哩處。該貨主除自然動力外便無其他動力。而他透過此種方式以及一條直徑約為1/4英吋的纜繩，便完成任務。該纜繩一端連在該島的樹上，另一端緊緊固定在平底船甲板的捲盤上，由齒輪連接至船隻兩側承載翼輪的軸上。在裝船完畢後，翼輪連接至捲盤，該捲盤會經由電流作用開始捲起纜線，並因此旋轉，同時，也會將船隻和船上貨物往該島方向拉動。附圖為使用機制。

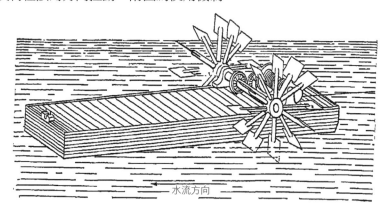

水流方向

332B.液壓動力傳輸
HYDRAULIC POWER TRANSMISSION

　　簡要說明傳輸運作原理如下：調節液體從泵流動至接收馬達，若使用此方式，液體會在被動活塞的表面產上動作，或僅在其更大或更小的延伸部分上有所動作。這會產生結合恆定速度和恆定衝程的泵，並因此產生恆定量，同

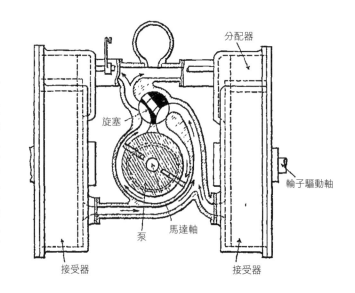

分配器

旋塞

輪子驅動軸

泵　　馬達軸

接受器　　　　　接受器

時搭配具有恆定量但不同動作表面的馬達，因此產生不同速度。旋轉泵由動力來源驅動，並在壓力下將液體傳送至各接收外殼中的分配器。各接收外殼如馬達般作用，並耦合至車輛的其中一個輪子上。調節旋塞的位置會決定車輛運動的方向。如圖示，液體會從泵流至馬達，並將馬達向前驅動。旋塞可放置於中立位置，如此一來，無須驅動馬達便能使引擎轉動。

332C. 內流式渦輪
INWARD FLOW TURBINE

這些水輪四周有環形外殼環繞，其中的引導通道會將水向內引導至輪斗。圖的形式中，向內排水桶會形成雙開道，讓水能向下排放而非向內排放，並在桶子的長雙開道接收極大比例的初始動力之前，會持續將水留住。這些桶子是以鐵、鋼或黃銅的鈑金製成，壓模受到衝壓，且邊緣皆有凸出的榫頭，如此一來，在放置於適當模具中時，桶子便能與鑄造在其四周的輪子邊緣牢牢連接。

低側緣石C為鑄鐵製堅固圓盤，搭配上有閘門移動的短圓柱體，且發散側有內管通過，離開輪子的水會從此處排放至坑槽中。S為上升裝置，是由白橡木製成的圓柱體。由管F負責向S供應水，且可藉由移除部件A來抵達S。A為螺絲；T的作用是垂直調節輪子。閘門G由兩個圓柱體N和M製成，由N和M的頂部連結至圓盤Q，Q與圓柱體形成80°角。該閘門具有二十四個呈14°角的導件，且輪子的切線會穿過其內緣。有三個與其對齊的支架放置在厚導件外側，其中一個位於圖上O處。這些支架負責支撐箱室E和輪蓋X。此箱室的低側圓盤有槽，因此導件可在閘門抬起時，藉由通過厚導件的吊桿進入箱室中。

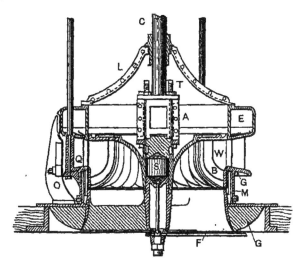

第 8 章

氣動馬達和裝置

333. 氣動球之謎
PNEUMATIC BALL PUZZLE

如切面圖，空氣噴流無法將位於法蘭管口的球吹掉，但該球會持續圍繞法蘭轉動，如虛線所示。

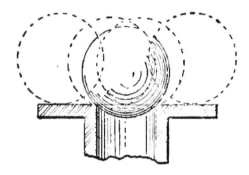

334. 氣動盤之謎
PNEUMATIC DISK PUZZLE

具有銷導件的輕型環形盤，來自法蘭管的空氣噴流僅可將其抬升一小段距離。原理是空氣動量突然散播至較大的圓周，導致外側邊緣附近產生部分真空，因此會將圓周區域與中央噴流區域對應的盤子固定在一起。

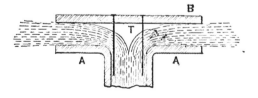

335. 氣動球之謎
PNEUMATIC BALL PUZZLE

一顆輕型球會在垂直於30°角的氣流中停留，並以相當大的速度旋轉。

置於錐形杯中的輕型球會在氣流上方停留，且當杯和氣流反轉時也不會離開。

置於倒置法蘭氣流上的卡片（如圖V,V所示）不會落下，即使下方掛著相當重的砝碼亦是如此。

336. 倒置噴嘴和球。

337. 與圓盤連接的倒置噴嘴和球。

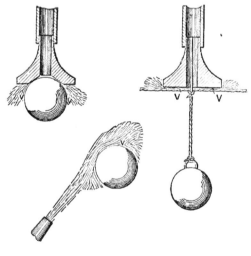

338. 氣動扇
PNEUMATIC FAN

利用商店中用於其他用途的壓縮空氣來讓風扇運作，是一項十分方便的方式。利用切面圖的簡易空氣馬達，使用60至80磅的壓力使風扇高速運作，該風扇可將氣流拋出25英呎（含）以上，且若排氣與氣流混合，將可大大增強風扇的冷卻效果。

339. 截面圖為馬達輪和管路連接。

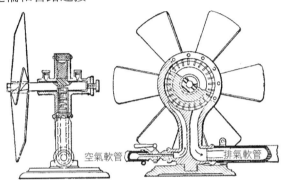

空氣軟管　　　　　　排氣軟管

340. 多翼式風扇鼓風機
THE SIROCCO FAN BLOWER

此風扇的特色是輪子周圍有緊靠在一起的窄型弧形葉片組，能避免局部渦流，且可大量增加風扇效能。戴維森（Davidson）專利。

341. 剖面圖，為軸和葉片鼓輪的支撐物。

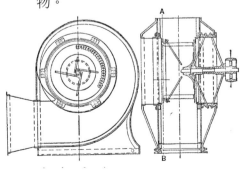

342. 空氣頂部
AERIAL TOP

由任何輕型方便可得的材料製成的小型風車。中央導桿可下落至環形手柄中，該手柄上有細繩纏繞。快速拉動細繩會產生快速旋轉，該旋轉動作會將頂部推動至150至200英呎的高度。四周應有一圈黃銅線，並固定在風扇外側，提供動量。

343. 握在手中的環形手柄。

344. 氣動穀倉塔
PNEUMATIC GRAIN ELEVATOR

法國式。

V 為雙真空鼓風機。

T 為真空管。

R 為接收器,具有覆蓋尾端管口的金屬絲網。

S 為傳送管。

O 為空氣調節器,覆蓋吸入管S末端中的槽,以調節進入管中的空氣和穀物的比例。

N 為膜片室,用途為平衡套筒O,並經由小型管t,t由管S中的真空壓力來控制。

　藉由此抬升穀物的氣動過程分離塵土,並將塵土經由鼓風機排出,且讓穀物暴露於空氣中並乾燥。

345. 氣動穀倉塔
PNEUMATIC GRAIN ELEVATOR

法國式。此為高速鼓風機,會以流經漏斗的受調節氣流,從料斗中接收穀物,該漏斗中有足夠空氣能讓穀物成為半流體型態,並在此形態下通過鼓風機,且被強制抬升至所需高度。此方法可使穀物乾燥並通風,且藉由取代從穀物倉至料斗曝氣的滑槽,便可輕易將穀物轉移至其他倉中。

　清潔過程為讓穀物通過鼓風機,但塵土會與穀物一起沉積在倉中。僅適用於傳輸系統。

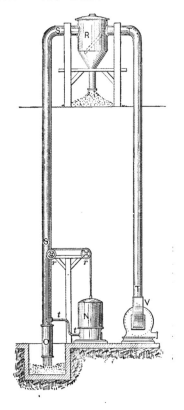

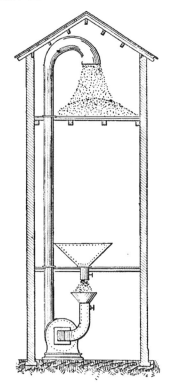

346. 噴砂裝置
SAND-BLAST APPARATUS

排氣或真空形式，在此裝置中，於
G處使用後的砂土會回到供應箱D中。
E、E為排氣箱和管路。進入噴管B鐘形
噴嘴的空氣會將從箱D落下的砂土載運
至管F，這些砂土會在G處撞擊玻璃，落
至箱D中後，被捲入主箱D中，最後落
至底部，同時，精細粉塵會隨排氣被排
出。位於G點的玻璃盤會在噴管開口處
移動，以均勻地砂磨表面。

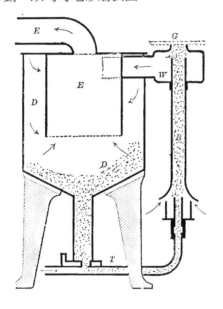

347. 噴砂噴嘴
SAND-BLAST JETS

在右上方圖中，砂土會藉由重力或
其他力量進入管B，而空氣會強勁地通
過管子和箱A，從砂土四周的環形孔噴
出，將強勁的氣流壓縮至磨損的鉛筆
中，讓鉛筆自主運作。下方圖裝置目的
相似，但使用調節閥推動砂土盒。

348. 手動噴砂噴嘴，具有砂土儲存箱
s，用於輕型工作。

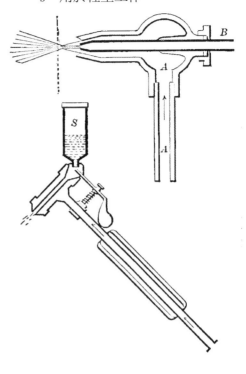

349. 加濕裝置
AIR-MOISTENING APPARATUS

用於紡織廠。高壓蒸氣噴射流會流
過錐形漏斗，吸入空氣，並將空氣與蒸
氣混合，然後將蒸汽噴散在錐體上，且
藉由分配至房間中的各點來平衡濕度，
並控制濕度的強度。

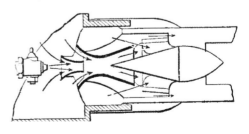

350. 顯微幻燈
MEGASCOPE

此為可能具有弧光燈、石灰光燈或強光燈的提燈，如圖所示，提燈會從連接至提燈的框架或盒子中的相機鏡頭焦點中，將燈光投射至b點的物體照片上，可用來將放大圖片投射至螢幕上。

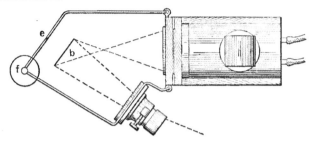

351. 魔術球
MAGIC BALL

球上鑽有一個歪斜的孔洞，並以細繩穿過該孔洞。在細繩的輕微張力下，依據繩者意願使球停止或下滑。此為一個有趣的小把戲。

352. 球的剖面圖，為歪斜的孔洞和細繩。

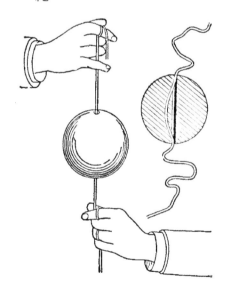

353. 旋轉球
GYRATING BALLS

此玩具由兩個直徑相同的木球組成，這兩個木球由訂書針固定的細長彈性橡膠帶相連。

僅需扭轉橡膠帶便可使玩具運作，方法為用手握住一個球，手部進行旋轉運動，使另一個球依環形路徑在地上滾動。隨著橡膠帶受到扭轉，未固定的球會被握在手中，並同時釋放兩顆球。

放開扭轉的橡膠帶會使球依循環路徑朝反方向滾動，而離心力會使球向外飛出。球在停止扭轉橡膠帶後，會藉著取得的動量持續旋轉，如此一來，橡膠帶便會再次受到扭轉，但此次是朝反方向扭轉。在橡膠帶的阻力抵抗球的動量後，轉動會立即停止，當橡膠帶再次停止扭轉後，便會朝反方向轉動球，此操作會重覆執行，直到儲存的力量皆耗盡為止。

354. 氣動加濕裝置
PNEUMATIC MOISTENING APPARATUS

壓縮空氣會從工廠中的多個點經由主要管子A供應至霧化噴嘴中。水則由水噴嘴下方的較小管子供應，並在與來自噴嘴的空氣以及由氣流引入的空氣接觸後，受到霧化和汽化。翼片會引導蒸汽朝天花板噴發，也會收集過多的水並送至下方槽中。

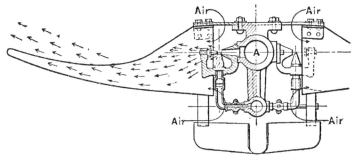

355. 潘塔內蒙風車
THE PANTANEMONE

在法國使用的靜止風車。兩個彼此成直角的半圓形平坦表面被安裝在水平軸上，並與水平軸呈45°角。如此一來，除風向為垂直吹向輪軸之外，其餘時候無論風向如何，此裝置皆可運作（即使沒有設置固定也可運作）。因此（由於無法減少表面），與其他宣稱與舊式荷蘭磨坊成比例的磨坊相比，此裝置每年可多出60個工作日。

356. 堪薩斯式風車
A KANSAS WINDMILL

由帆布製成，風帆位於固定在經線上的輪軸上，如此一來，便能隨北風或南風移動。此裝置未經加工且為家庭自行製造。每位農人皆可製作一個此裝置供抽水、攪拌和需要小型動能時使用。

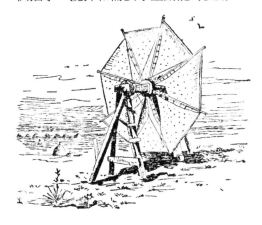

357.風帆車
SAILING WAGON

在三角框架的寬前端會延伸出車軸，其上軸頸連接至車輪。後輪的短車軸會利用主螺栓軸轉至框架的窄端。短車軸上裝有一個齒輪，嚙合至固定在垂直軸低側的較小輪子，該垂直軸的軸頸會連接至緊固在框架上的軸承。此軸上端為手輪或舵柄，以此方式引導風帆車方向。利用前輪上的煞車調節風帆車的速度，前輪以在框架中間部分軸轉的直立槓桿連結，且上端有十字頭，如此一來便可使用手或腳來操作此裝置。桅杆會固定在框架的中前部分，其上裝有風帆和升降及控制風帆的裝置，控制方式與普通帆船相同。

358.風帆式旋轉木馬
SAIL-RIGGED MERRY-GO-ROUND

位於法國聖馬洛。位於錨定支柱上的搖擺橫木，由移動式沙盒維持平衡。橫木的兩端各有一根橫桿，其上裝有具有主帆和三角帆的桅杆。

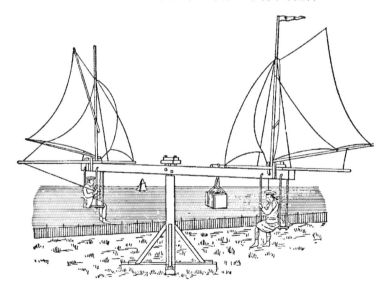

359. 飛行螺旋槳
FLYING PROPELLER

輪子中心有一個方形孔，孔中有一根鬆鬆固定的扭轉方形桿，在該方形桿上方、輪子下方放置一個木製套筒，其衝程夠大，可讓方形桿輕鬆穿過方形孔。

輪子會被放置在方形桿上，如圖所示，以一手拇指和指頭握住木製套筒，以另一手抓住方形桿低側的環，如此一來方形桿便會被快速向下拉，將極快速的旋轉動作傳遞給輪子，

使輪子在離開方形桿時會抬升到空中極高的高度。

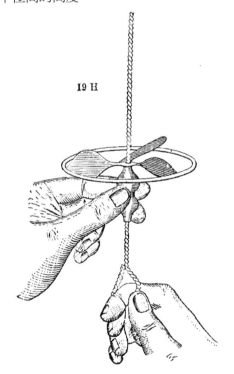

19 H

360. 無尾風箏
A KITE WITHOUT A TAIL

所有為了得出不同比例所需的計算，皆以風箏上背骨A'A的長度為計算依據。在知道該長度後，將其除以十，便可獲得長度單位。可輕鬆利用該單位得出所有比例。翼梁K'K包含兩根柳條，長度各為5.5個單位，藉由兩根柳條的結合或搭接，總長度為七個單位。

在依據這些測量數字打造翼梁後，僅需再將其固定於背骨上即可，固定位置應為距離背骨上端的兩個單位處。風箏的平衡結構或腹帶CC'的準確性能協助維持風箏在空中的穩定性，其包含固定在翼梁和背骨接面D一端的細繩，另一端則固定在背骨本體上，距離下方末端三個單位。接下來，繩B會繞過框架，並以薄紙覆蓋整個框架。

在升起風箏前，K'處懸掛的細繩在K處拉緊後，使翼梁向後彎曲。此曲率會依據風力增加或減少。

只要將繩子連接至平衡結構或腹帶上便可升起風箏。

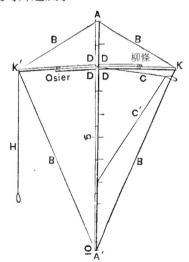

361.艾迪型無尾風箏
THE EDDY TAILLESS KITE

背骨應由乾淨的雲杉木製成，這是因為這種材料不易在拉力下彎曲，或在十字背骨處折斷。

每根背骨的截面為5/16x1/2英吋。

風箏背骨AB=68又4/10英吋。

風箏背骨CD=60英吋。

O=重力的中心，位於從CD頂端開始的35%處。

CE=強風型或微風型風CD的18%。應輕輕將薄馬尼拉紙以不固定方式放在風箏上。十字背骨AB翼梁的最深部分應為AB長度的1/10。在彎曲AB時，須格外留意，E處接面點各側的彎曲程度應相等。至於覆蓋三角形AED和BED的紙張，其些微向內的套袋應皆相等。若風箏為側面飛行，因不平均之故，可藉由在A或B點繫上小型半盎司或四分之一盎司的砝碼來進行部分補正。

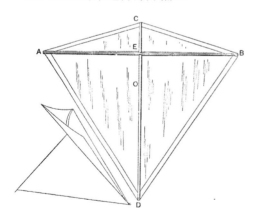

362.狄桑地的電動飛船
TISSANDIER'S ELECTRIC AIR SHIP

1883年於巴黎發明。此飛船速度可達每小時八英里，由電動馬達驅動，電流來自蓄電池。

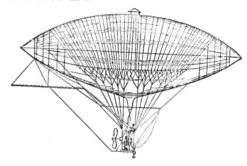

363.桑托斯·杜蒙飛船
SANTOS-DUMONT AIR SHIP

圖為氣船架構和與氣球的連接，螺旋槳、舵和汽油馬達的位置位於架構和氣球中心，以平衡飛船。

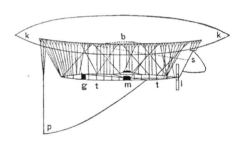

364.馬達具有四個氣冷氣缸，風扇鼓風機是由馬達推動以達成目的。

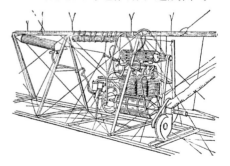

365.坎貝爾飛船
THE CAMPBELL AIR SHIP

由飛行員操作的曲柄提供推進力，一個曲柄位於升降螺旋槳上，另一個則位於驅動螺旋槳上。操作者在紐約康尼島（ConeyIsland）進行的試驗中控制飛船得當，然而此飛船最終仍於1889年被風吹入海中後失蹤。

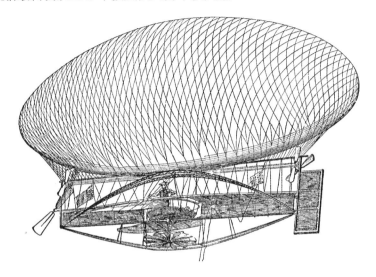

366.吉法德的蒸氣推進飛船
GIFFARD'S STEAM-PROPELLED AIR SHIP

此為目前最早的飛船類型。此空氣汽船1852年9月25日在巴黎競技場（Hippodrome）上空升起，高度達5,000英呎，並在成功航行後安全降落。

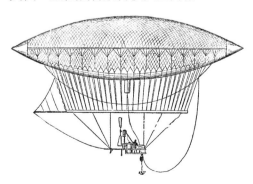

367.杜佩·德·洛梅飛船
DUPUY DE LOME'S AIR SHIP

此飛船載運負責旋轉螺旋槳的十一名人員。此飛船於1872年升空，每小時速度可達六英里。

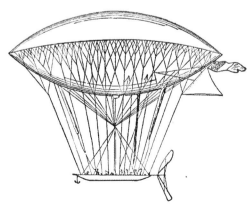

368.動力飛行機
POWER FLYING MACHINE

馬克沁（Maxim）式。此為應用動力使機械飛翔的形式，已有數次成功嘗試紀錄。朗萊（Langley）教授的名為飛行場（aerodrome）的飛行機彷若一隻巨大鐵鳥，於1896年5月嘗試成功。輕鬆起飛，並以直徑100碼的大環轉弧線方式於空中翱翔，到達一百英呎高度，且移動約半英里的距離。蒸氣消耗完畢後，螺旋槳會停止，但機械不會墜落，而會緩慢停下，並優雅地下降，毫髮無傷地抵達地面。其最大速度接近每小時二十英里。但馬克沁的實驗仍較有趣。他建造一個大型飛行機器，裝載後總重量為8,000磅，此重量包括引擎、鍋爐、燃料、存放物品以及三名人員。利用強力螺旋槳移動船型機體。升降機械由大型飛機搭配較小的凸出機翼構成，最寬為105英呎、長104英呎，以及總面積為5,400平方英呎。他也建造一條鐵路，此機械使用輪子在該鐵路上移動，對鐵軌的壓力會隨著速度增加而減少。在1894年6月執行的一項著名的實驗中，整台機械可被短暫抬離地面。

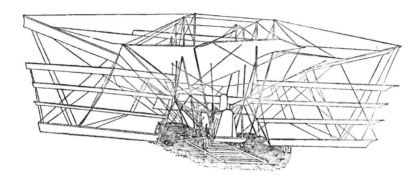

369.雷納德和克雷布斯的電動飛船
RENARD & KREBS ELECTRIC AIR SHIP

1884年於巴黎發明。此機械的電動馬達由蓄電池供給的電流驅動運作。此形式十分特殊，狀似魚形，並在前端配有螺旋槳。此機械宣稱速度可達每小時十二英里。

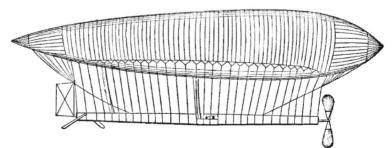

370.烘穀裝置
GRAIN-DRYING APPARATUS

　　將穀物或其他原料放在傾斜的圓筒中，並使用暖風流讓內容物翻滾。A為磚箱，焦炭在其中燃燒，或為從任何爐中傳輸廢熱氣的煙道。B為複合式熟鐵風扇，會吸收50至100英呎處的廢熱氣。C為煙囪和閥門，負責在第一次點燃火時帶走煙。C為溫度計或高溫計。D為進料斗，其中穀物會從下方由升降塔傳輸，或從上方樓層由槽中傳輸至進料斗中。E為圓筒。F為升降齒輪，用於升降圓筒。G為風管，由不同部分組成，以適合不同產品。H為部分已移除的外殼，透過網格顯示其中穀物被抬高並持續倒出，這些網格的數量和程度也會因不同產品而有所差異。

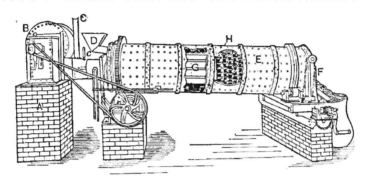

371.氣動升降器
PNEUMATIC LIFT

　　利奇威（Ridgway）式，使用油來運作。有一根管子從儲存箱向下延伸至空心活塞桿內部。該儲存箱中充滿油。在鉤子下降時，油會經由止回閥被吸入活塞桿中。鏈輪和針閥負責管理油的流動，油流動的不可壓縮性會防止負載物振動，並將該物保持在任何所需高度。此裝置可減少簡單空氣升降機的不平穩運動。

　　賓夕法尼亞州科茨維爾市的克雷格·里奇維父子公司（Craig Ridgway & Son Company）式。

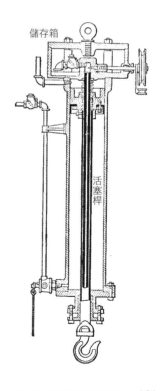

372.氣動液壓曲柄
AIR-OPERATED HYDRAULIC CRANE

輔助圓筒中的壓縮空氣壓力會迫使水進入升降缸中。水閥負責管理水流,並藉由關閉閥門來保持砝碼穩定或鎖定。

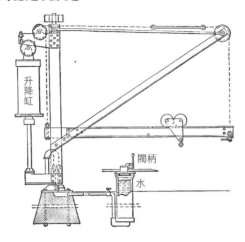

373.閥燈型通風機
VALVE-LIGHT VENTILATOR

閥門為框架中的玻璃組,並懸掛以搖擺,藉由將桿連接至向下延伸且手可觸碰的垂直桿子來控制。

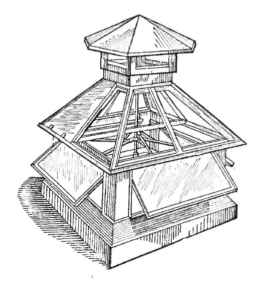

374.水果烘乾裝置
FRUIT-DRYING APPARATUS

箱子a的配置為用來接收有孔貨架或框架上裝設的網子。新鮮空氣進氣口g和加熱室c皆位於燈的下方。偏轉板h負責在箱中均勻地散播暖空氣,同時,另一個位於頂部的偏轉板則負責收集空氣,並使其進入通風器e。m為溫度計。溫度應為華氏100°(=攝氏37.78°)。

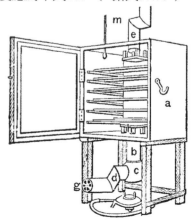

374A.齊柏林飛船
ZEPPELIN AIRSHIP

　　為最新的飛船氣球形式，可承載極大重量。由大量填充氫氣的區段組成，內部承載為特殊纖維覆蓋的空心鋁製架構。其長度將近500英呎，引擎超過2,000馬力。易於控制，並可載運二十五名至三十名組員。圖的機械類型可進行長途旅行，且每小時速度輕鬆可達40至50英里，並能逆風而行。

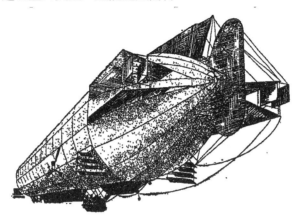

374B.現代飛機
MODERN AEROPLANE

　　重於空氣的飛行器，共有三種主要類型。其中，圖示的單翼機有一組機翼，而雙翼機則有兩組機翼，三翼機則有三組支撐表面。此類機器已發展至一定的完善程度，供成千上萬的人每日使用。這類機器使用高速多缸汽油引擎驅動的螺旋槳在空中牽引。單翼機的速度最高可達每小時120英里。

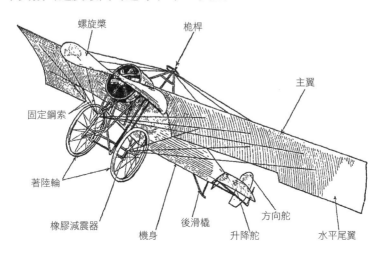

螺旋槳　　桅桿

主翼

固定鋼索

著陸輪

橡膠減震器　　機身　　後滑橇　　升降舵　　方向舵　　水平尾翼

第 9 章

氣體和空氣氣體裝置等

375.煤油可攜式鍛造爐
KEROSENE PORTABLE FORGE

法國式。此裝置包括內含石油地銅製儲存箱P，其由泵C驅動以橫向移動，負責在液體表面製造空氣壓力。爐子位於儲存箱上方，並由水平圓盤D隔開，形成一個屏障，避免儲存箱受到加熱。煤油在爐中經過受火焰加熱的蝸桿S後，將會汽化並燃燒。此蝸桿由從儲存箱底端開始延伸的鐵管製成，該鐵管會延伸至另一個末端上的中央噴口。管子上方會放置旋塞B以調節油的排放，並藉此調整火焰強度。鐵杯位於蝸桿下方，並於E點開啟，將一湯匙的戊醇倒入而點燃，接著可在轉下塞子A後，小心地以油填入儲存箱P。戊醇會被點燃，且在蝸桿燒熱且旋塞開啟後，噴射口會有火，接著便可使用此裝置。可在爐子上方放置鑄鐵鍋，以熔化鉛或錫，或可放置欲加熱或鍛造的工具，又或者也可放置要彎折的鐵管等。

376. 爐子的剖面圖，具有火磚蓋，用於將熱能向下轉移至裝置上。

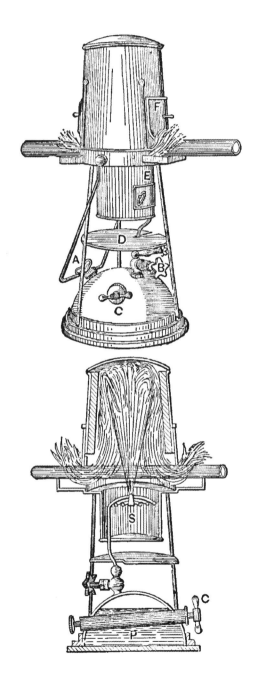

377. 生產氣體的產生器
PRODUCER GAS GENERATOR

德國式。A為門，將焦炭送入爐B並爆炸。C為爐子的耐火磚牆。E為進氣口，用於加熱產生器的爐子。F和G為氣體吹洩管，可相互交換以反轉氣體吹洩方向。J為閥門，會在A開啟時自動關閉。L,L為蒸氣管，用於使蒸氣交替吹出。H為過熱線圈，使用流入洗滌器M的熱氣來加熱蒸氣。N為灑水滅火器。K為輪子和鼓筒，用於同時開啟和關閉閥門J和G以及防爆門A。

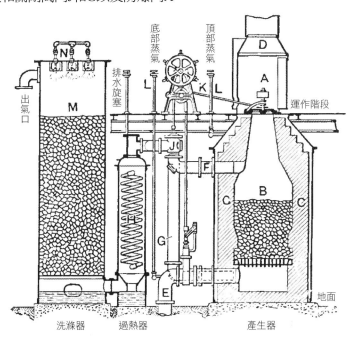

378. 蒙德煤氣設備
MOND GAS PLANT

簡要說明蒙德博士提出的流程如下：可取得的最便宜瀝青渣會由機械存放在產生器上方的漏斗中，由此排入產生器的鐘形口中，該處為加熱瀝青渣處，而蒸餾產物會先向下進入燃料熱區，再與離開產生器的大量氣體結合。熱區會破壞焦油，並將其轉換為固定氣體，然後準備好瀝青渣以向下進入產生器本體中，並在此處受到鼓風作用，該氣流在與燃料接觸前已接觸過熱的濕氣和水，並達飽和。熱氣和未分解的蒸氣會先以反方向經過管狀蓄熱器離開產生器，並進入進氣噴流。接著，會發生熱交換情況，而噴流仍會在流向火爐蓖的途中，流經位於產生器兩個外殼間的環形空間，並因此受到加熱。然後，來自產生器的熱產物會進一步經過「洗滌機」，

其為一個具有側邊泥封的大型矩形鑄鐵箱，熱產物會在此遭遇旋轉攪拌器拋出的水花，該攪拌器具有葉片，葉片會擦過洗滌機中水的表面。因此，此密切接觸將能確保讓蒸氣和氣體冷卻至華氏194°（=攝氏90°），利用並形成更多蒸氣的情況，在此溫度使用水蒸汽使氣體達到飽和，接著便能向上流經襯鉛塔，該塔以磚填充出大型表面，而發生爐煤氣遇到向下流的酸液，該液體受泵作用而循環，液體中包含硫酸銨，其含游離硫酸大於4%。

氣體中的氨和游離酸會發生結合，形成更多硫酸銨，好讓流程持續進行，部分硫酸鹽溶液會持續離開循環流程，並蒸發產生固體的硫酸銨，同時，有些游離酸會持續經由襯鉛塔進入溶液循環中。而現已不含氨的氣體會被導入氣體冷卻塔中，並在塔中遇到向下流動的冷水，如此一來，便可進一步先行冷卻和清潔，再流至多個爐和使用該爐的燃氣引擎中。

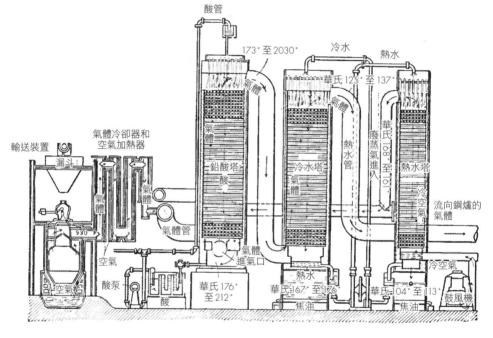

379. 空氣和蒸汽產生器
AIR AND VAPOR GAS GENERATOR

由砝碼驅動的旋轉空氣泵會將空氣推過汽油化油器，空氣會在其中因蒸汽而達飽和，並如圖分布。化油器的內部配置可以是讓大面積汽油暴露於空氣中的任何形式。

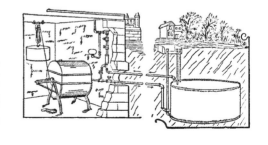

380. 水煤氣設備
WATER-GAS PLANT

羅威（Lowe）式。一個具有防火內襯的鐵製圓筒。空氣會在底部吹入，以加熱煤或焦炭。接著，蒸氣會從頂部吹入，流經熱燃料，然後在底部排出為水煤氣。從頂部漏斗送入燃料。可藉由反向吹動蒸氣和空氣，製造發生爐煤氣，並由右側管子排放氣體。

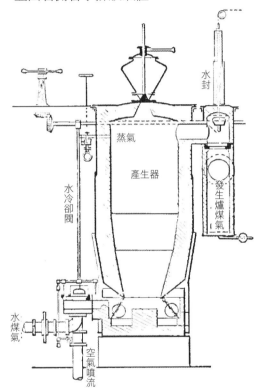

381.「威爾斯燈」
THE "WELLSLIGHT."

燈光產生方式為讓煤油流經加熱燃燒器，並在其中產生氣體，該氣體會以無需保護的大型強力火焰方式燃燒，且可在任何天氣下運作。泵M會迫使油經軟管K流入槽中，直到槽達三分之二滿為止，並壓縮槽中原有空氣至約25磅力。燃燒器加熱方式為燃燒盤C中的一點油，而煙囪S會將熱能聚集在燃燒器管路四周。七或八分鐘後，燃燒器便可受到充分加熱，而閥B2也會隨之開啟一小部分，來自槽中的油會被氣壓推入加熱燃燒器中，並在燃燒器中轉換為氣體，然後從噴嘴N中噴出，接著又在錐形體W中與充足的空氣混合，且可能會在W中受到點燃，接著，煙囪會被移除，讓火焰能通過燃燒器環，維持熱能並提供清晰的白光，且不會產生煙或水霧。泵僅需每數小時產生數次衝程，即可更新壓力，使燈燃燒時讓油或空氣能泵入槽中。

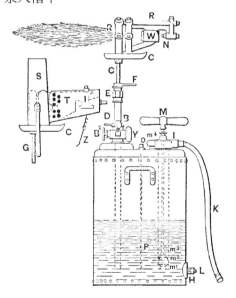

382.-384. 盧西根燈
LUCIGEN LIGHT

適用於戶外照明。盧西根燈使用最多樣化的油，即原油和精煉石油、石腦油、焦油、植物油、廢潤滑油等。油會經由可攔截固體顆粒的篩子E被倒入儲存箱。接著便是在分隔間F中收集油，F經由配有旋塞的管子與下方部件D相連，如圖右側所示。壓縮空氣會經由管A進入，並由管B向下流至氣室C，然後使油在連接至燃燒器的管D中上升。油儲存箱具有雙重底部，形成可在系統運作時填充的進料箱。

編號383和384剖面圖為燃燒器的運作。油會在壓力作用下進入管A，並經由燈內的圓柱錐型放油管排出。此放油管被第二根放油管B蓋住，做為空氣和霧化油通道使用。空氣會經由與輸油管平行的導管C進入，並流經線圈以受加熱，而油則是在通往霧化燃燒器的環形通道E中受到進一步加熱。

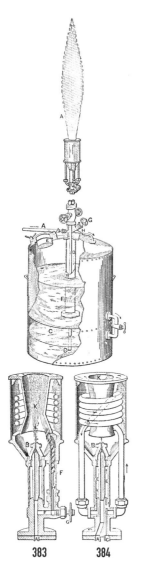

383   384

385. 汽油噴燈
GASOLINE TORCH

先燃燒小型蒸餾器下方杯中少量汽油以加熱該蒸餾器，然後汽油會被推入該蒸餾器中並汽化，並經由照明燈中的蒸餾器有孔頂部噴出。約放置在燃燒器儲存箱下方3英呎處便能有足夠的重力壓力。

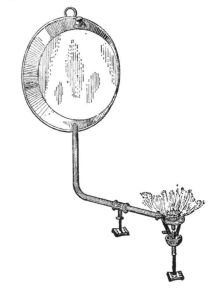

386. 氣體重力平衡器
GAS GRAVITY BALANCE

玻璃球體會在空心橫桿上達成完美平衡，該橫桿另一端裝有指示器和刻度。氣體的進氣口和排氣口位於鋒利的樞軸，並被密封在水銀杯中，好讓氣體自由流動，且不會影響平衡，如剖面圖。

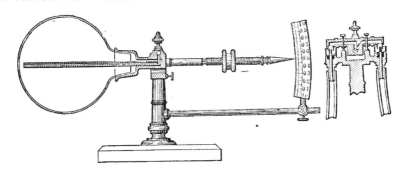

387. 煤油焊接爐
KEROSENE SOLDERING FURNACE

橡皮球會壓縮油箱中的空氣，推動受到壓力的油，使其流經針閥前往汽化蒸餾器，並經由本生燈噴嘴與空氣混合，然後再被推至燃燒器管中，該管上有多個小孔，可為加熱火焰提供燃料。

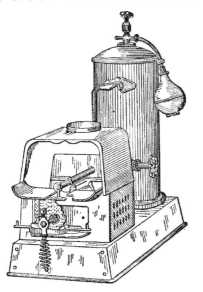

388. 煤油燃燒器
KEROSENE OIL BURNER

適用於爐子。箱中鐵管的線圈即為汽化器，終端位於十字管和兩個噴燈之間。錐形體會使熱量向上轉向，讓足夠的熱能進入線圈中，使油受到汽化。為了啟動燃燒器，可將以油浸濕的石棉墊放置於汽化線圈下方燃燒。

389. 煤油爐灶
KEROSENE COOK STOVE

國家石油熱能公司
（NationalOilHeatingCo.）式。油槽中油上方的空氣會受到壓縮，並讓油流至燃燒器盤內的汽化器中，油會在其中汽化，並被推動經過綜合噴氣流抵達燃燒器箱的箱室，該箱室布滿供應額外空氣的小型管，以達完全燃燒。請參見編號387和388圖，以瞭解相似類型的燃燒器。

390. 煤油加熱器
KEROSENE HEATER

國家石油熱能公司式。油槽中，油上方的空氣會受到壓縮，並讓油流至燃燒器盤內的汽化器中，油會在其中汽

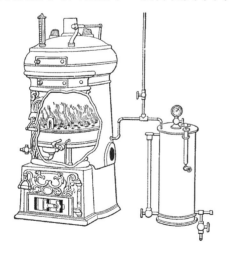

化，並被推動經過綜合噴氣流抵達燃燒器箱的箱室，該箱室布滿供應額外空氣的小型管，以達完全燃燒。請參見編號382、383和384圖，以瞭解相似類型的燃燒器。

391. 燃氣石灰窯
GAS-FIRED LIMEKILNS

圖為雙窯，但兩個部件各自獨立，且可分開運作。來自產生器的氣體會於A點進入窯中，氣流會由位於B點的閥門負責調節。位於C點的是門，讓燃燒所需的空氣進入，空氣和氣體會在BB處相遇。石灰會在箱室E中燃燒，然後在下降至F區時，利用在下方部件中流入的空氣使石灰冷卻。廢熱能會從窯的上方部件經由G點煙囪排出。位於H點

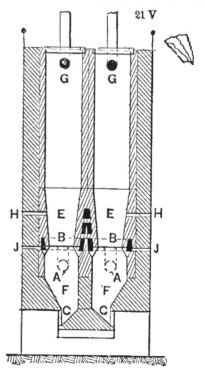

的是窺孔，用於判斷窯的熱度，而J則為吸氣孔，負責在必須燒掉煙道時吸氣。氣體產生器中使用的燃料為一般煤渣。此裝置特色為中央隔牆的建造方式，具有空氣冷卻孔洞和循環孔洞，如圖所示。此裝置製造出的石灰不含熔結塊。

391A.剷雪機
SNOW REMOVER

此裝置具有碳氫化合物燃燒器，以及一個裝有適當碳氫化合物液體的槽，該液體會經由管子進入燃燒器管中，並向下流至人行道上，與冰雪接觸。可利用此方法融化冰雪，且可使用高速旋轉的大型刷子輕鬆移除融化的冰雪。刷子後方具有直接接觸人行道的刮刀，藉此剷除所有已有刷子經過但仍餘下的冰雪。

391B.引擎用汽油汽化器
GASOLINE VAPORIZER FOR ENGINES

內燃機因自動裝置的發展而受到廣泛使用，此類裝置目的為混合汽油和空氣，以形成在引擎汽缸中爆炸的爆炸氣體。空氣蒸氣經由位於衝程上的底部開口吸入，燃料會噴入上述空氣蒸氣中，並從噴嘴中的開口A噴出。輔助氣閥會開啟，高速吸入更多空氣。在圖示的裝置形式中，氣閥開啟後便會壓制噴嘴中的閥門，並吸入更多燃料。利用供應不同汽油量和限制輔助氣閥運動來調節氣體比例。供應給引擎的氣體量依流出管的阻尼器或節流器閥門而有所不同。

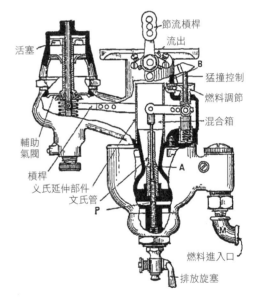

活塞
節流槓桿
流出
B
猛撞控制
燃料調節
混合箱
輔助氣閥
A
槓桿
义氏延伸部件
文氏管
P
M
燃料進入口
排放旋塞

第 10 章　　電力和裝置

392. 電動製繩機
ELECTRIC CABLE-MAKING MACHINE

旋轉框架會承載所需數量的捲線軸。讓繩索經過模具，以此將其聚集在一起，並使其通過裝有紙捲軸的旋轉頭進行反向包覆，並以模具壓緊紙製繞組。纜繩會由收線輪牽引，該收線輪具有錐形表面，並由數個摩擦繞組牽引拉動。

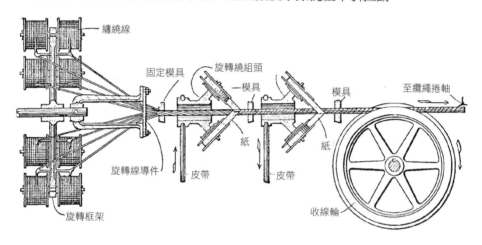

393. 鉛蓄電池
CHLORIDE ACCUMULATOR

或稱蓄電池。交替的有孔盤會被填入二氧化鉛和鉛絨。電池充電時的主要動作為在正極板上形成二氧化鉛，並在負極板上形成鉛絨。在電池放電時，二氧化鉛會逐漸轉變為硫酸鉛，而負極板上的金屬鉛也會轉變為硫酸鉛。

c、b為鉛板上的凹槽，用於接收鉛絨。使用硫酸和水（比例為1:8）填入電池中。

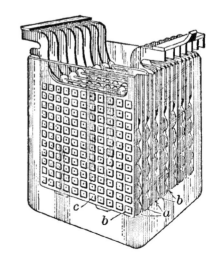

394. 電動線繩絕緣裝置
ELECTRIC WIRE INSULATING DEVICE

　　四捲軸系統。第一層為纏繞左側的絲線，第二層為纏繞在右側的白色和彩色棉線。兩對捲軸和框架會以反方向旋轉，可能會讓線交互纏繞。收線輪會調節線繩在機器中的橫向運動。

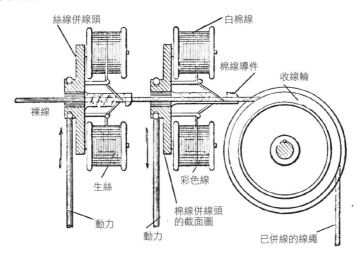

絲線併線頭　　　　　　　　白棉線
　　　　　　　　　　　　棉線導件　　收線輪
裸線
生絲　　　　　彩色線
　　　　　　棉線併線頭
　　　　　　的截面圖
　　動力
　　　動力　　　　　　　已併線的線繩

395. 電動線繩絕緣裝置
ELECTRIC WIRE INSULATING DEVICE

　　為了在布線時分辨，而以顏色區分的一條白線和一條上色紅線即是前述的包覆線繩，這些棉線會纏繞在一起，並被拉過錐形收線輪，如右側剖面圖，並搭配數次摩擦轉動以調節纏度。

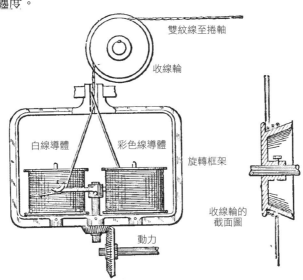

　　　　　　　　　　　雙紋線至捲軸
　　　　　　　　　收線輪
白線導體　　彩色線導體
　　　　　　　　　　旋轉框架
　　　　　　　　　收線輪的
　　　　　　　　　截面圖
　　　動力

396. 電動線繩併線裝置
ELECTRIC WIRE DOUBLING DEVICE

使用不同顏色的螺紋捲軸或捲線軸,在編織系統中提供雜色。右側圖細節為捲線軸彈簧和放線裝置的細節,以及承載螺紋的張力砝碼。有槽圓盤c位於橫向槽上,並由銷b載運。

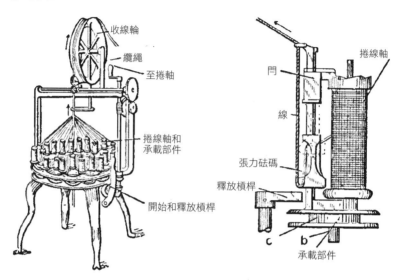

397. 纜繩蓋編織機
CABLE COVER BRAIDING MACHINE

捲線軸運動、捲線軸過橋齒輪和有槽導板的詳細資訊。a、a為齒輪上的導針,會沿著凹槽推動捲線軸,使用交叉凹槽來向外和向內載運捲軸。

398.
圖為有槽盤下方的齒輪,每個齒輪都有四個導針,可嚙合以在每次轉動四分之一轉程時,推動捲線軸至反向槽中。

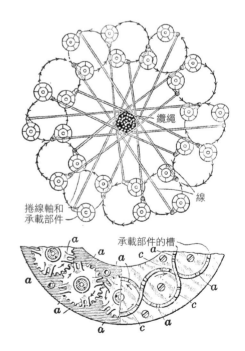

399.線繩包覆機器
WIRE-COVERING MACHINE

　　G為線繩捲盤，線繩會由齒輪輥軸E、E於此被拉動並穿過機器，並於H處纏繞在鼓輪上。一條橡膠帶經由導件和A點孔眼包覆在線繩上。捲軸C會透過旋轉軛J,J傳送纏繞帶。齒輪B、B則會驅動軸A2和蝸桿a，並經由齒輪N、M為拉輥E、E和繞組鼓輪H提供運動。b為驅動皮帶。機床下方的鏈條和齒輪會利用正齒輪和斜齒輪系，將運動改變為進線。

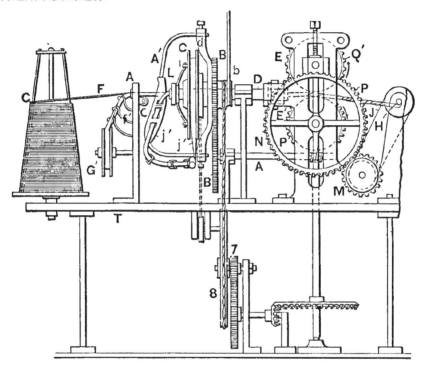

400.並激式發電機
SHUNT-WOUND DYNAMO

　　電刷B連接至主線M,M，供應外部電路。場磁鐵線圈s、s與位於電刷B、B處電樞上的分流器相連。場磁鐵線圈由導線製成，且有多圈線圈，電阻是電樞的許多倍，並在其中插入電阻箱R。

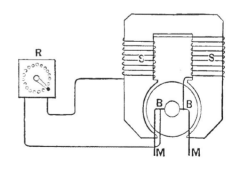

401. 分激式發電機
SHUNT DYNAMOS

串聯形式。分流器繞組連接在兩個發電機上，繞組的另一端連接至電輸電刷的相反兩極。

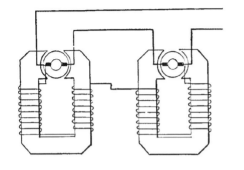

403. 他激式發電機
SEPARATELY EXCITED DYNAMO

B、B為連接至線路M、M電樞電路的電刷。電池G僅會供應電流給場繞組，該電流由電阻箱R負責調節。

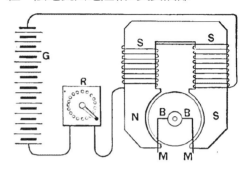

402. 短分路和長分路
SHORT AND LONGSHUNT

複合式發電機繞組。圖為讓繞組終端相連的兩種方式。右圖為短分路。

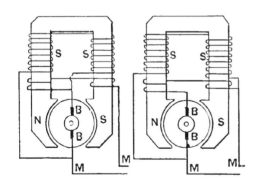

404. 複繞發電機
COMPOUND WOUND DYNAMOS

串聯式。每個發電機的分流線圈皆由另一個發電機激發。串聯線圈會與主電路串聯。

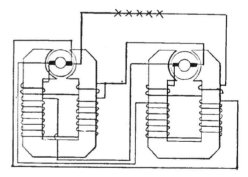

405. 整流器構造
COMMUTATOR CONSTRUCTION

愛迪生（Edison）式。鑄鐵或黃銅套筒s會被穿孔，以安裝在軸上。後側末端上緊固一個鋼軸環f，在g點呈錐形，以符合條棒的錐形端，錐形鋼軸環h會滑至另一側，而條棒會因鋼螺帽k的作用而受到夾緊。絕緣體全部由雲母製成，因為這是唯一一種適合用來使整流器絕緣的絕緣材料。套筒s藉由圓柱型絕緣體m達成絕緣作用，其上夾有多根條棒。終端絕緣i和l皆採用雲母製成錐狀，並在合適的模具中壓製成型。若使用此特定類型的整流器，來自電樞繞組的引線r會焊接至線夾或套環t，會以平頭的埋頭螺釘旋緊在整流器條棒的線夾w上。

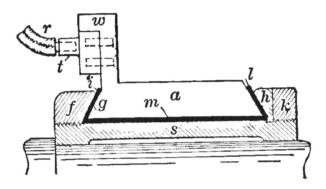

406. 多速電動馬達
MULTI-SPEED ELECTRIC MOTOR

手輪和一系列斜齒輪會將場磁鐵拉離電樞，藉由改變距離來使速度產生變化。史多製造公司（Stow Mfg .Co.）的模型。

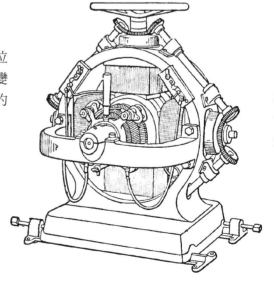

407. 圓筒控制器
DRUM CONTROLLER

在適合不同速度的區段放入電路電阻，以此控制速度變化。

構造細節差距甚大以滿足不同用途，且此裝置會被製成變阻型或電阻型，或被製成串聯並聯型，使其中一個馬達分流或短路。

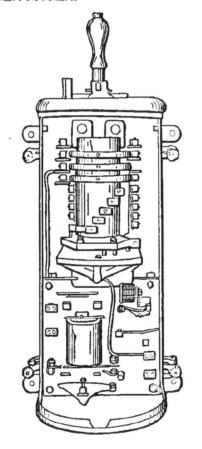

408. 彈簧接線柱
SPRING BINDING POST

此為改變電線連接的最快方式，按住彈簧並將其推至電線中。

此為最方便的接線柱。

向下壓

409. 變壓器
ELECTRIC TRANSFORMER

僅可使用交流電。行動原則是將高電動勢或電壓改變為低電動勢或電壓，反之亦然。二次電壓或低電壓繞組是繞在軟鐵心旁的粗線，而一次電壓或高電壓繞組則為繞在外側的細線。徹底絕緣，且具備藉由空氣循環或油槽冷卻的方法。

410. 圖為鐵心和繞組的形式。

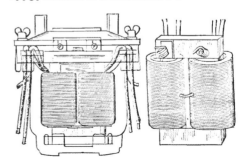

411. 記錄安培計
RECORDING AMPERE METER

布里斯托（Bristol）式，有電流通過的靜止線圈或螺線管。B為固定在非磁軸上的極薄鐵圓盤電樞，該軸會延伸穿過螺線管A的中心，且兩端支撐在有鋼製鋒利邊緣的彈簧支架C和D上。紀錄筆臂E會直接固定在鋼製彈簧支架D上，並在電樞被經過螺線管的電流吸引至線圈或螺線管時，參與圓周運動。圖並未顯示表面或記錄刻度，這是因為其會覆蓋驅動刻度的發條。

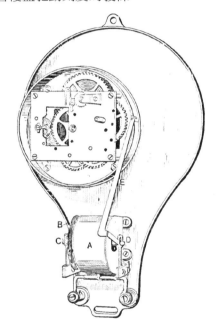

412. 新型弧光燈
NOVEL ARC LAMP

碳棒會儲存在斜槽33,19中，並由相似槽35,21支撐在彈簧31,16上，槽35,21由擴頭銷37承載，並由絕緣插座57連接至膨脹金屬條53的末端。該金屬條四周有線圈加熱電阻51環繞，以串連方式與碳棒連接，因此便能受到加熱和延伸，以將活動槽35,21壓在碳棒上，並在供應足夠電流時將碳棒移開，但也讓碳棒能在電流減少時，移至一起並下滑。每根碳棒皆可能被位於錐型上端和支架臂47之間的彈簧49向下壓，若有持續電流，則螺絲46會阻止負極碳棒的運動。膨脹條53和加熱器51可能會被以鐵心臂連接插座57的肘節連桿取代，該鐵心臂可垂直移動至頂板1上的串聯螺線管。彈簧則可以為鍍銅的鋼帶。加熱器或螺線管線兩端會連接至被絕緣體17分開的彈簧上方和下方部件。此燈可能會由燈罩7包圍，燈罩會以墊片環和螺絲固定於上方板上。此裝置具有噴嘴8，可透過該噴嘴將空氣從燈罩中排出，並引入其他氣體。

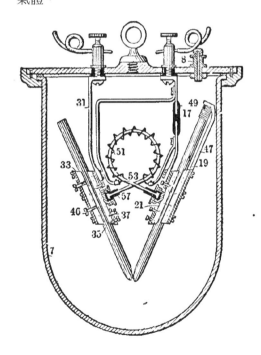

413.–414. 電動引擎停止裝置
ELECTRIC ENGINE STOP

摩納克（Monarch）式。磁鐵A位於具有電池組的電路中，在按下按鈕關閉電路時，槓桿B的電樞端會被向下拉，釋放垂直槓桿D的上端，D同時也做為錘子使用，負責敲擊棘爪上的凸緣E，將其拋出與棘輪的接合處，以此讓停止裝置的軸旋轉並關閉閥門，讓連接至停止裝置鏈輪上的鏈輪鏈與連接至節流閥導桿的相似鏈輪囓合，位於電纜上的砝碼會提供動力。停止裝置的反面或右側端為緩衝器，緩衝器由緊密安裝活塞P的汽缸組成。在軸的此端上切出一個方頭螺絲S，其會穿過緊固在活塞P中心的螺帽上，因此，在軸旋轉時，便能藉此螺絲將活塞載運至汽缸中，而其內側表面後方的空氣也會受到壓縮，以此形成完整緩衝。藉由旋轉旁通閥門V可十分精確地調整停止裝置的動作速度，該閥門負責管理在活塞P移入時，被推過空氣通道H的空氣量。有一個洩閥O位於此旁通閥門V下方和活塞P中，可依意願調整O以將其開啟，方法是在節流閥靠近閥座時，使O與緩衝器底部接觸，便能在活塞發揮緩衝作用後，快速排出壓縮空氣，以此讓閥門能重新啟動，並輕輕就位，但以足夠的力量緊緊關上。

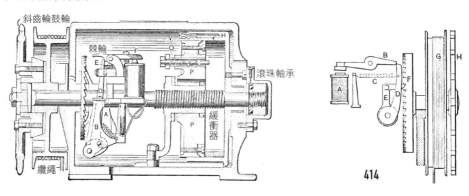

415. 探照燈鏡
SEARCH-LIGHT MIRROR

背面鍍銀。鏡頭鏡面經精密研磨和拋光，以達提供完美平行光束所需的精確曲率，搭配半英吋的乙炔框架，便能顯示長度超過1,500英吋的整條路，若相同尺寸的框架搭配最佳金屬反射鏡，則僅能顯示約100英吋距離。

鏡子不相等弧線是為消除球面像差。

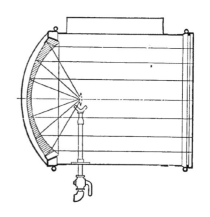

416. 串聯弧光照明電路
SERIES ARC LIGHTING CIRCUIT

電刷系統的多串聯式碳弧燈用直流
發電機。

電路可能為組合電路或單電路，由
配電盤和三段式電樞和整流器負責控
制。

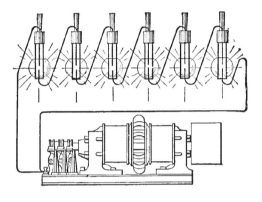

417. 電動吹管
ELECTRIC BLOWPIPE

強力電磁鐵會與電弧相斥，可將該
力量用於高溫吹管。此為磁鐵與電弧相
斥作用的神奇範例。

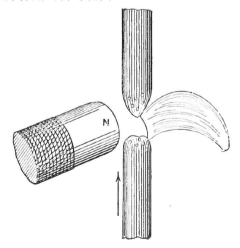

418. 旋轉電爐
ROTATING ELECTRIC FURNACE

法式設計。上方電極會在雙向間擺
動，同時，會旋轉以包覆槽中的整個機
床，也可使用手輪或齒輪來將其壓下或
升起。電極棒上端為圓形，上有齒條。
坩堝會從槽中裝料，並翻轉耳軸來清空
該槽。槽的碳內襯為負極，但未顯示於
圖中。平面圖為蝸輪，用來轉動擺動的
電極。

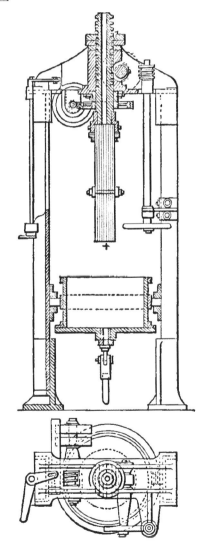

419. 串聯蝸輪電動電梯
TANDEM WORM-GEAR ELECTRIC ELEVATOR

　　紐約的西格爾－庫柏（Siegel-Cooper）百貨公司。辛德利（Hindley）式。齒輪比為46:1，電梯速度為每分鐘100英呎，馬達轉速為每分鐘47圈。從電流至電梯服務的效率增加70%。雙蝸桿和聯鎖齒輪能提升電梯服務的安全性。

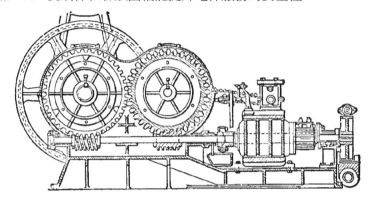

420. 電爐
ELECTRIC FURNACE

　　適合製作碳化鈣。英國式。此電爐由防火磚外殼A和氧化鎂內襯B組成。形狀為錐形，電爐底部會收縮以形成熔碳化物的爐床。出料口位於此收縮部件的底部。下電極為碳板，上電極則為電路區域的大型碳棒。充足的原料會送入上電極和氧化鎂內襯之間的環形空間，以封閉並悶熄最高溫區域。

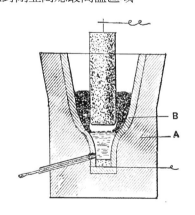

421. 電動縫紉機
ELECTRICALLY DRIVEN SEWING MACHINE

　　電樞位於軸上，該軸使用變阻器操作針架和織梭，以控制速度。驅動軸上的小齒輪會在附手柄的內部齒輪嚙合，手動管理縫紉機。

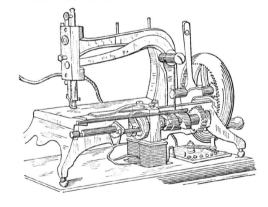

422. 電動馬達蝸桿驅動泵
ELECTRIC MOTOR WORM-DRIVEN PUMP

此裝置包含馬達E，安裝在有雙缸泵的底座上，且會使用雙蝸桿齒輪傳動和曲柄來驅動雙缸泵。右側和左側蝸桿的組合A和A'會驅動兩個蝸輪B和B'，A和A'會彼此囓合在一起，以此平衡蝸桿的推力。曲柄安裝在蝸輪B的軸上。馬達的二分之一功率（摩擦力較小）會透過與其囓合的蝸桿傳至蝸輪B，另外二分之一功率則會透過囓合的蝸輪B'傳遞至蝸輪B。透過使用附軛的延伸活塞桿D和短連接桿，使此等組合極為緊密。槽中的浮子透過自動開關成為泵的調速器。

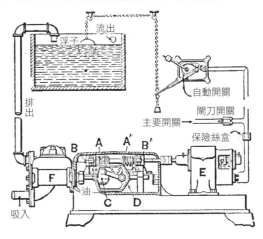

423. 電子孵化器
ELECTRIC INCUBATOR

德國式。用來放置雞蛋且裝滿乾草或細稻草的籃子。外罩由一層柔軟的羽絨製成，連接至包含線圈的圓形盒上。該線圈會由電流加熱，其溫度由位於外罩上的溫度計調節。過熱時，水銀會上升，從電路中切斷線圈，讓其冷卻。供雞隻居住的雞舍，外罩可依據雞隻的成長向上抬升。僅須注意需要以新鮮的水灑在雞蛋上，且每日需翻動雞蛋一次。變阻器會調節電流，使加熱線圈的溫度均勻一致。

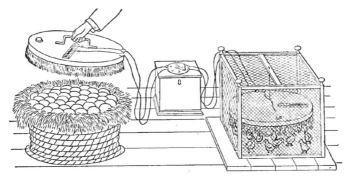

424. 電動烙鐵銅頭
ELECTRICAL SOLDERING COPPER

電阻或加熱線圈是由纏繞在絕緣材料（石綿布）上的小型鐵絲組成。線圈纏繞處會有足夠的距離，避免發生短路，並使電力連接絕緣，且手柄皆為絕緣。

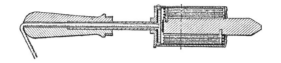

425. 電動焊接裝置
ELECTRIC WELDING APPARATUS

分激式發電機可為50個串聯的蓄電池充電，而伏特計和安培計分別於V和A點插入。纜線會從每五個電池的正極端被引導至插座開關板U，電流會從U通過可變式電阻W，並從該處穿過撓性電纜前往碳棒支架2和碳筆K。操作人員會操作支架2，將要融化的金屬放置在台上，並直接連接至電池負極。操作人員可將插頭插入開關板U，以獲得5個電池的電流、5個電池的兩倍電流，以此類推直到取得5個電池的10倍電流。

427. 電動焊接
ELECTRIC WELDING

操作人員應穿戴厚重皮手套，並利用固定於支架上的金屬屏障進一步保護自己的雙手。操作人員可透過暗色玻璃觀察工作，暗色玻璃可保護雙眼和臉部，與一般暗色眼鏡相比，更能避免操作人員遭受輻射光和熱影響。可能也需保護肺部，避免受到銅、鉛和其他金屬或合金蒸汽的影響。應盡可能使用空氣噴流帶走此類蒸汽。支架的構造有助於快速更換碳筆。請參閱編號425圖，深入瞭解細節。

426. 運作中的碳棒支架和碳筆。

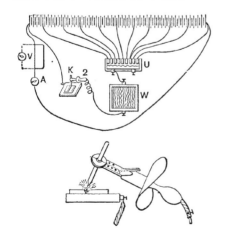

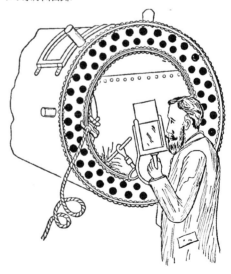

428. 電磁履帶煞車
ELECTRO-MAGNETIC TRACK BRAKE

　　履帶煞車蹄片位於兩對輪子之間，同時，會被掛在車上的電磁鐵拉至軌道上，而非在車輛作用下被推上軌道。因此，不僅能在車輪煞車的無損摩擦力上再增加摩擦力，更會增加輪子的實質軌道壓力，使履帶跑板的支撐彈簧和磁鐵在下降至至軌道時處於張力狀態。電磁鐵a會將履帶跑板h分為兩部分，且a會由銷固定在兩根推桿c上，並由可調式彈簧h懸掛在軌道上適當距離處。推桿會由銷固定至煞車槓桿d的下端，d的上端會與可調桿g相連，並於煞車蹄片支架e的中間點軸轉，而上述推桿則會承載輪子煞車蹄片和懸掛在卡車車架上的懸吊連桿f。推桿c為伸縮式，如左側剖面圖，因此履帶跑板會向右移動至靠近卡車車架，將右側的輪子煞車蹄片應用在輪子上，而接合處g會移動至左側，以應用左側的輪子煞車蹄片，觸止器i可避免左側煞車槓桿的下端跟著履帶煞車蹄片移動。

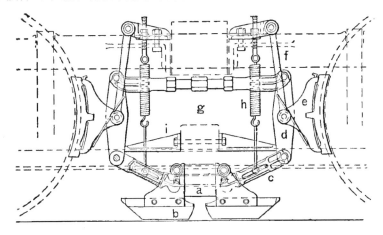

429. 電動旋轉式起重機
ELECTRIC REVOLVING CRANE

　　起重容量為150公噸。由紐波特紐斯造船及船塢公司

　　（Newport News Ship building &Dry-dock Co.）建造。以最現代的機械結構原理打造的升降機和旋轉式起重機，有助於提高工作緊湊度和效率。

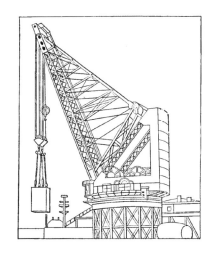

430. 電磁離合器
ELECTRO-MAGNETIC CLUTCH

反向變速。A為馬達，其電樞軸會在兩端延伸以接收小齒輪B和C。小齒輪B會驅動齒輪D，而小齒輪C則會透過惰輪F驅動齒輪E。B較C更小，而D則大於E。由此可知，齒輪D運作速度較齒輪E慢，且兩者方向相反。齒輪D和E都會鬆鬆地在軸G上運作，且分別與磁性離合器的部件H或I相連或固定，上述部件為鐵殼電磁鐵部件，可依需求通電或斷電。J為電樞或柄，雖固定於軸G上，但可在其上滑動。若I受到通電，會將J朝I吸引，並迫使J與齒輪D一起旋轉，因此可提供驅動軸緩慢的運動。若I受到通電，會將J朝I吸引，且J會根隨齒輪E運動，因此可提供驅動軸反向快速運動。調速機構會使用此配置，一次僅讓一個電磁鐵執行動作。

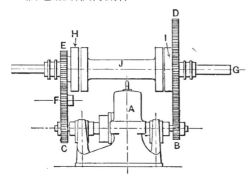

431. 電磁離合器
ELECTRO-MAGNETIC CLUTCH

圖為磁性離合器、電樞和軸的剖面圖。A和A為磁鐵，各具有黃銅電刷B。纏線C的線圈放置於磁鐵的環形凹槽中，並以填於環形凹槽中凹處的鉛環D固定。磁鐵的延伸部分E會被向下轉，讓齒輪吻合，而進一步延伸的F則會與集流環G嚙合。正如圖示，每個磁鐵各有兩個集流環：一個負責引導電流進入線圈，另一個則使線圈電流返回。H為固定電樞，可在軸上滑動，且可能具有皮帶滑輪。

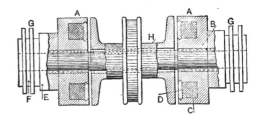

432. 電磁離合器
ELECTRO-MAGNETIC CLUTCH

來自單一小齒輪的反向變速。A為馬達，B為馬達小齒輪，負責驅動固定在軸D上的齒輪C。動作可從軸D傳遞至軸F，方法是透過齒輪CE和G，或者透過齒輪H和I。離合器的配置情況如圖430-431所示。

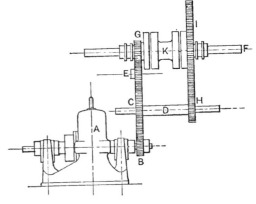

433. 無線電報
WIRELESS TELEGRAPHY

亞歷山大遜（Alexanderson）發電機。轉子承載大量鐵齒或感應器，於纏繞場線圈F和電樞線圈AA軛的電極片之間，受到高速（每分鐘轉速達20,000）驅動。可藉由變更電樞線圈的電場或電負載來發送信號。使用附屬裝置M來完成電負載變更，M在分流器中與天線變壓器的原線圈相連。此分流器的阻抗會隨著依據信號改變磁心的磁化強度產生變化。

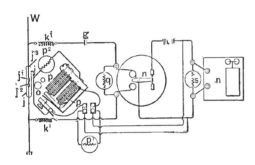

434. 無線電報
WIRELESS TELEGRAPHY

具有拋物線反射器的馬可尼（Marconi）發射器。若欲以確定方向傳送射線射柱，馬可尼使用的發射器為波隆納大學里吉（Righi）教授發明的發

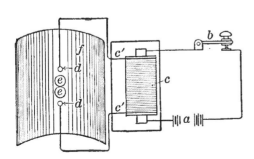

射器。兩個大球體e,e的直徑為11公分，彼此的分隔空間為1公厘。若要朝所需方向集中射線射柱，應將振盪器放置在拋物線圓柱形反射器的焦線上。f,為拋物線反射器、c,c',c',為感應線圈、a為電池、b為電鍵。

435. 無線電報
WIRELESS TELEGRAPHY

磁性熄弧以避免產生電鍵弧。適用於傳輸處理強電流的電鍵。圖的磁鐵可為單極或雙極，也可以是任何所需尺寸。基本特徵是磁極應延伸至接觸點位置，如此一來，便能使在電流過強之前形成的電弧熄滅。帶鐵適合用於磁極延伸。橫跨電鍵接觸點的分流電容器也有助於避免發生過度火花放電。

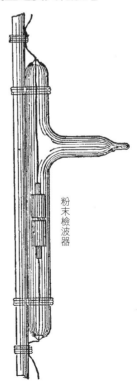

粉末檢波器

436. 電子照明系統
ELECTRIC LIGHTING SYSTEM

A為發電機，據說可發電約1,000伏特。用於一般照明（例如住宅等）的燈泡會透過變壓器連接，如圖中B點所示。路燈電路則包括許多白熾燈l，所有燈串聯在一起，並於a,b處接入電源；其中b點可能位於供電站或線路上，選擇較方便者。為了讓此類串聯系統成功運作，必須將電路中的電流保持在電燈設計的特定值。同樣地，很明顯必須有夠多的燈串聯在一起才能承受發電站的電壓。例如，若每盞燈各需要20伏特，則電路中必須連接50盞燈，例外情況是使用外部裝置來承受額外的電壓，例如電阻或抗流線圈。

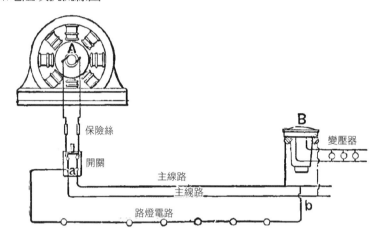

437. 自動觸輪防護裝置
AUTOMATIC TROLLEY-WHEEL GUARD

觸輪會藉由滑動軸箱連接至槓桿上的前叉和平衡砝碼。在觸輪離開導線時，槓桿上的砝碼回抬起輪子和前叉，該前叉會再度落至輪子與導體的接觸點上。

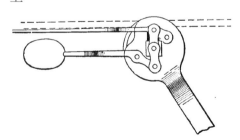

438. 無線電報
WIRELESS TELEGRAPHY

傳輸電鍵。磁性運作的電鍵適合用來處理超過10安培的電流。可使用彈簧金屬帶來代替水銀接觸點。利用油來避免電弧過大，並減少發熱效應。

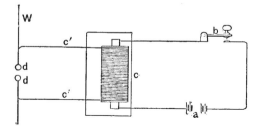

439. 電火鍋
ELECTRICALLY HEATED CHAFING DISH

盤下的圓柱箱內有鐵絲電阻線圈，使用石綿襯墊來絕緣。

440. 振動電鈴
VIBRATING ELECTRIC BELL

彈簧R會連接至固定的金屬桿，並壓在桿T2上。電流經終端B進入，使捲線軸橫向移動，接著電流會經過T點、彈簧和T1，並從另一終端離開。電樞會受吸引，固定在電樞上的點P會從桿T1拉回彈簧，並中斷電流。但同時，電樞會於該點觸碰彈簧，此外，在彈簧離開桿T1前，電磁鐵便會被納入短路中，且線路電流不會通過捲線軸，而是會通過纜繩T、電樞和桿T1。電樞的振動會破壞T1處的接觸點。

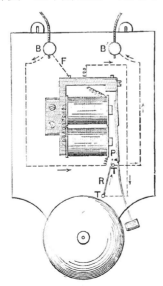

441. 印字電報機
PRINTING TELEGRAPH

印刷字輪f由彈簧鎖定裝置的發條機構驅動，且f位於與棘輪k同心的軸上，k由擒縱器的托板ll控制，並連接至永久磁化電樞m，該電樞由流經電磁鐵oo的交流電產生振動。負責控制印字擒縱器的電磁鐵r位於相同電路中，其核心具有延伸部件w，四周由非磁性材料包圍，此外，該電磁鐵並非由經過oo的快速變化電流操作。但電路會在敲擊與任何特定字母相連的電鍵時關閉，核心w'會聚集足夠的磁力以吸引電樞x、釋放臂u、帶動捲紙器s，並讓輪子t軸上的曲柄銷受彈簧鎖定裝置a的一連串機制轉動，以壓下槓桿臂，並舉起進紙軋輥拋向鉛字。

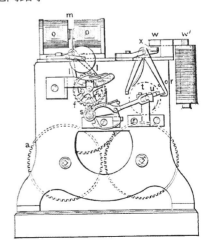

442. 電子火警系統
ELECTRIC FIRE-ALARM SYSTEM

　　美國紐澤西州紐澤西市。適用於號誌柱和電話亭。在3,000磅重的砝碼下降後會觸發警鈴響起機制。在電路關閉時，會由磁鐵固定電樞並阻止其作用。在電路開啟時，電樞會從磁鐵處往回落下。此動作會釋放掣子，而固定砝碼的棘輪會開始旋轉。請參閱切面圖，可發現有兩個與此棘輪的輪齒嚙合的棘爪。每個棘爪在與輪子輪齒嚙合時會固定在原位，或藉由棘爪右側角凸出銷的動作受到釋放，並從特殊輪廓的槽中凸出。如切面圖，就在棘輪和砝碼圖下方。槽和銷機構之所以如此配置，是為了一次僅讓其中一個棘爪與輪齒嚙合。在關閉的電路中，上方棘爪是唯一嚙合的棘爪。在掣子被釋放後，上方棘爪會最先受到旋轉輪作用。此動作會將鎚子從鈴上拉回。在銷穿過槽時，棘爪會離開輪齒，然後換另一個棘爪嚙合，並以此驅動鎚子靠向鈴。電鈴槓桿會抬起，並再次被掣子抓住，如棘爪變換位置一樣，且在下一次電流中斷前，嚙合的上棘爪會停止運動。

443. 放電機構。

444. 電連接和鎚擊裝置。

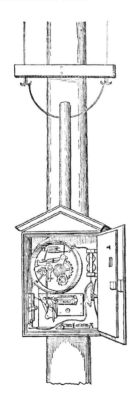

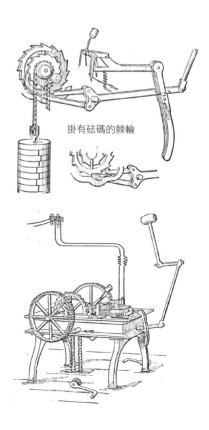

掛有砝碼的棘輪

445. 電動藍圖印刷機
ELECTRIC BLUE PRINT MACHINE

　　將使用電燈製作藍圖的技術應用至印刷上，且此技術已發展至平板玻璃會從裝置上消失。此機器包含一個大型木製圓筒，可在燈的前方緩慢旋轉，任何照像雕刻機的燈皆可。會有一個透明的活動護板與鼓輪一起移動。護板捲在機器底部的小型鼓輪上，此護板和其纏繞的上方軋輥會維持足夠的張力，讓描圖紙和列印紙緊靠在一起並位於大型鼓輪上方。從頂端的活動式透明板送入描圖紙和感光紙，並在大型鼓輪下方的箱中接收兩者。可使用工廠軸系的皮帶操作驅動機制，或以小型電動馬達使其運作。整體裝置可安裝在卡車上，以在晴天時接收陽光。

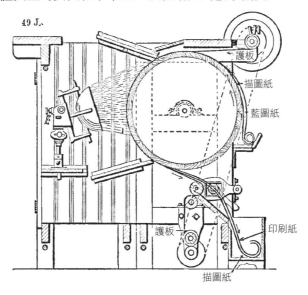

446. 電動伐木機
ELECTRIC TREE-FELLING MACHINE

　　此兩輪車輛會錨定樹，平台上的馬達會使用皮帶驅動下方的雕刻工具，兩者會在相同的中心擺動。延伸至後側的手柄能用來引導切割工具，而棘輪和齒條則用於切割。德國式設計。

447. 平面圖為抓鉤鏈、雕刻工具、車架和手柄。

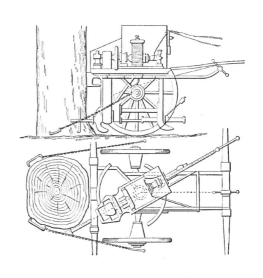

448. 手錶消磁
DEMAGNETIZING A WATCH

手錶中心C放置位置如圖，好讓磁鐵的軸延長部分（圖上以虛線XX'表示）穿過C。手錶圍繞軸振動，該軸會穿過C並與XX'成直角。藉由此操作，手錶會依序進入位置A和B和時針圈四周的所有位置。此運動僅需執行幾分鐘，即可為手錶消磁。

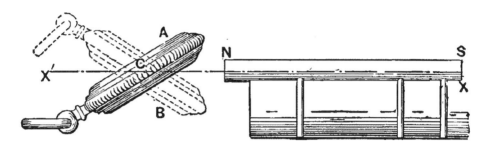

449. 電子揚聲器
ELECTRIC TRUMPET

此裝置包含長約2又1/4英吋、直徑為1又1/2英吋的黃銅管，並有一個小型電磁鐵固定於內部。電樞位於電磁鐵兩極的對側，並有一個於白金點終止的調節螺絲，做為自動斷續器使用。約需兩個一般電鈴種類的碳鋅電池要素才能使其產生適當的音樂聲，可藉由在設定中調節螺絲或轉緊振動板，使音樂聲的音調和強度有所變化。

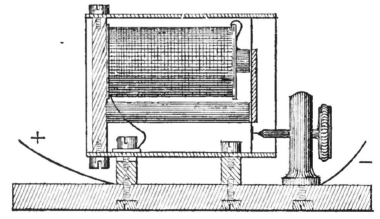

450. 電捲髮器
ELECTRIC CURLING-IRON HEATER

一個被封於黃銅管中且以石綿絕緣的鐵絲電阻線圈，用途為容納捲髮鉗。

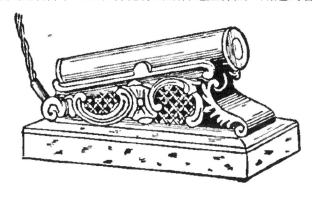

450A.電動封蓋機
ELECTRIC CAPPING MACHLNE

瓶裝飲料消費量大增，也連帶出現製造飲料類電動操作機器的需求，其中包括圖示的機器，此機器可將皇冠蓋固定在瓶子上。此裝置一分鐘可100個瓶子裝蓋，且無須人員操作，瓶子會直接由填裝機器送至封蓋裝置。

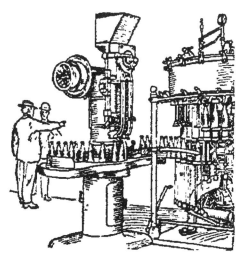

450B.磁力驅動
MAGNETIC DRIVE

輪子的驅動力來自由磁力驅動的棘輪和棘爪機構。電樞受磁鐵吸引後會將棘爪推入棘輪齒間，並移動輪子。使用此類機構，可用電力為鐘錶上發條。每次電流經過磁鐵線圈時，中心會受到磁化，並吸引電樞。

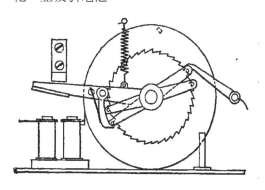

450C. 電動船用螺旋槳
ELECTRIC BOAT PROPELLER

船由以下裝置組合而成：以軸頸連接至船上軸承的垂直安置套筒或空心柱；由套筒或柱子承載且具有開口的舵；位於柱子上端的外殼；一個外端結束於圓盤處的空心手柄；位於舵開口處的螺旋槳；承載螺旋槳的軸，且其以軸頸連接於套筒或柱子的較低處，並以斜齒輪設置於柱子中；一根直立軸，以軸頸連接至套筒或空心柱，並具有與螺旋槳軸上斜齒輪互相嚙合的斜齒輪；一個電動馬達，其中包含直接固定於直立軸上的旋轉電樞；電能來源；一支手握把，以樞軸連接至空心手柄的外端，因此適合圍繞軸轉動；以及與手柄相對的圓盤，並搭配圓盤上的共同運作裝置，以控制供應馬達電能。

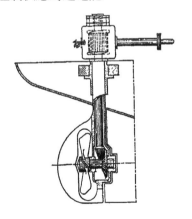

450D. 電子報時
ELECTRIC TIME SIGNAL

此報時裝置由信號鐘和電池電路組成，其中一端連接至靠在絕緣材料圓盤上的電刷軸承，另一端則連接至上述圓盤的其中一段。該圓盤會安裝在時針的空心軸上，並與表面上的小刻度相連。若要設定鬧鐘，請轉動刻度，使時針到達設定的時間時，讓電刷與金屬片接觸。

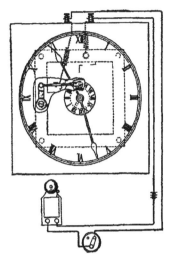

450E. 電熨斗
ELECTRIC IRON

如圖所示，以電力加熱的熨平滾筒，專為壓平飾帶和其他精緻織物而設計。高度拋光的鋼滾筒中含有加熱要素，並藉由轉動手柄來開啟或關閉電流。與普通熨斗相比，此滾筒更適合用來壓平飾帶，這是因為此滾筒不會造成夾住或撕裂飾帶的危險。

450F. 電動閥
ELECTRICALLY OPERATED VALVE

　　附圖為閥門的切面圖，電流會流經安裝在管上的螺線管，以此操作此閥門。上述電流動作會將鐵心向下拉，並壓下弧形槓桿，該槓桿會開啟主閥門正下方的小型導閥，使蒸氣進入上方膨脹室。主閥門兩側的壓力會以此方法達成平衡，並進一步以槓桿運動來開啟主閥門，讓蒸汽能流過主閥門。

　　由導閥下的彈簧負責固定，若電流關閉，螺線管和安裝於螺絲管柱塞上的彈簧會在停止動作時，將主閥門抬升至彎曲槓桿上方。

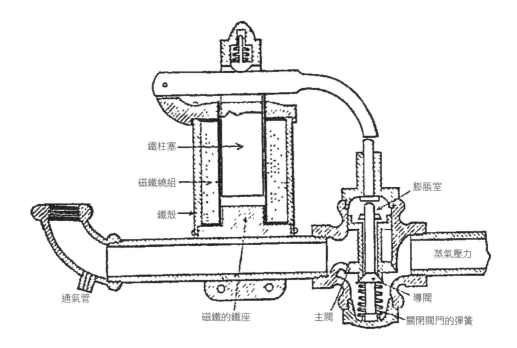

鐵柱塞

磁鐵繞組

鐵殼

膨脹室

蒸氣壓力

通氣管

磁鐵的鐵座

主閥

導閥

關閉閥門的彈簧

第11章　航行、船舶、船用裝置

451. 稀奇的船隻
CURIOUS BOATS

達科他州格羅斯文特人的皮艇。以生皮包覆的白臘木或山核桃木船架。一種奇特的威爾斯小舟。

452. 稀奇的船隻
CURIOUS BOATS

巴西伯南布科的雙體船，木筏上裝有船用爐灶和平台。斜桁位於桅桿底部，桅桿由繫纜栓和支撐索安裝在固定於木筏的橫向部件上。

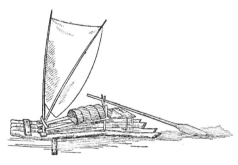

453. 稀奇的船隻
CURIOUS BOATS

格陵蘭皮艇。無龍骨，由海豹皮製成並覆蓋全船，僅留一個空間供船員滑入底部座位。

454. 稀奇的船隻
CURIOUS BOATS

具掩蔽處的兩棲船隻。從一根短桅桿上拉回的帆布翼會形成射擊手的掩蔽處。

455. 稀奇的船隻
CURIOUS BOATS

挪威式漁船。此為丹麥維京式戰船類型。具有斜桁，但無吊桿。此類型已有數千年歷史。

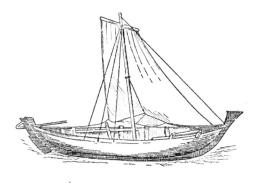

456. 稀奇的船隻
CURIOUS BOATS

挪威的縮帆帆船。具有橫帆的維京型帆船。此維京型帆船無甲板，桅桿位於內龍骨上，並由側面和內龍骨支撐，有艏帆支索但無艏帆。

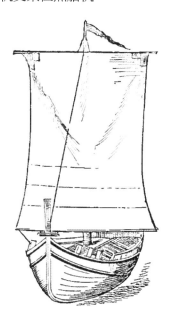

457. 稀奇的船隻
CURIOUS BOATS

荷蘭式漁船。此船的長與寬尺寸幾乎相同。桅桿位於靠近船中央處。兩個船首斜桅搭配兩個艏帆，且原始構造的舷外下風板，似乎可讓此龐大笨重的船隻依循航道而行。

458. 稀奇的船隻
CURIOUS BOATS

菲律賓群島的雙體船和錨。此船十分狹窄，因此需要舷外伸出裝置和船筏才能承載任何船帆。偏好衝浪的太平洋群島人民所用的船型。

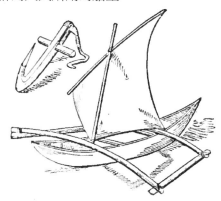

459. 稀奇的船隻
CURIOUS BOATS

　　三明治群島雙體船。窄型船隻,具有舷外伸出平台和承載平衡浮子的格狀延伸裝置。具有從桅桿至舷外伸出裝置的護板。吊桿和斜桁會向前延伸。

460. 稀奇的船隻
CURIOUS BOATS

　　俄羅斯獨木帆船。吊桿和斜桁會向前延伸。船隻前段受到覆蓋。升降索延伸至艉座,單人便能輕鬆管理操作。吊桿具彈性,可隨風彎曲,效率難以預測,曾蔚為流行。

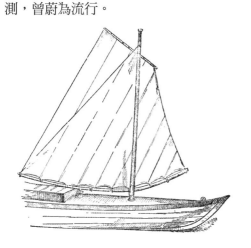

461. 稀奇的船隻
CURIOUS BOATS

　　孟買帆船,搭配馬來式帆。底部構造形式十分稀奇。此帆裝為地中海的大三角帆形式,具有前傾的短桅桿,帆桁則掛在風壓中心。

462. 稀奇的船隻
CURIOUS BOATS

此為具有擺動船首斜桅的火雞骨狀帆船，與實用性相比，反而較為稀奇少見。

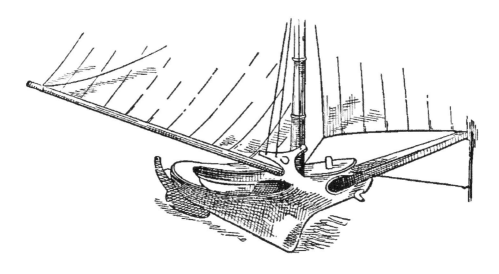

463. 稀奇的船隻
CURIOUS BOATS

無傾側帆船。重型龍骨框架會於船尾軸轉，桅桿則固定於船首。此帆裝讓桅桿和帆能隨風擺動，同時利用鐵龍骨的反向擺動來平衡船隻。

464. 賽艇
RACING YACHTS

此為英式和美式賽艇設計形式，自1885年起便用於國際賽事中競逐維多利亞盃。船體和舳的剖面圖。

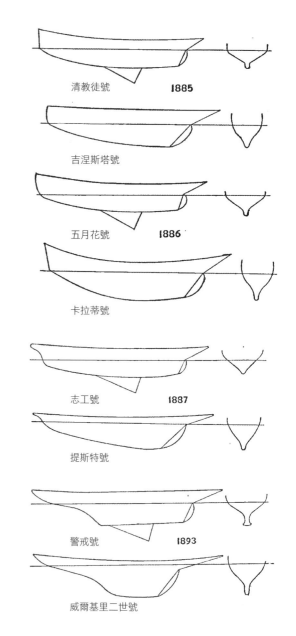

465. 清教徒號（Puritan）

清教徒號　　1885

466. 吉涅斯塔號（Genesta）

吉涅斯塔號

467. 五月花號（Mayflower）

五月花號　　1886

468. 卡拉蒂號（Galatea）

卡拉蒂號

469. 志工號（Volunteer）

志工號　　1837

470. 提斯特號（Thistle）

提斯特號

471. 警戒號（Vigilant）

警戒號　　1893

472. 威爾基里二世號（Valkyrie II）

威爾基里二世號

473. 捍衛者號（Defender）

474. 威爾基里三世號（Valkyrie III）

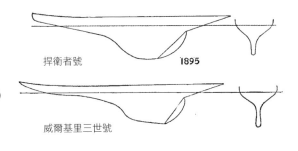

捍衛者號　1895

威爾基里三世號

475. 哥倫比亞號（Columbia）

476. 三葉草一世號（Shamrock I）

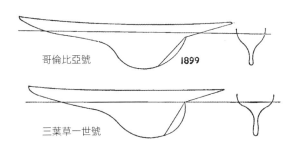

哥倫比亞號　1899

三葉草一世號

477. 哥倫比亞號

478. 三葉草二世號（Shamrock II）

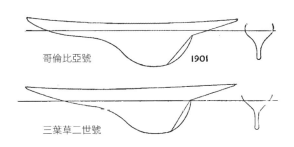

哥倫比亞號　1901

三葉草二世號

479. 信實號（Reliance）

480. 三葉草三世號（Shamrock III）

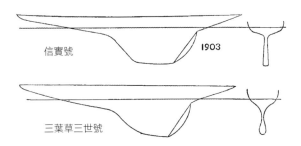

信實號　1903

三葉草三世號

481. 古代可調葉片明輪
ANCIENT FEATHERING PADDLE WHEEL

樂臂內側的刮水器會摩擦固定的凸輪盤，並在樂進入水中時使其轉動。

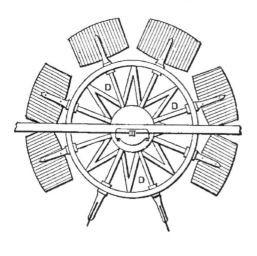

482. 螺旋槳的類型
TYPES OF PROPELLERS

羅夫特（Thornicroft）螺旋槳，用於瘦窄型的快艇。輪轂上的葉片較寬，朝葉片外側變窄，並面向拋物線凹槽。具有二至三個葉片。端點的葉片間距為螺旋槳直徑的2.5倍。

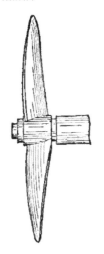

483. 螺旋槳的類型
TYPES OF PROPELLERS

賈羅（Jarrow）螺旋槳，具有兩個或三個向後彎曲的葉片，並從輪轂往尖端點變窄。此為高速螺旋槳。葉片表面具有凹槽弧線，尖端之間距約為直徑的2.5倍。適用於瘦窄型的船隻。

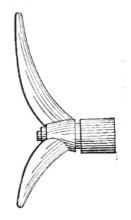

484. 螺旋槳的類型
TYPES OF PROPELLERS

赫許（Hirsh）螺旋槳。母線為阿基米德螺線的線段，葉片前緣會向前彎曲，且葉片表面會隨間距增加而彎曲。

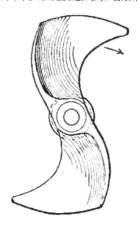

485. 螺旋槳
SCREW PROPELLER

具三個葉片。李維（Reeves）式。
會彎曲以順應葉片所有部分的均勻牽引
力。此形式適合用於船隻下水。間距約
為直徑的雙倍。

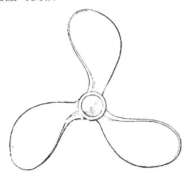

486. 螺旋槳
SCREW PROPELLER

具四個葉片。凱斯（Case）式。有
向外牽引力。狹窄的葉片適合高速運
作。間距為直徑的2.5倍。葉片表面為彎
曲弧形。

487.
螺旋槳平面圖，圖示為旋轉面。

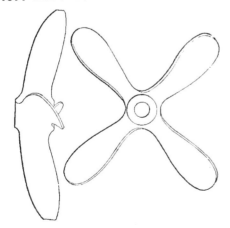

488. 金屬片螺旋槳
SHEET METAL PROPELLER

戴維斯（Davis）式。葉片由鍋爐
鋼板或鋼板製成，整體厚度均勻。從平
板上切下這些葉片，具有用於接收螺旋
槳軸的孔洞，然後以錘子、輥或繞線模
彎曲成適當形狀。每個葉片尺寸皆相
同，因此若有一片損壞，很容易替換上
複製品。

軸環固定於軸上，且葉片的內側支
撐腳可牢牢靠在其上。套筒B可讓葉片
支撐腳維持適當距離，並由軸環C和螺
帽負責固定所有部件。若要使葉片固定
在適當位置以對抗水的槓桿作用，可使
用軸讓螺栓縱向穿過軸環和刀片，或以
軸上凸起部分固定葉片。

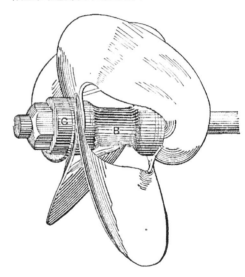

489. 可調葉片螺旋槳
FEATHERING BLADE PROPELLER

搭配槳葉的踏力螺旋槳會懸掛在船尾各側，或可能會放置在船尾延伸部分，如切面圖。槳葉執行最長距離運動的時機是在浸入水中時，且輪葉會呈垂直狀態，不會因傾斜動作而造成飛濺、打滑或失去推進效果。

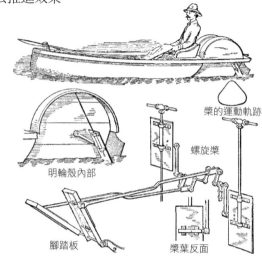

490. 槳葉邊緣運動經過的曲線軌跡。

491. 明輪殼的延伸部分。

492. 曲柄軸和足踏板連接情況。

493. 槳葉和曲柄連接情況。

槳的運動軌跡

螺旋槳

明輪殼內部

腳踏板　　槳葉反面

494. 二十五英呎汽艇
TWENTY-FIVE-FOOT LAUNCH

快速形式，具有主動式水下輪、5英呎船樑，以及輪深26英吋的空載吃水船體。輪直徑為20英吋、間隔為30英吋，無論是否具有鋼護輪板皆可。馬達為12馬力。有乘客時排水量為2,000磅。前視圖以及舯部的剖面圖。

495. 框架、馬達和螺旋槳的剖面前視圖。

496. 水線上船體的平面圖。

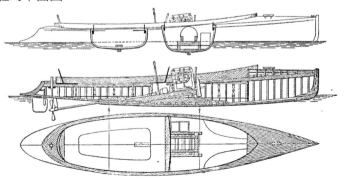

497. 雙體腳踏船
BICYCLE CATAMARAN

踏板軸會承載在螺旋槳軸上與小型蝸輪嚙合的大型蝸輪，使用腳踏車式把手和下方橫臂轉向，舵上有鋼絲繩索。

498. 船用的腳踏車齒輪
BICYCLE GEAR FOR A BOAT

具有大型斜齒輪的鏈輪軸會驅動具有兩個斜齒輪和飛輪的垂直軸。螺旋槳軸有兩個斜齒輪，以與垂直軸上的斜齒輪交替嚙合，使螺旋槳向前或向後運動。槓桿C和手柄D負責控制軸的前後運動。

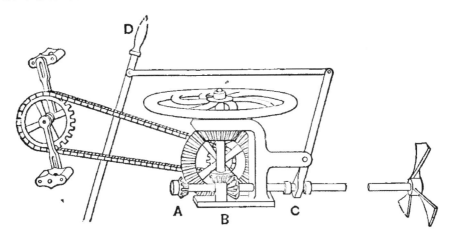

499. 人力雙體船
THE MANIPEDE CATAMARAN

以雙腳或雙手使用槓桿操作明輪，該槓桿具有斜齒輪和鏈條。使用搖動底座或手動駕駛。

500. 淺吃水螺旋推進船的類型
TYPES OF SHALLOW-DRACGHT SCREW-PROPELLED BOATS

亞羅（Yarrow）式。此等船隻使用在通道中運作的螺旋槳建構而成，因此儘管使用的螺旋槳直徑大於吃水深度，仍可持續於固態水中運作，這是因為螺旋槳動作會將空氣排出通道，因此水會上升，且能完整覆蓋通道。直到最近，此通道的船首部分才被固定，因此若船隻極重，將有極大部分的通道後側會受到螺旋槳傳送的水的衝擊，且在水溢出前向下滑動。這會造成「拖曳」情況，並因此損失速度和效率。

若為新類型，通道的後側部分不會受到固定，而是由鉸接板組成，且側面有橡膠條，藉由摩擦通道的平行側來避免空氣進入。若船有此裝備，其通道後側便可配置為剛好浸入水面下。這足以確保螺絲可持續在水中運作，但無論任何情況，都會有最小阻力以對抗水的流出。

501. 升起鉸接板以深吃水的剖面圖。

502. 降下鉸接板以淺吃水的剖面圖。

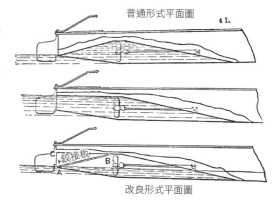

普通形式平面圖

鉸接板

改良形式平面圖

503. 飛船魚雷
DIRIGIBLE TORPEDO

西姆斯-愛迪生（Sims-Edison）式。前方分隔間裝有250至500磅的強力炸藥，可藉由反轉電流以電動方式引爆這些炸藥。另一個分隔間中有捲盤，可儲存一至二英里的控制纜線。該纜線極輕且富彈性，但有足夠面積，可以每小時22英里的速度傳輸驅動魚雷所需的30馬力。

該纜線與發射站的發電機相連，並從與魚雷軸心平行的管路連至螺旋槳輪後方和下方處。

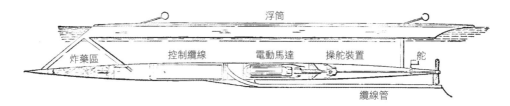

504. 荷蘭潛艇
THE HOLLAND SUBMARINE BOAT

A為後排魚雷發射管、B為發電機、C為汽油引擎、D為空氣壓縮機、E為蓄電池、F為油和水槽、G為壓縮空氣室、H為空投魚雷炮中的硝化棉火藥彈、J為箱盒、K為懷特黑德魚雷和魚雷管、L為俯仰櫃、油和汽油槽則位於船艙下方H點。

在此荷蘭潛艇中，汽油引擎和發電機會直接連接至螺旋槳軸，因此，在潛艇於海面上行進時，會使用汽油引擎供應動力，而在潛入水中時，則僅會透過發電機使用來自蓄電池的電流。空氣壓縮機會先將長空氣管G,G充至高壓後才會開始運作，該空氣管會在需要通風和冷卻船隻內部時噴出氣體，也會用於發射空投魚雷和水下魚雷。

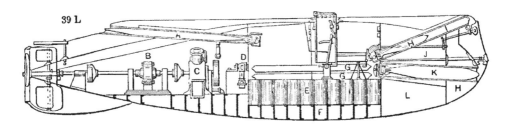

505. 自動魚雷
AUTOMOBILE TORPEDO

懷特黑德（Whitehead）式。具有獨立動力，可用於短程動作。圓柱形槽i中包含一個由壓縮空氣驅動的3汽缸馬達；m為被反轉斜齒輪朝反方向驅動的兩個螺絲螺旋槳，以避免魚雷轉動；h為軸；g,f為電動操舵齒輪a,b,c的操舵裝置連接。k為保險絲、t為炸藥、n為舵。

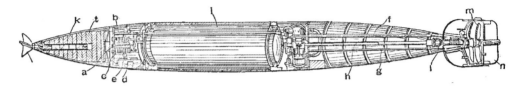

506. 反向離合器
REVERSING CLUTCH

用於發射器。C為螺旋槳軸；D為引擎軸；A,H為固定在螺旋槳軸上的殼，搭配內部正齒輪以與小齒輪環J相符；L為錨肘板，用於固定反項運動殼B；K是在槓桿M牢牢固定小齒輪環的位置時，負責驅動向後運動的內齒輪。齒輪的配置如截面圖。

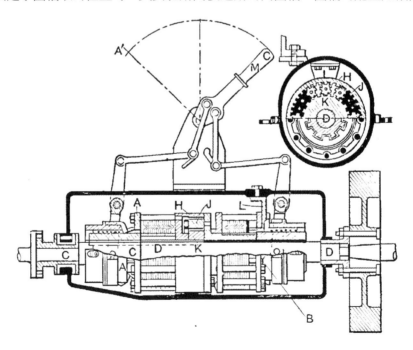

507. 冰帆
ICE BOAT

在版畫中依比例繪製的平面圖和前視圖。已針對最重要的部分提供測量數字。

508. 具有測量數字和比例的平面圖。

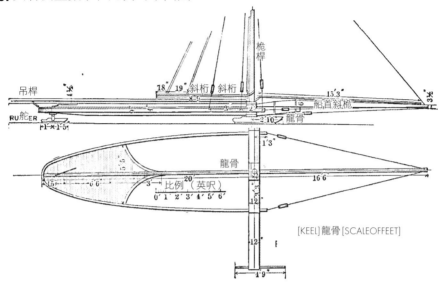

509. 海纜撈鉤
SUBMARINE CABLE GRAPNEL

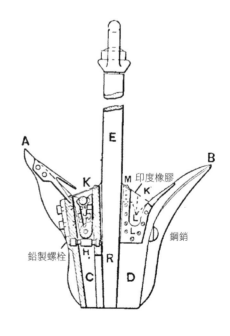

切斷和固定撈鉤。被鉤住並提起的海纜會被迫穿過橡膠屏障K，並受鉸接夾的顎夾包圍，而K可使機械在海底拖曳時不會碰到石頭、沙子等物。隨著應變增加，鉸接夾會切過支撐該夾的鉛製螺栓H，並在樞軸上移動，並被迫向下至縮減側，其會將鉸接夾兩側壓在一起，以緊緊抓住海纜。施加在撈鉤繩上的應變愈大，鉸接夾就會往愈下方移動，且海纜也會被固定得愈緊，直到鉸接夾最終下沉到使海纜在刀刃L上形成銳角，導致海纜被切斷，且一端落至海底，另一端則被拉至海面為止。

510. 海纜撈鉤
SUBMARINE CABLE GRAPNEL

具有可卸式叉尖，可輕鬆維修。過度應變時，若叉尖卡在石頭或其他障礙物中，小型鉚釘B會剪斷並釋放叉尖。每個撈鉤有四個叉尖。常用於維修發生問題或損壞的海纜。

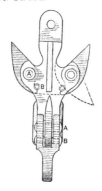

511. 拖曳操舵裝置
THE DRAG STEERING GEAR

可在舵無法使用時，使用不同索具建造和操作臨時操舵裝置。浮子成為一塊堅固板子，使用繩索固定，以在海中維持其垂直位置。

512. 凸出樑和十字橫木的滑車索具。

513. 鉤住舵板的繩索。

514. 拖曳裝置的直船尾。

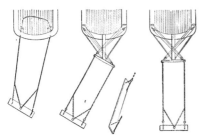

515. 蒸氣測深機
STEAM SOUNDING MACHINE

西格斯比（Sigsbee）式。此機器的主要部件有：纏有纜繩的鼓輪A；輔助滑輪B，用於絞起以釋放鼓輪應變時；導輪C；轉動滑輪D；管中蓄力器H；以及制動器E。

鼓輪為輕型，以盡量減少慣性和動量。其圓周為一英尋（fathom）。有一個指示器連接在輪軸上，該指示器會記錄轉動數。輔助滑輪B由三個滑輪組成，一個用於纜繩、一個用於傳送至鼓輪上的滑輪，另一個則用於來自驅動引擎的皮帶。導輪C為一般砲銅材質，具有V形刻痕，且纜繩在收繩和放繩時皆會穿過C。其圓周為3英呎，有一個連接至輪軸的量距儀，因此可以獲知纜繩的放繩距離。此機器有一個極為重要的特色，即蓄力器，由位於兩根垂直管中的螺旋彈簧組成，其中一根垂直管即為圖示的H。這些彈簧會使用經過滑輪K的鏈條與導輪的十字頭相連。該十字頭在鋼滑動件中移動，隨著纜繩上的重量變化而抬起或落下，重量會顯示在刻度上，單位為磅。

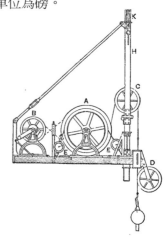

516. 繩結和編結繩索
KNOTS AND SPLICES

1. 使用繞轉來製作繩索。

2. 末端逐漸變細，以輕鬆穿過繩圈。
   若要執行此動作，需解開必要長度
   的繩子，減少繩索末端的直徑，末
   端會互相交織結合但不會被切斷，
   這是因為若切斷繩索將會減弱其工
   作能力。最後，會使用小型粗繩
   「綑繞」繩索。

3. 逐漸變細的末端會被交錯的繩索覆
   蓋，使此繩更加強韌。覆蓋末端所使
   用的是非常小的粗繩，一端繫在小繩
   眼上，另一端則繫在繩子上，以此在
   末端四周形成強韌的「繫帶」。

4. 使用雙繞來製成繩索。

5. 眼環結。纜繩的股繩會被拉回自身
   側，並與原始繞圈交織在一起，如
   在結繩中一樣。

6. 編結於四股繩索的末端。

7. 前項繩結完成後，將股繩繫在一
   起，形成多個繩圈，每個皆位於另
   一個之上。

8. 讓股繩互相交織，以此開始製作繩
   索終端。

9. 完成交織，但未繫緊。

10. 和11.殼的兩個視圖，顯示繩頸的配
    置。

12. 以兩個方向互相交織。

13. 此為以粗繩在纜繩上纏繞數圈的繩
    索收尾模式。

14. 朝單一方向開始互相交織。

15. 互相交織結束，繩索末端會在股繩
    下方運作，如在結繩中一樣。

16. 豬尾式接頭的開端。

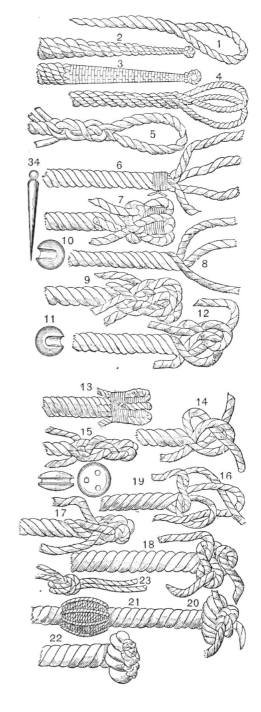

17. 互相交織繫緊。

18. 拉緊股繩的豬尾式接頭。

19. 滑孔盤，圖示為兩個視圖。

20. 完成的豬尾式接頭。將股線兩端的一端放在另一端下方穿過，與製作繩眼的方式一樣，因此可使其與繩索形成一直線，快速拉緊後切掉尾端。

21. 短槳豬尾式接頭；不以打結方式固定兩端，而是以一端放在另一端之下的方式使兩端互相交織，如編號16所示。

22. 豬尾式接頭或「雲雀巢式」。

23. 兩股繩繩結。

517. 繩結
ROPE HITCHES

圖為獲准可用於吊裝貨物的繩結法。

518. 吊床繩結。

519. 木桶吊繩和繩結。

520. 包裝貨物吊索，且尾端為吊桶吊索。

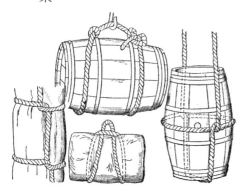

521. 鐘浮標
BELL BUOY

有一個大型鐘安裝在浮標的框架上。輻射溝鐵板會固定在鐘下方的框架上並靠近框架，且上方放置一個可自由移動的鐵球。在浮標於海中滾動時，此鐘會在板上滾動，敲響鐘的任何一側。

若使用此設計，即使是極小的海浪也能使鐘聲不斷響起。

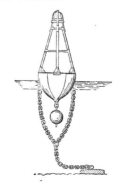

522. 鳴笛浮標
THE WHISTLING BUOY

浮子下方懸吊管的底部有開口。在波浪造成浮子和懸吊管發生垂直運動時，管中水的反應如活塞一樣，會在浮標頂部吸入空氣，並壓縮空氣以吹響鳴笛。

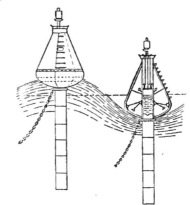

523. 魚道
FISH WAY

此裝置用於讓魚游上瀑布或水壩。此裝置可能由一系列階梯式集水區組成，水從這些集水區上向下流，將瀑布轉為小瀑布，而此裝置有時也稱為魚梯。或者，此裝置也可能包含一個具有彎道的槽，以減緩速度並協助魚游過水壩上方。圖示範例裝置為一個傾斜槽，具有一系列包含較為靜止水流的隔室，水流會被限制在相對較小的空間中。

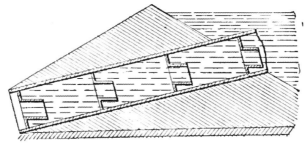

524. 燈浮標
LIGHTING BUOY

壓縮氣體會以每平方英吋100至200磅的壓力被充入浮標體。調節器會以均勻的壓力將氣體傳輸至燃燒器。充氣一次可燃燒數日。

燈下的倒置錐形會保護浮標，避免飛濺的波浪。適用於港口和水道。

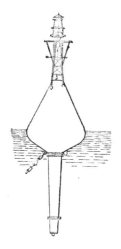

525. 霧笛
FOG WHISTLE

由海浪運動驅動的警告信號。此為暴露於空氣噴流中的發聲器，採用汽笛原理，實際運作依操作設施而定。一般而言，海浪、潮汐、風或發條提供的運動可讓此裝置自動運作。圖示範例中，半圓形管狀容器會固定在搖軸上，兩端各有一個普通哨笛和向內開啟的閥門。在容器裝有一半水量，且來回搖晃時，空氣會被推過哨笛，使警報發出聲響。

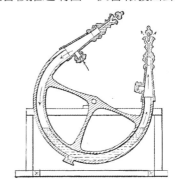

526. 浮式防波堤
FLOATING BREAKWATER

　　莫里斯（Morris）式。A、A為密閉圓筒；B、B為支撐物；C、C為繫纜繩；D、D則為海床上的基樁。在以此方式形成的靜止基礎上，框架會藉由潮汐和海面動作上升。由木材製成的有波度篩網會為海浪提供篩孔，以此阻礙海浪力量並破壞海浪的影響。最先提出的浮式防波堤構想可能源自於觀察海中某些自然障礙物對海浪造成的影響，例如蘆葦或海草。馬尾藻即為一個知名的範例。眾人發現，僅管馬尾藻的深度並未超過數英呎，但即使強風下，其背風處水域仍能平靜無波。圖為海洋屏障、防波堤、碼頭、港口、砲台提岸、燈塔和其他海上物體的構造形式。

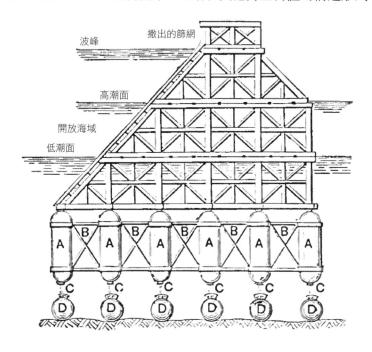

527. 網子和圍網
NETS AND SEINES

　　這類物品的製作方式。A和b為兩種形式的網針、e為網釘、f為平網釘。

　　A為網子的剖面圖，a,b,c,e處所示最後一圈，d處所示為繩結構造，網釘則未顯示於圖中。

　　G和未標記的Z處所示為繩結構造，並搭配釘和針。

528. 針眼封閉形針，美國式。

529. 使用開口針和釘製作網圈。

530. 橢圓形網釘。

531. 平網釘。

532. 網子的剖面圖，繩結位於d點。

533. 製作網圈，第二階段。

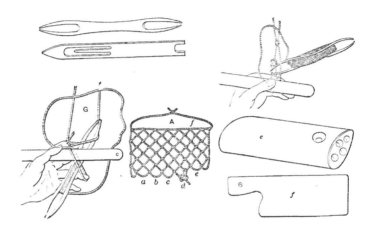

533A. 手動吊車渡輪
A HAND-OPERATED TROLLEY FERRY

　　上圖為一種獨特的高空吊車形式。小型四人座車廂懸掛在一條纜繩上，從水上數英呎處行經河川，速度約為每小時20英里，由擺渡人轉動纏有牽引纜繩的輪子來提供動力。可發現輪子上有具凹槽的鋼圈。

533B.雪地汽車
SNOW AUTOMOBILE

車體為汽車形式，但兩側車輪處裝有循環式木製輪面鏈，經專門設計，用於因太軟而會使輪子和輪胎陷入並黏住的雪面上。每條輪面帶或輪面鏈的寬度為3英呎，用於操作方向盤，控制兩側使其分開，因此可同時使一條輪面帶停止，而另一條則可帶領機器轉過轉角。此外，車後方亦有一個凸出的相似輪面帶，專為協助操作方向盤而設計。

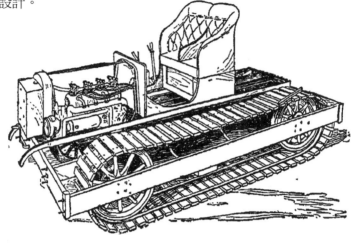

533C.船用螺旋槳
BOATPROPELLER

可輕鬆且快速地裝在艉橫材上，或從其上移除。這使此機構尤為適合需要經常發動的船隻，主要優點為在船隻被拖上岸或小艇吊架時，可從艉橫材上移除此推進裝置，並安全收置。

533D.水上自行車
WATER BICYCLE

此游泳裝置為模仿自行車製造而成。兩個腳踏板和手柄皆用於驅動螺旋槳，需利用一定速度來維持浮力，這是因為此裝置的唯一支撐力是身體兩側的短翼板，以及前方的破浪艇材。舵位於車架前側下方，並由騎行者的向上拉力動作控制。

533E. 水上滑行艇
HYDROPLANE

水上滑行艇類型船隻已可用極快速度行駛。與排水船體的不同處為船底設有一系列台階。船體會高速升出水面，並在最後兩階上行駛。因此阻力很小、速度很快。

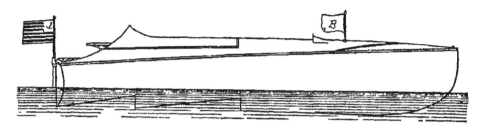

533F. 船用引擎的電動起動器
ELECTRIC STARTER FOR BOAT ENGINES

通常會安裝電動馬達，以啟動大型馬達，即船用引擎。這馬達會在蓄電池電流被引導至繞組時，使用齒輪傳動和超越離合器轉動曲柄軸。在引擎啟動時，會切斷驅動連結。

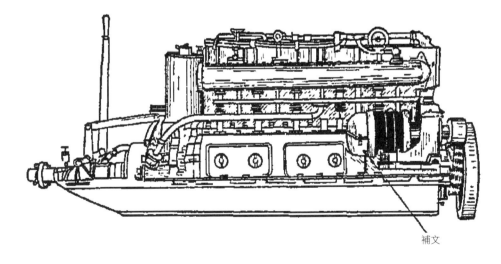

補文

533G.風力船用螺旋槳
WINE-OPERATED BOAT PROPELLER

　　此圖描繪一個特殊的船用推進器概念。風力輪會由適當的齒輪傳動和軸連接至螺絲，且在風力轉動風力輪時，也會轉動該螺絲，並驅動船隻。風力輪會固定在框架上，且可依需求移動，以配合風向。

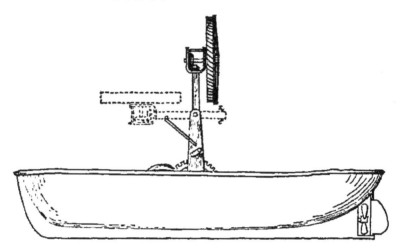

533H.可調螺旋槳
ADJUSTABLE PROPELLER

　　此螺旋槳的間距可能會有所變化，配合安裝此螺旋槳的船隻動力和形狀，以確保最佳效率。此裝置部件包括：A為葉柄，固定方式如圖所示；BB為半個轂，固定在裝置上以接收柄；C為具有齒或鋸齒的鎖定塊，囓合在葉柄上；D為位於軸末端的螺帽，負責固定螺旋槳，並夾住半轂中的葉柄；E為蓋型螺帽，迫使鎖定塊與葉柄囓合，並進一步將螺旋槳固定為一個整體裝置。

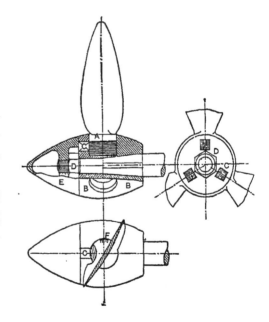

533I. 滾珠軸承推力塊
BALL-BEARING THRUST BLOCK

如圖所示，此為滾珠推力塊的範例。在此裝置中，並非與普通軸承類型一樣，使用軸環與其旋轉的凹槽表面因摩擦而產生的摩擦力，而是僅有數個滾珠B在軸環C之間旋轉而產生的滾動摩擦力。因此，當適當調整整體裝置以使用螺帽N運作，且推力塊內部有充足的油脂潤滑時，此項汽艇設備的重要部件很少會遭遇問題。

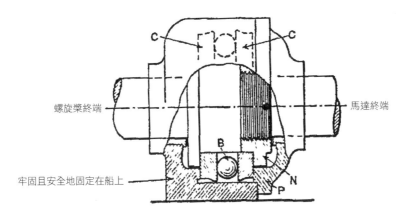

533J. 飛船
FLYING BOAT

此為飛機和輕型汽艇船體的結合形式，成為一種新型船艇，由飛行員自行決定要在空中或水中行駛。若達足夠速度，此船艇可從水中升起，且可進行長時間的空中飛行。圖示為海軍運用的形式。

第12章　道路和車輛設備等裝置

534. 道路整平拖車
ROAD GRADING WAGON

車架上有持續移動的榫，能夠緊貼道路兩側進行清理。另設有升降機構，用於調節耙子與刮土機。

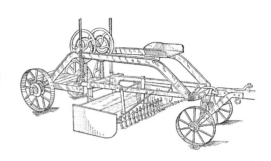

535. 牽引輪
TRACTION WHEEL

此輪凹槽的凸出部分會受到柔性包覆，或者，可能會完全脫離表面或被鎖定於最外側位置。

有一個套筒會鬆鬆地裝在法蘭間的輪轂上，負責承載一個鬆鬆地旋轉的輪子，可滑動臂的內側可在該輪子上軸轉，而該臂外側則會傾斜並穿過凹槽的開口。使用銷來將滑動臂鎖在內側或外側位置，讓該銷橫向穿過輪轂法蘭中的孔，再穿過滑動臂軸轉的輪上數個孔的其中一個，該輪會被轉至適當位置，然後再插入銷，同時，在銷穿過輪轂法蘭和輪的細長孔時，會限制輪子，讓其無輪朝哪個方向都只能進行有限轉動。

536. 輪子、輪轂法蘭和可滑動臂的剖面圖。

537. 具有銷槽的旋轉輪轂。

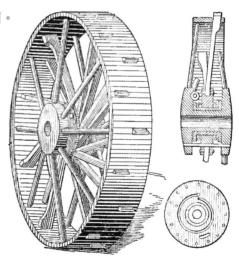

538. 傾倒式拖車
DUMPING WAGON

　　裝載箱會剛好未達成平衡，而往後傾斜。在放開駕駛踏板上的止擋器時，此裝置會使裝載物自動傾斜。

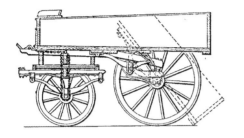

539. 差速傳動裝置
DIFFERETIAL SPEED GEAR

　　適用於自行車。艾特與托德（Eite&Todd）式。A為曲柄輪軸齒輪，C為鏈輪，在輔助支架上運作。該支架上有一個套筒B，負責承載自由運作的鑲齒B1和B2，兩者皆在滾珠軸承上運作。鏈輪輪軸會承載固定的小齒輪C1和C2，其直徑不同，但位於同一根軸上，兩者永遠與B1和B2嚙合。藉由槓桿D的動作，B1和C1或B2和C2會與A嚙合，因此可成為在極大範圍內變化的齒輪。

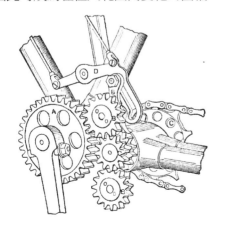

540. 汽車轉向齒輪
AUTOMOBILE STEERING GEAR

　　轉向軸距有一個雙螺紋螺絲以及連接齒條的螺帽，其會轉動小齒輪，以操作連接至齒輪的軸和臂。法國式。

541. 汽車轉向齒輪
AUTOMOBILE STEERING GEAR

　　一種轉向軸，配備雙螺紋螺桿，作用於扇形齒輪，其軸與轉向臂共同操作車輪齒輪。法國設計。

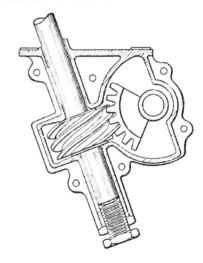

542. 汽車變速齒輪
AUTOMOBILE CHANGE SPEED GEAR

佩特勒（Petteler）式。A為具有固定齒輪的驅動軸；B為用於操作的矛形刃桿上的軸環，以及用於抓住向前運動齒輪的柱塞；C為柱塞，位於滑動錐形套筒上，該套筒負責操作柱塞，而該柱塞的目的是藉由惰輪齒輪向後運動。

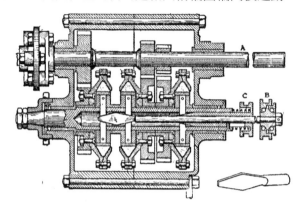

543. 汽車轉向齒輪
AUTOMOBILE STEERING GEAR

位於柄軸上且以偏心方式固定的弧形凸輪盤，會靠著空心軸K的軋輥臂轉動，K會在插鞘座和護套D,E上向前後移動。凹頭帽螺心軸F會在護套K中滑動，以適應不同長度。

544. 截面圖。法國式。

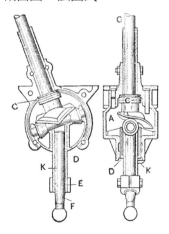

545. 棘輪煞車槓桿
RATCHET BRAKE LEVER

適用於汽車。米勒（Miller）式。棘爪會藉由簡單的足部運動鎖定煞車槓桿或放開鎖定，如此一來，便會在單獨留下汽車時，啟動並鎖定煞車。可省去綑綁無馬車輛的麻煩。

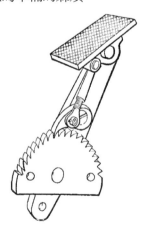

546. 汽車變速齒輪
AUTOMOBILE CHANGE SPEED GEAR

多里斯（Dorris）式。有三個齒輪緊固於上方軸，這些齒輪分別對應至三個小齒輪，且殼外尚有一個直徑較大的內齒輪。有一個小齒輪會固定在下方軸的末端上，適合與內齒輪嚙合，但通常會使用軸末端的螺旋彈簧固定於不會嚙合之處。該小齒輪會固定在圍繞軸的長套筒上，並延伸經過軸承通向外殼。三個調速小齒輪如圖所示，位於慢速前進的位置。將上述小齒輪移動至左側，則第二個和第三個變速裝置會陸續嚙合，而在第三個變速齒輪脫離嚙合後，若仍持續運動，則滑動小齒輪將靠在反向小齒輪上套筒旁邊，並對抗彈簧壓力，讓小齒輪轉至與內齒輪嚙合。

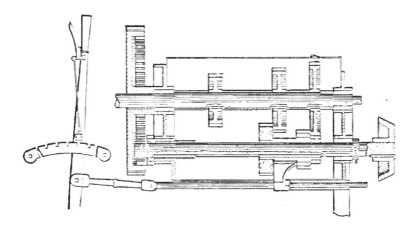

547. 汽車蒸汽引擎
AUTOMOBILE STEAM ENGINE

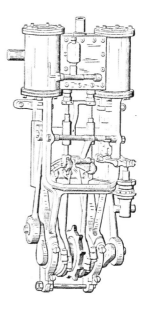

火車式雙缸引擎，具有連桿運動和D閥門，汽缸為2又1/2x4英吋。鍋爐泵由其中一個汽缸十字頭的槓桿和連桿操作。截斷極值為0至5/8。

位於離心輪間的軸上斜齒輪，會由鏈條直接與後軸上的補償裝置相連。適用於所有蒸氣汽車盛行的引擎類型。

548. 摩托化自行車的類型
TYPES OF MOTOR BICYCLES

德比（Derby）。馬達上的鏈條會驅動摩擦輪，該輪會使用鐘形曲柄槓桿壓在輪胎上。此配置可瞬間斷開馬達連接。

德比

549. 摩托化自行車的類型
TYPES OF MOTOR BICYCLES

布朗（Brown）。與德比的形式相似，但由從馬達滑輪連接至滑輪的皮帶驅動，後者滑輪會連接至後輪。

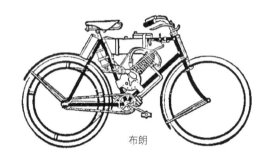

布朗

550. 摩托化自行車的類型
TYPES OF MOTOR BICYCLES

米納瓦（Minerva）。馬達會掛在低前伸桿下方，並以皮帶驅動後輪上的滑輪。裝有封入前車架中的表面汽化器和槽。

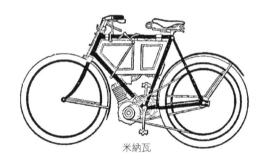

米納瓦

551. 摩托化自行車的類型
TYPES OF MOTOR BICYCLES

辛格（Singer）。馬達和所有配件（包括燃料箱）皆位於後輪中，但控制桿和槓桿除外，兩者獨立位於自行車的其他部分。馬達掛在固定軸上，且曲柄軸位於輪子的軸心下方，小齒輪與輪上內齒輪嚙合。使用小型磁電機點火。

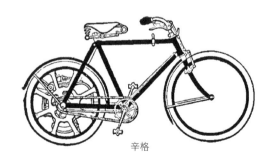

辛格

552. 摩托化自行車的類型
TYPES OF MOTOR BICYCLES

漢堡（Humber）。馬達以新型方式
置於車架低前伸桿中，包括做為附件的
四根管子。馬達會使用鏈條驅動踏板曲
柄軸上的斜齒輪，並使用另一條鏈條驅
動後輪的斜齒輪。曲柄軸上的摩擦片可
避免鏈條在過度拉力下發生猛拉情況。

漢堡

553. 摩托化自行車的類型
TYPES OF MOTOR BICYCLES

F. N.。馬達會夾在前車架的垂直位
置上，並使用皮帶驅動固定在輪輻上的
滑輪。馬達配件則安裝在車架上方相襯
的外殼中。

F. N.

554. 摩托化自行車的類型
TYPES OF MOTOR BICYCLES

穩耐（Werner）。位於垂直位置的
馬達會置於車架的下方，並成為車架的
一部分。由從馬達滑輪至固定在凹槽上
大型滑輪的皮，提供引導驅動力。

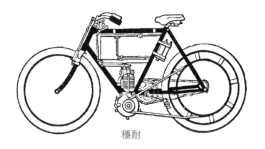
穩耐

555. 摩托化自行車的類型
TYPES OF MOTOR BICYCLES

皇家恩菲爾德（Royal Enfield）。
馬達由支架夾固定在轉向頭上。馬達會
使用長交叉皮帶驅動引導後輪滑輪。前
輪上裝有帶式輪轂煞車，且後輪輪轂也
裝有一個。

皇家恩菲爾德

556. 摩托化自行車的類型
TYPES OF MOTOR BICYCLES

　　淑女伊維爾（Ladies' Ivel）。馬達
位於低前車架下方，並使用皮帶驅動滑
輪。汽化器、點火器和燃料皆位於座桿
後方。有一個裙罩會蓋住馬達和皮帶。

淑女伊維爾

557. 蒸氣式輕型四輪遊覽馬車
STEAM SURREY

　　鍋爐位於後座下方，引擎在前座下
方，鏈條從引擎提供驅動力，該驅動力
會延伸至後軸補償裝置上的斜齒輪。相
關鍋爐和引擎的圖示請參考其他頁面。

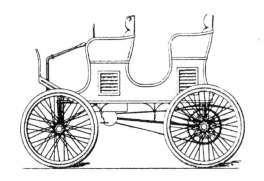

558. 蒸氣式貨車
STEAM FREIGHT WAGON

　　亞當斯快遞（Adams Express）式。油料燃料燃燒器位於直立管鍋爐下方。

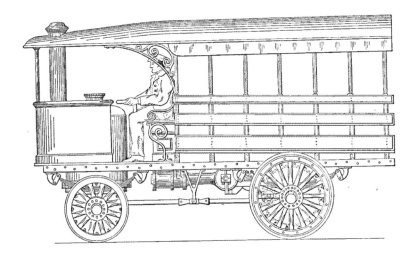

雙汽缸引擎會直接連接至雙速變速齒輪軸以及補償軸裝置，而該補償軸裝置會安裝於後輪內。

559. 蒸汽式貨車運轉裝置的平面圖，圖上亦有變速齒輪連接形式。

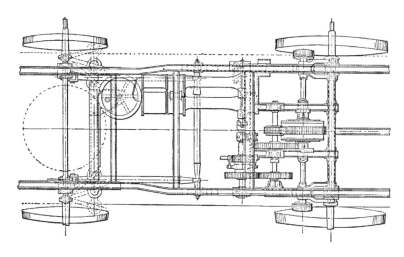

560. 蒸氣式拖板車
STEAM DRAY

利蘭（Leyland）拖板車形式，在英國被廣泛使用。使用位於直立管鍋爐下方的煤油燃燒器，搭配雙減速鏈條齒輪系統。補償裝置位於減速軸上。

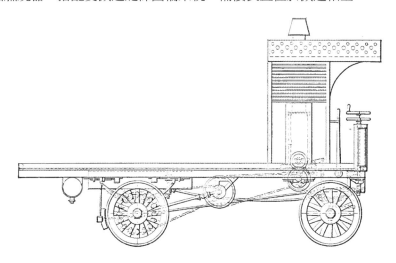

561. 可互換式汽車
INTERCHANGEABLE AUTOMOBILE

結合舒適車箱和運輸貨車的新特色形式。乘客入口位於前方。可輕鬆移除座位和平衡器，並替換引擎蓋，將空間用於載運貨物。

562. 閉塞號誌和聯鎖號誌
BLOCK AND INTERLOCKING SIGNALS

　　電氣氣動系統。右側圖為空氣活塞和電動氣動閥的細節。號誌位於閉塞區段入口，約有四分之三英里長，供應電流的電池則位於輸出端。在整個路段的軌道鐵軌都未有輪子占用時（包括旁軌和交叉軌道，這些軌道都不能占用主要軌道），電池的電路會經由右側軌道鐵軌傳遞至號誌的電磁鐵，然後再傳至左側鐵軌，最後經由左側鐵軌回到電池。此電路會被關閉，號誌的電磁鐵會經由自給電池供應的更強的電磁鐵介質，受到通電，並將號誌維持在平安或前進的位置。火車進入會使車輪和車軸的電流短路，導致電磁鐵（繼電器）斷電；而號誌則會因為在重力作用下呈現「停止」，以此警告下一列火車不要進入該區域。號誌會持續顯示「停止」狀態，直到所有車輪通過該區域為止。

563. 剖面圖為讓號誌警示運作的電磁鐵閥門和氣動活塞。

564. 空氣活塞和號誌臂桿之間的槓桿臂連接。

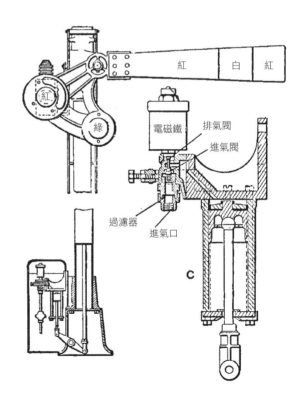

紅　白　紅

紅

綠

電磁鐵　排氣閥

進氣閥

過濾器

進氣口

C

565. 鐵路號誌
RAILWAY SIGNALS

上方切面圖顯示「進站」和「前進」旗號，在旗幟被放置成水平方向時即表示「危險」或「險阻（stop）」，至於變成垂直時則代表「平安！前進！」。夜晚時，「紅燈」表示「危險！」、白燈則是「前進！」。距離號誌會放置在離進站號誌約1,800英呎處；旗幟為黃底黑條紋，如下方切面圖。日間若放置成水平位置，或夜間使用綠燈，皆表示「注意」。

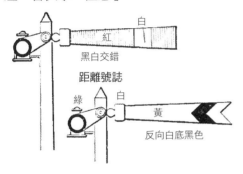

566. 電車砂磨機
TROLLEY-CAR SANDER

沙盒附有閘門，且該閘門上有攪拌銷，可按下按鈕和鐘形曲柄以使用連桿操作沙盒。

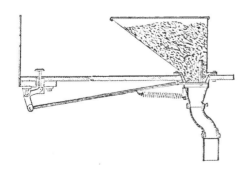

567. 火車砂磨機
LOCOMOTIVE SANDER

沙盒和具有噴嘴的槽，壓縮空氣會從空氣制動儲存箱中，經該噴嘴將沙吹入排放管中。

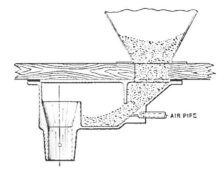

568. 多盤式摩擦離合器
MULTIPLE PLATE FRICTION CLUTCH

主驅動軸離合器樣式，布魯克林大橋（Brooklyn Bridge）式。每隔一個環板固定在內部套筒和法蘭上，替代環則與從動軸的法蘭輪轂固定一起。由軸環和叉槓桿操作的肘節，會將環板推在一起，以進行摩擦驅動。

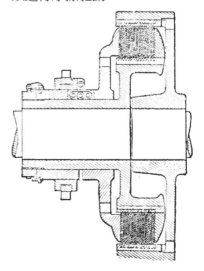

569. 電車式卡車的類型
TYPES OF TROLLEY-CAR TRUCKS

圖顯示不同的車架和擋板設計形式。

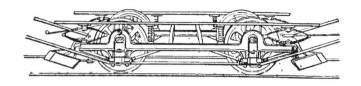

570. 鋼十字條車架。板片彈簧位於車下。

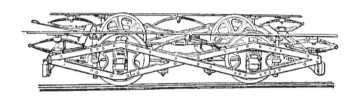

571. 鉚接至鑄鐵車架的鑄鋼盒體。

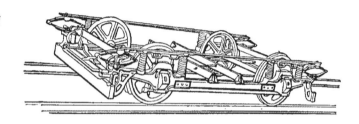

572. 框架支撐於彈簧箱上。直立式擋板。

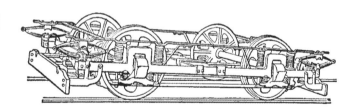

573. 鏟式擋板,位於彈簧箱框架上。

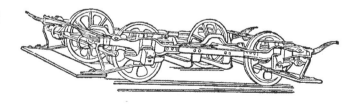

574. 螺旋形彈簧箱，搭
配位於車體下的板
片彈簧。

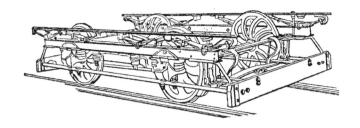

575. 以螺栓固定在直線
形鋼車架上的鑄鋼
盒框架。

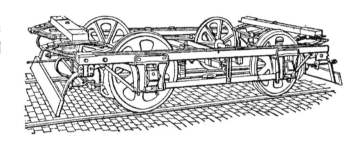

576. 齒軌鐵路火車的類型
TYPES OF RACK RAILWAY LOCOMOTIVES

　　適用於高山鐵路。驅動力來自曲柄、桿和軸，搭配與齒條齒輪軸上之齒輪嚙合
的小齒輪。最高等級為1至10。菲茨瑙－瑞吉（Witznau-Riga）鐵路。

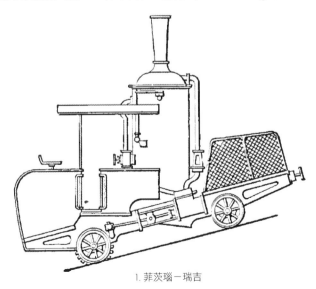

1. 菲茨瑙－瑞吉

577. 卡倫山
（Kahlenberg）
鐵路的火車。

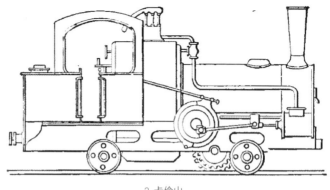

2. 卡倫山

578. 史瓦本堡
（Schwabenberg）
鐵路的火車。

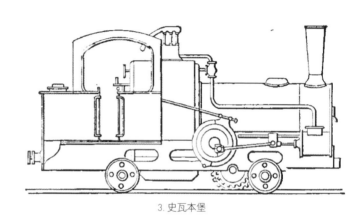

3. 史瓦本堡

579. 阿爾特－瑞吉
（Arth-Rigi）
火車。

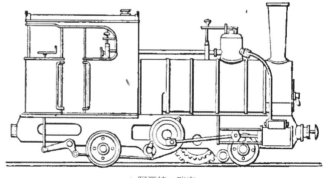

4. 阿爾特－瑞吉

580. 奧斯特蒙迪根
（Ostermundigen）
火車。

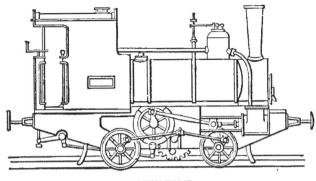

5. 奧斯特蒙迪根

581-582. 瓦瑟阿爾芬根
（Wasseralfingen）
鐵路。

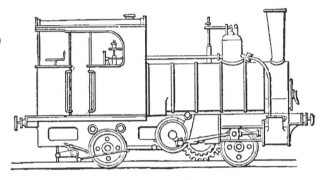

6. 瓦瑟阿爾芬根

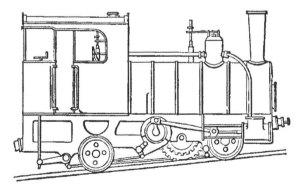

7. 瓦瑟阿爾芬根

583. 布魯克林大橋的電纜緊線器
CABLE GRIP OF THE BROOKLYN BRIDGE

　　三張圖分別為下方視角的平面圖、穿過滑輪的剖面圖，以及穿過中心以顯示實心或固定緊線器的剖面圖。

　　緊線器中有四個成對放置的滑輪，電纜會在每一對滑輪之間被夾緊。每個滑輪各有一個具有凹槽的重型鋼圈，鋼圈具有圓柱形內部表面，且制動器會壓在上面。鋼圈為兩個以螺栓固定在一起的裝置，且鳩尾槽中有皮製襯墊和印度橡膠皮帶，兩者以放射狀方式交替放置。襯墊凸出部分會凸出於鋼圈外，且有凹槽可接收電纜。共有四個制動器，每個滑輪各有一個。由硬木製成，且有一個弧形外側表面，可放入滑輪鋼圈內部。

584. 制動器框架和固定電纜的電纜滑輪的截面圖。

585. 槓桿連接塊和緊線塊。

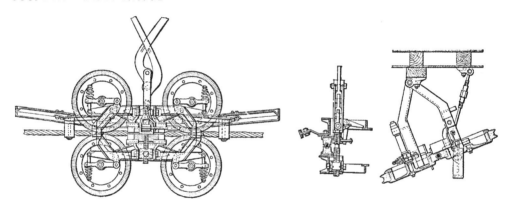

586. 票價記錄器
FARE-RECORDING REGISTER

　　配有「總價」指標、行程標誌和響鈴。圖為移除面板來顯示內部機構。

　　右側鍵可重置行程指標至正常的零，並將「上」和「下」指標對準面板的槽口。總價指標為一個持續運作的記錄器，且無法竄改。

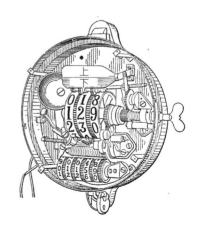

587. 鐵路軌道制動器
RAILWAY TRACK BRAKE

雙肘節接頭和槓桿連接會將卡車和車尾的全部重量放在制動器滑塊上，槓桿支點則會固定在卡車車架上。

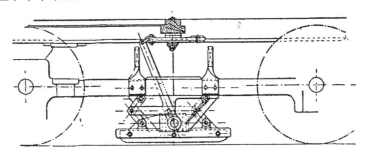

588. 輥壓和壓製鋼車輪
ROLLING AND COMPRESSING STEEL CAR WHEELS

福勒（Fowler）式。五個小型輪面輥均勻分布於炙熱的車輪周圍，通過旋轉並壓在輪圈上，使車輪直徑縮小半英吋。滾動時，透過夾在車輪各側的模具，可確保輪子內部形狀的精確。小剖面圖為夾緊的輪子。輪面經滾動程序而讓結構更加緊密，並提供如鋼輪般的品質。

589. 垂直剖面圖，包括車架及軋輥間的輪子。

 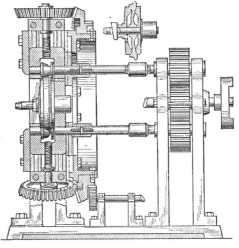

590. 反轉式車座椅
REVERSING CAR SEAT

移動式後座會在移動後啟動腳踏板，將其移至適當位置，避免占用座位使用者的移動路徑，並留下座位下的行李空間。同時，也可使用相同的移動方式將腳踏板置於適合後座使用者的位置。並在每次轉動座位時，將墊子調整到適當的傾斜度。

591. 曲柄銷車床
CRANK-PIN TURNING MACHINE

基本上，此鑽機包含兩個在曲柄軸上轉動的工具架，已被固定，且獨立於任何可將軸放置於中央的特殊裝置之外。

兩個工具架呈圓弧形且相對，其中一端會在由兩個部件組成的齒狀冠頂上軸轉。此冠頂會在同樣由兩個部件組成的圓形框架中轉動，並由小齒輪驅動，該小齒輪與以螺栓固定在工廠軸系上的齒輪相連。圓形框架會固定在滑動架上，可使用螺絲自動或手動在鞍部 S 上移動該滑動架，其尺寸和形狀皆適合車床床台。

可轉動每個工具架的樞軸，以調節工具架的位置，讓其能更靠近或遠離框架軸線，而該軸線則與要調正的軸頸吻合。

592. 曲柄銷和工具架上工具組的截面圖。

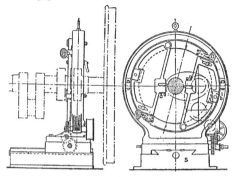

593. 四心軸軌條鑽
FOUR-SPINDLE RAIL DRILL

此配置適合用來鑽孔，一次可鑽出4又3/4英吋的孔，無論是直線或交錯排列皆可。

鑽頭距離會受到雙倍萬用連接桿抵銷。

鑽軸安裝在可調整的套筒內，並固定在橫桿上。橫桿透過手輪齒輪滑動，以控制鑽頭的進給。

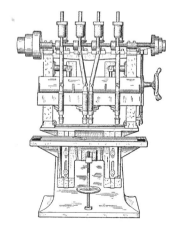

594. 延伸式車廂台階
EXTENSION CAR STEP

延伸式台階由叉形臂承載，該臂會在最下方固定台階下的導軌中滑動。該臂的上端與曲柄臂相連，該曲柄臂固定在最上方台階下支架的軸上。此軸的內側端有一個齒狀輪子，該輪子會與相似且固定在台階吊架表面上的齒狀扇形齒輪嚙合。此扇形齒輪的弧形上端具有一臂，該臂與連桿相連，且該連桿又依序固定在端臂的入口閘門下方，軸上的曲柄臂會被帶至最高處，具有延伸台階的叉形臂則會被向上拉至靠近固定台階處。在升起閘門準備打開入口門時，軸會旋轉且叉形臂會被推出，並帶動延伸台階。

595. 台階延伸的側視圖。

596. 台階關閉的側視圖。

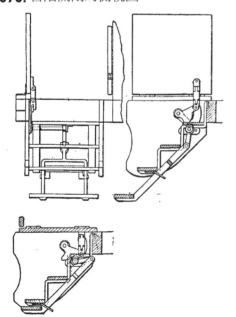

597. 吊車更換器
TROLLEY REPLACER

雙螺旋有槽錐體上有一個供纜繩使用的中央凹槽A，其兩側各有一個螺旋槽B, B，在替換時會快速將纜繩帶至中央凹槽。因此，導體無須任何特殊技巧便能更換替換輪；若輪子的任何部件抓住纜繩，則自動會被帶至中央凹槽A。

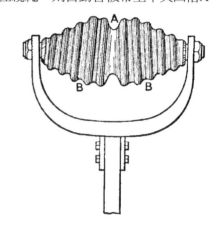

598. 車輛連結器
CAR COUPLER

沃許本（Washburn）式。具有拉桿的側向運動，連結頭可由螺旋彈簧的側向牽引力控制，使其自動回正至於中央。

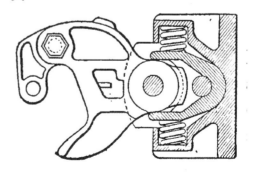

599. 推土機壓機
BULLDOZER PRESS

　　用於快速彎曲鐵或鋼製的帶條與支架，適用於車輛和其他建築工作。此方法可使用多種不同設計的大量成形塊，符合機器的軌道進行加工。

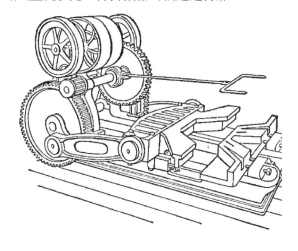

599A. 由摩托車驅動的手推車
HAND-CAR DRIVEN BY MOTORCYCLE

　　將3又1/2馬力的摩托車安裝在300磅的鐵路手推車上，機器的驅動力來自副軸上連接至滑輪的V形皮帶，並由鏈條連接至車的前輪。單獨騎乘時，必須載有壓艙物，否則車輪無法位於軌道上；但若有兩人共同搭乘，此配置則十分理想實用。

599B.加煤站
COALING STATION

　　圖示為小型且運作簡單的火車加煤站。結構為鋼製，尺寸為6英呎乘以 16英呎，車輛側線和火車軌道之間有多個站點。在煤車側線下方為鋼製漏斗，煤會從該漏斗落至車上。往復運動進料器會以一致的速度將煤運送至循環式鏈斗，鏈斗會將煤置於槽內，該槽會以每分鐘一公噸的速率將煤傳送至火車煤水車上。此機器的設計可由電動機（從中央電站供電）或汽油引擎驅動，以適應不同的動力需求。

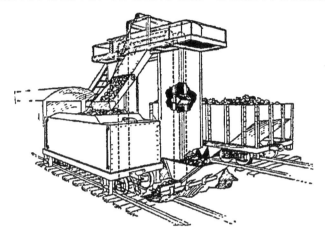

599C.陀螺車廂
GYRO-CAR

　　此裝置使用雙陀螺配置，讓鐵路車廂能在單一軌道上行駛。陀螺儀能避免車廂傾倒，且可使用任何合適的原動機來驅動陀螺儀。

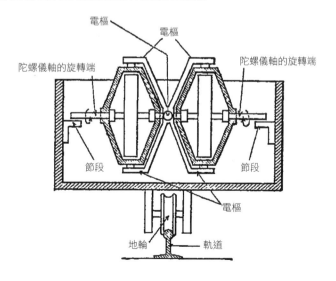

第14章

齒輪傳動和齒輪運動

600. 新型蝸桿
NOVEL WORM GEAR

螺旋蝸桿的螺紋不同於普通蝸輪的輪齒嚙合，而是會驅動一系列在雙頭螺栓上轉動的軋輥，該雙頭螺栓會連接至輪子，而該輪子的軸線不會與蝸桿軸線平行，而是與其呈直角。在蝸桿接收到運動後，便會分別以與蝸桿間距和輪子直徑成比例的速率在軋輥輪中產生旋轉。

螺絲螺紋的間距線會形成圓心與軸心重合的圓弧，因此，在軋輥位於齒輪中時，螺紋將有一定程度地靠在軋輥上，並維持滾動接觸。同時，無論朝任一方向轉動螺絲，輪子都將會旋轉。

601. 斜盤式齒輪
SWASH-PLATE GEARS

兩個齒輪A和B的外觀上為兩個橢圓齒輪，會在固定中心距離且長軸和短軸完全重合，這些不可能達成的條件下運作。這些齒輪會以相同的速率旋轉，而 B會驅動第三個側面有法蘭的正齒輪C。齒輪C不僅會旋轉，還會沿著軸承進行往復運動，並與驅動齒輪側邊嚙合。當然，很明顯地，「橢圓」齒輪實際上是斜盤或正齒輪，以正齒輪的對角片方式組成，且其長度等於從軸上凸出的橢圓區段。值得注意的是，輪齒會被切割成與軸平行，且與各自中心的距離相等，雖然自相矛盾仍是符合標準運作原理的機械齒輪組。

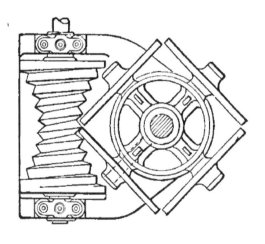

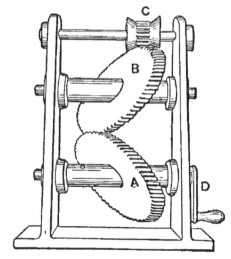

602. 觸止齒輪運動
STOP-GEAR MOTION

B為驅動齒輪，包含一個未固定的扇形齒輪A，由輕型彈簧固定在前置位置，以夾住從動小齒輪的輪齒，並將其固定在位置上，以在抵達該扇形齒輪並於D點觸止時，與驅動齒輪的輪齒嚙合。在扇形齒輪運動經過開放空間時，機構會暫時停止運動。

603. 右圖顯示停止運動的開端，該運動會在觸止塊D抵達扇形齒輪時結束。

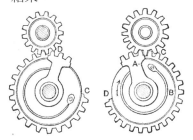

604. 渦形挺桿裝置
VOLUTE TAPPET GEAR

最少輪齒數的小齒輪是由兩個螺旋齒組成，此弧形能讓一個輪齒的尖端與下一個輪齒的摩擦軋輥嚙合。同時，前軋輥會與小齒輪的對側輪齒嚙合。交替的軋輥齒位於軋輥齒輪的對側，而小齒輪的輪齒則會偏移以配合軋輥齒。

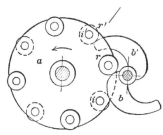

605. 齒輪反向運動
GEARED REVERSING MOTION

位於一對斜齒輪上的斷齒面會交替執行斜齒輪的反向運動。

此類齒輪裝置需要有導針，以確保輪齒的嚙合。

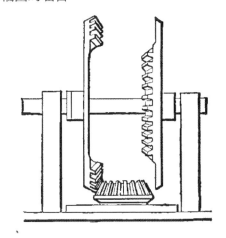

606. 橢圓連桿機構
ELLIPTIC LINKAGE

三個相等的齒輪D、G、C，搭配連桿裝置A、E、B。

此形式的齒輪和連桿可能會產生許多不同的曲線。臂B, D的長度是臂A, C長度的兩倍。連桿A,E則與A,C一樣長。

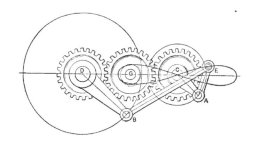

607. 間歇凸輪齒輪運動
INTERRUPTING CAM-GEAR MOTION

B為驅動輪。A的運動速度會從快至慢或從慢至快，並在長輪齒於C和 C相配時瞬間停止。長輪齒在C和C對齊時會瞬間停止，持續時間取決於長輪齒的曲線形狀。

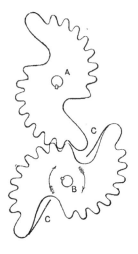

608. 橢圓連桿機構
ELLIPTIC LINKAGE

C和D為橢圓齒輪的旋轉中心，而其相對圓心A、B則會與連桿A, P, B 相連。P為畫筆，會沿著連桿中心移動，並產生各式各樣的曲線。

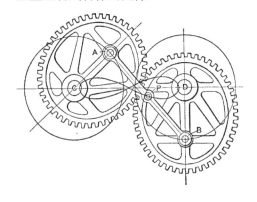

609. 往復運動的循環
CIRCULAR FROM RECIPROCATING MOTION

受往復運動動力移動的槓桿L，負責操作位於嚙合齒輪A、 B上的棘爪，使小齒輪Q持續運動。鐘形曲柄槓桿和連桿O則用來抬起棘爪。適合做為風車附屬裝置使用。

610. 具有彈簧、曲柄和掛繩的棘爪，該掛繩目的為抬升棘爪。

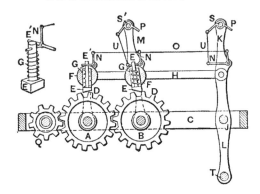

611. 曲柄替代品
CRANK SUBSTITUTE

齒輪會以小齒輪連接至連桿，其中心則以小齒輪與泵桿相連，讓泵能平行運動，避免曲柄的橫向推力。

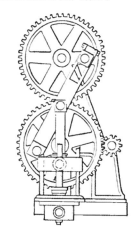

612. 斜齒輪和鏈條的太陽和行星運動
SUN AND PLANET MOTION BY SPROCKET WHEELS AND CHAIN

中央斜齒輪固定於滑輪軸上。皮帶輪和支臂會帶動第二個斜齒輪，使其持續以單一方向繞著該臂旋轉，讓皮帶輪的外側畫出一個偏心於驅動軸中心的圓。該偏心圓並未顯示於圖上。

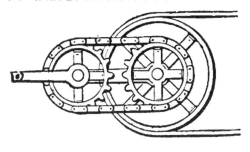

613. 間歇性旋轉運動
INTERMITTENT ROTARY MOTION

於旋轉軸上三角凸輪的運動。凸輪會在軛中運作，該軛為滑動桿和震動桿止擋器的一部分，其對側適合用於與凸輪震動的另一端交替嚙合。

614. 凸輪、槓桿止擋器和齒狀輪子的前視圖。

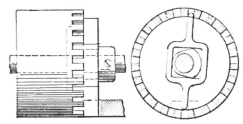

615. 摩擦齒輪
FRICTION GEAR

具有齒鎖銷，以避免滑動。此為一個順暢運作的齒輪。

616. 圓周運動的平行度
PARALLELISM FROM CIRCULAR MOTION

中央滑輪為靜止狀態，透過皮帶與另一個相同尺寸但可自由轉動的滑輪相連，而該滑輪安裝於中央滑輪旋轉的支臂上，使得移動滑輪上的指示臂始終保持相同方向。

兩個相等齒輪之間有一支臂，支臂上安裝一個惰輪小齒輪，該惰輪小齒輪也會產生相同效果，在臂和圍繞中心齒輪的分度輪上旋轉。

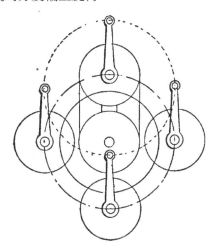

617. 循環性振動運動
CIRCULARLY VIBRATING MOTION

受中央齒輪驅動的三個齒輪會以小齒輪與環板相連，該環板或左圖的螺旋蝸桿會使環板產生圓形擺動，該圓的距離會等於從齒輪中心開始的肘銷距離的兩倍。

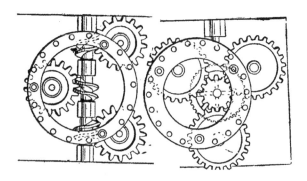

618. 差速齒輪
DIFFERENTIAL SPEED GEAR

此為一種變速裝置，其中心小齒輪會以不變的速率受到驅動，而此裝置會以不同速率直接驅動一系列安裝在四周旋轉殼上的小齒輪。如此一來，便可藉由轉動外殼，讓一個或另一個二次小齒輪與其驅動的部件建立操作關係。

C 為觸止塊，負責定位每個速度小齒輪。

小齒輪F、F、F 的每根軸都會在板下帶動一個相同尺寸的齒輪E，並藉由外殼上的不同位置，與從動輪交替嚙合。

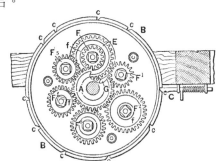

619. 傳動齒輪
TRANSMISSION GEAR

適用於汽車。三個中間齒輪會以小齒輪連接至與外側齒輪分開的板子，且由煞車帶控制此惰輪。共有兩個部分和兩組齒輪，由各部分上的煞車帶控制速度和反向運動。

620. 左側齒輪組。

621. 右側齒輪組。

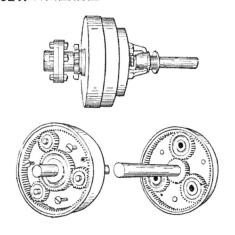

622. 周轉輪系
EPICYCLIC TRAIN

左側軸必須旋轉262,500圈，才能使右側軸旋轉一圈。

輪齒的順序如圖標示，以具有303個輪齒的固定齒輪A開始，接著為位於橫擔軸上且有44個輪齒的B，位於橫擔軸另一端且有33個輪齒的D，固定於橫擔軸上且有40個輪齒的E，位於高速軸上且有12個輪齒的F，最後是位於最慢輪軸上且有250個輪齒的C。

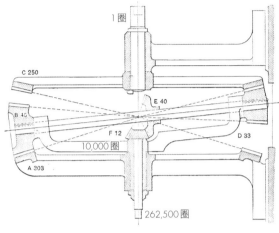

623. 變速齒輪
VARIABLE SPEED GEAR

直接受到驅動或經由滑輪的後齒輪驅動的軸位於圖上a點。此軸會於b點帶動一個長型小齒輪。c點為固定在軸d上正齒輪的插孔，機器機構會以此驅動。六個齒輪在旋轉齒輪盒中的排列方式如圖所示。惰輪齒輪會由旋轉框架e帶動，並與小齒輪b嚙合，在e透過受曲柄手柄F驅動的小齒輪和齒輪轉動時，會與在錐體c中的配對齒輪一個接一個嚙合，以此為已嚙合的每個齒輪提供與軸d不同的速度。

曲柄F轉動一圈便足以擺動一個惰輪，使其離開與其配對的嚙合，並使下一個惰輪開始動作。因此，即使機器在運作時，操作者仍可輕鬆調整速度，他僅需讓曲柄彈出用來將曲柄緊鎖在位置上的凹槽，並旋轉曲柄，直到所需的中間齒輪與齒輪錐體嚙合即可，而當手柄落入凹槽時，便會再度被鎖緊。

624. 旋轉齒輪盒和手柄F的平面圖。

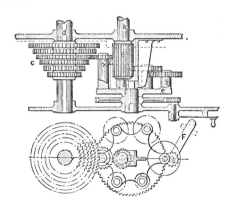

625. 變速齒輪
VARIABLE SPEED GEAR

有四個正齒輪固定在驅動軸A上。上方的軸B上也有四個齒輪固定於其上。以此方式安裝的機架或箱C，可利用手柄D轉動，並帶動與軸A上驅動齒輪嚙合的四個中間齒輪。隨著機架C受到轉動，任一個驅動齒輪皆可能被中間輪與其軸上的配對連接。手柄D上的分度盤會顯示應轉動的距離，以獲得特定速度。在齒輪正確嚙合時，彈簧銷E會落下至機架上的孔洞，並鎖定在適當位置。可使用軸B上的斜齒輪和離合器，讓槓桿移動離合器，將垂直軸F朝任一方向轉動。

626. 中間齒輪和彈簧銷的平面圖。

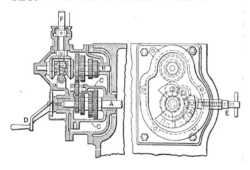

627. 變速齒輪
VARIABLE SPEED GEAR

適合用於汽車。德國式。此齒輪為永久嚙合形式，且可提供四種速度變化和反向運動。使用驅動摩擦錐體的槓桿系統，便可無聲且完全無衝擊地產生速度變化，而槓桿運動由一系列有槽凸輪傳遞，這些有槽凸輪則是以輔助軸上的實心物體切割而成。各種速度變化和反向運動，皆由負責驅動曲柄軸的槓桿或輪子控制。所有齒輪皆由實心鍛鋼物體切割而成，並裝在一個含油的鋁製外殼中。圖示可見，裝有從動小齒輪的軸也會帶動差速齒輪，該軸經專門設計，透過鏈條傳遞動力，驅動配備此齒輪組的車輛後輪讓其行駛。

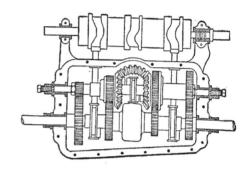

628. 變速摩擦齒輪
VARIABLE SPEED FRICTION GEAR

盲孔螺絲會將軸B上的盤永久固定在其位置上，而法蘭C、C會抓住另外兩個盤D、D，D、D之間具有彈簧，以強制分開，並確保與盤C、C有良好的摩擦接觸。曲線為圓形弧，具有兩組半徑不同的圓盤，此設計方式十分完美，僅需將兩根軸相互靠近，或分開距離E（約3/4英吋），即可實現完整範圍的速度變化。

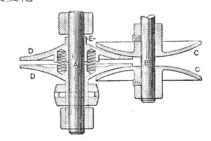

629. 變速驅動運動
VARIABLE DRIVE MOTION

兩個錐形滑輪與變速正齒輪一起安裝在有橫擔和斜齒輪的驅動軸上，在兩個錐形滑輪之間提供多種的速度變化。臂J可在軸上自由旋轉，並帶動斜齒輪和正齒輪K，K負責驅動H、I變速齒輪組以調節速度。

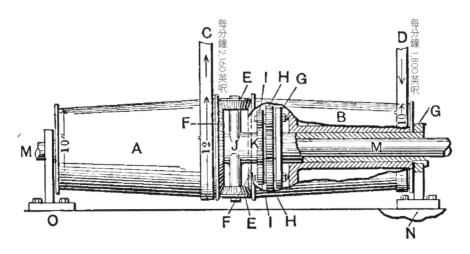

630. 車床的驅動齒輪
DRIVING GEAR FOR A LATHE

位於車床頭下兩根垂直軸上的變速齒輪。圖已清楚顯示連接馬達和心軸的方式。電樞軸上裝有一個斜齒輪，該斜齒輪會藉由斜面回動裝置和垂直軸來驅動有五個齒輪的錐體，該錐體與另一根垂直軸上的五個非固定齒輪嚙合，而上述另一根垂直軸會由斜齒輪連接至車床心軸。透過滑動鍵，由機頭前方的槓桿控制，便能立即將任一非固定齒輪連接至軸並驅動該軸，如此便能輕鬆變更心軸的速度。心軸會以標準的倒退齒輪傳動方式，並配備啟動、停止或反向旋轉的槓桿。該槓桿連接至貫穿整個機床床身的長桿，確保操作人員可輕鬆操控。

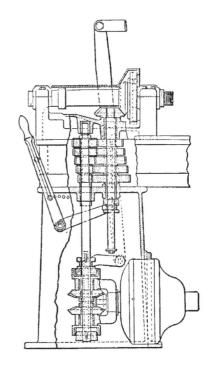

630A. 變速齒輪
VARIABLE SPEED GEAR

圖示為允許使用的簡單方式，確保偏離共同中心的兩軸間的不同速度。三個楔桿齒輪為一組，安裝於一根軸上，可滑動的正小齒輪則被安裝在另一根軸上，且可與三個齒輪中任一齒輪嚙合。

630B. 靜音鏈傳動裝置
SILENT CHAIN GEARING

連桿皮帶或所謂的靜音鏈條十分適合用於動力傳輸，是一種極安靜且有效的機構，用於連接兩根軸。斜齒輪與正齒輪非常相似，且鏈條連桿上帶有凸起，能夠嵌入鏈輪的齒槽中。

630C. 機動車輛轉向齒輪
MOTOR-VEHICLE STEERING GEAR

圖的蝸輪傳動裝置，已廣泛用於將轉向齒輪的運動傳遞至汽車和曳引機的前輪。由於蝸輪傳動裝置不可反轉，因此使用蝸輪便能輕鬆擺動輪子，並避免將道路上的振動傳遞給駕駛。手輪會連接至蝸輪軸，並由連接至蝸輪的臂來驅動道路輪胎。

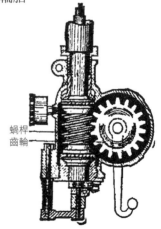

蝸桿
齒輪

630D.歪斜的斜齒輪機構
SKEW BEYEL GEARING

斜齒輪有時會被稱為蝸形齒輪,與一般傳統斜齒輪的不同之處,是小齒輪和環形齒輪上的輪齒會被以特定角度切割,類似蝸輪傳動裝置中的角度。如圖所示,斜齒輪驅動齒輪的典型構造已從差速器外殼分離。據稱,斜齒輪會使驅動更安靜,這是因為角輪齒會完全消除輪齒之間的齒隙和鬆度,而齒隙和鬆度也是造成一般斜齒輪產生噪音的常見原因。此外,也有說法認為,相較於一般斜齒輪機構的線性接觸,而蝸輪斜角的弧型輪齒會使一組輪齒保持嚙合狀態;與此同時,下一組輪齒便會逐漸脫離嚙合。這種機制類似於蝸輪傳動,能提供持續的接觸。

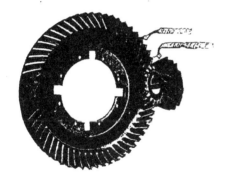

第15章　運動和控制裝置等

631. 平行運動
PARALLEL MOTION

　　波塞利耶（Peaucellier）的七根連桿。方板上的樞軸為固定的點。位於A點的接頭可構成一條直線。所有短連桿的長度皆與固定樞軸的長度相等。其他連桿的長度則為短連桿長度的三倍。

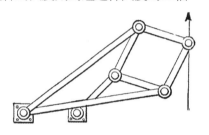

632. 平行運動
PARALLEL MOTION

　　方板上的三個樞軸為八根連桿直線運動上的固定點，與固定點的連線成直角。連桿會成對，且長度相同。

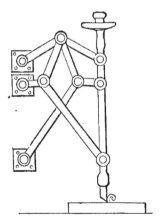

633. 平行運動
PARALLEL MOTION

　　方板上的三個樞軸為七根連桿運動中的固定點。連桿會以成對或多對方式使用。水平條會在直線上朝三個固定點的方向運動。

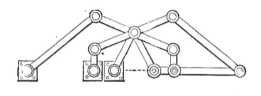

634. 三點直線連桿機構
THREE-POINT STRAIGHT-LINE LINKAGE

　　兩根連桿會位於固定樞軸上，並以固定樞軸距離長度的一半，軸轉至三角部件。三角部件末端的描繪器會沿著固定樞軸的線路運動。描繪器會在雙曲線的三個點上穿過直線。

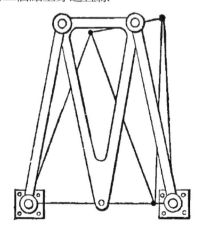

635. 止點問題
THE DEAD CENTER PROBLEM

　　兩個曲柄和具有從動曲柄的踏板會以一定角度將踏板曲柄固定在開始位置上。J為彈簧、I為連桿。兩者用途為將曲柄固定在開始位置。

636.
曲柄和踏板連接的側視圖。

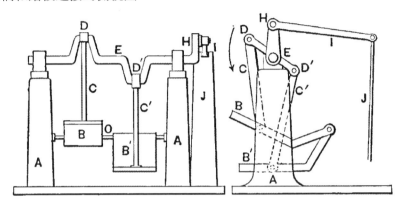

637. 三點直線連桿機構
THREE-POINT STRAIGHT-LINE LINKAGE

　　徑向桿皆等長。橫向連桿的長度是固定樞軸間長度的一半,描繪器則位於其中心。中心和端點位於直線上。

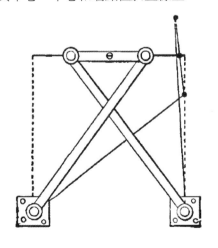

638. 止點問題
THE DEAD CENTER PROBLEM

　　彈簧J會使曲柄銷保持在偏離中心處,該彈簧張力會持續將曲柄銷推離中心處。圖為單一踏板在兩個端點位置的運動方式。

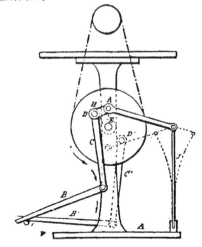

639. 止點問題
THE DEAD CENTER PROBLEM

輔助曲柄組會與踏板曲柄和彈簧J呈一定的角度，以將踏板曲柄帶至適當的開始位置。

圖的虛線為中央懸掛踏板的相對位置。

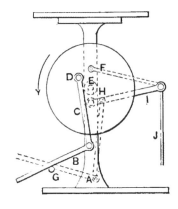

640. 短程動樑
SHORT-RANGE WALKING BEAM

聯鎖連桿裝置會使汽缸和曲柄彼此緊靠。

此連桿裝置中無任何平行運動。活塞桿會被引導至最後一根連桿。

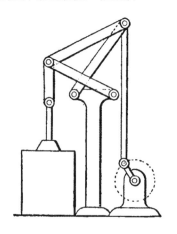

641. 曲柄替代機構
CRANK SUBSTITUTE

受驅動的軸設有凹槽，內部則裝有棘爪或摩擦裝置。在使用棘爪時，兩個環會被安裝在帶有內部棘輪的套筒上，同時，環帶會將環和框架連接。如此一來，在框架被向下移動時，套筒上的其中一個環便能移動平衡輪。而在框架向上移動時，另一個環會驅動平衡輪，而相反的棘爪或摩擦裝置則會以反向運動交替滑過對應的環。

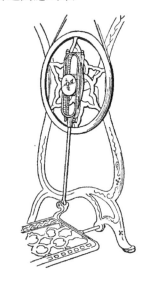

642. 雙連桿萬用接頭
DOUBLE-LINK UNIVERSAL JOINT

此配置能允許軸系線上有大偏向角。每個銷都有一條穿越轉動塊的明確途徑。

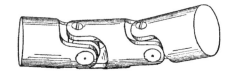

643. 變速滑輪
CHANGE SPEED PULLEYS

惰鉗型（Lazy-tongs type）。此裝置包含兩個滑輪A和B，其邊緣會製成分段結構，如此便可有不同的直徑變化。轉動曲柄C會改變A的直徑，而B的直徑會在輪軸周圍的螺旋彈簧壓力下改變，以此讓皮帶張力能保持幾乎不變。

這些滑輪的邊緣部分或蹄片由輞負責支撐，或由兩個惰鉗形成的框架支撐，兩個惰鉗會在頂點相連，並一起在分支中間處軸轉，以此形成一系列相等的菱形，而這些菱形機構必須同時伸長或壓縮。

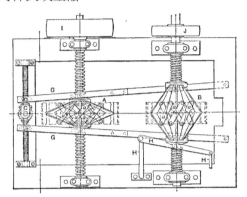

644. 利用循環運動來轉動方形
TURNING A SQUARE BY CIRCULAR MOTION

此裝置已有150年的歷史。雖然並非適用於方形機件的經濟實惠裝置，但適合不規則和有凹槽的機件。此裝置可能為玫瑰車床的原始構想。

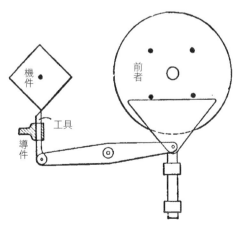

645. 多軸式驅動裝置
MULTIPLE-SHAFT DRIVING DEVICE

四個曲柄軸會在於中心柱上擺動且於滑動的套筒上軸轉，如平面圖和垂直剖面圖所示。任一根軸都可成為驅動器。所有軸必須相互成直角，並在同一個平面上執行完美動作。

646. 垂直剖面圖，圖為中央滑動柱。

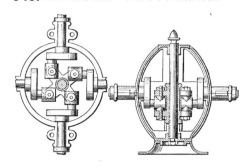

647. 具停止運動的往復運動
RECIPROCATING WITH STOP MOTION

由曲柄操作的搖動槓桿，每次旋轉時可產生兩個停止點。這是透過槓桿槽中相反曲線設計而實現，這些曲線為圓弧形，其半徑會與曲柄中心至曲柄銷外側的距離相對應。

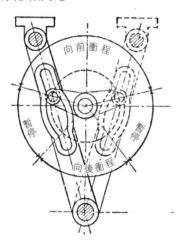

648. 往復運動
RECIPROCATING MOTION

每次相同曲柄運動的衝程中皆有一個停止點。每轉動半圈，曲柄軸會沿槽中的相反曲線運動。凹槽寬處的回彈會受到緩衝彈簧抵消。

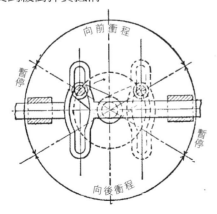

649. 旋轉軸系的直角接頭
RIGHT-ANGLE COUPLING

A為驅動軸和曲柄。B為從動軸曲柄。C為軸中心的相交點。D為驅動曲柄銷，指向中心C。E為連接臂。F為擺動部件，具有指向中心的銷。G為連接臂，於 H 點連接至從動軸的曲柄銷。J為直角運動部件，用途為避免從動軸固定在止點上。每個臂皆有兩個運動。

650. 垂直剖面圖，圖為外殼內具有轉動接頭的擺動部件。

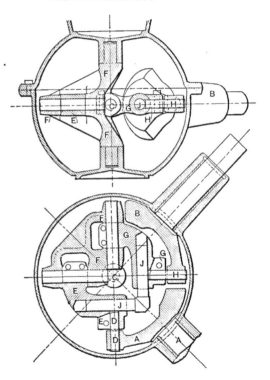

651. 往復運動變成無止點的旋轉運動
RECIPROCATING INTO ROTARY MOTION WITHOUT DEAD CENTERS

具有特殊槽C的十字頭B和D處的偏位，會將軋輥曲柄軸帶至中心上方。

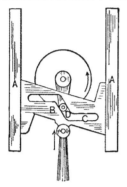

652. 可逆摩擦棘輪
REVERSIBLE FRICTION RATCHET

運動會由一組摩擦輥軸和硬化鋼塊C傳遞至軸，而該軸會固定於C上。隨著外殼朝一個方向或另一個方向擺動，一組鋼軋輥E、E或F、F會在鋼塊和外殼之間結合，使其一起旋轉。在外殼的旋轉方向反轉後，裝置會從接觸點送入軋輥，外殼也會脫離鋼塊，移動回位。

為了維持不讓另一套軋輥運作，棘輪塊表面會被蓋上蓋板，並以兩根螺栓G、G固定該蓋板。在這些螺栓通過蓋板處設有兩個凹槽，好讓蓋板能夠轉動。

此蓋板配有六個固定銷H、H、H。如圖所示，在蓋板移動時，螺栓會位於槽的一側，這些銷則會壓制一組軋輥，使其停止運作。

653.
半剖面圖，圖為被銷和蓋板阻擋的一組軋輥。

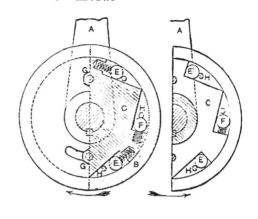

654.-655. 摩擦片離合器
FRICTION-PLATE CLUTCH

此模型中，摩擦片會被壓入設有孔洞的V形環中以進行潤滑。V字形設計讓輕壓離合器槓桿便能提供良好的摩擦力。

替代的V形片會經樑邊而固定於外殼上，同時，中間片也會被以相同方式固定於中心輪轂。潤滑的孔洞如下方切口剖面圖，為編號655。

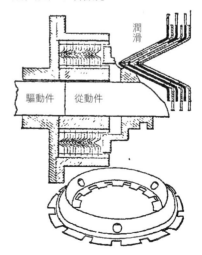

656. 摩擦離合器
FRICTION CLUTCH

　　布朗（Brown）式。安裝於軸上的標準滑動套筒，連接至左右雙螺紋螺絲上的操控臂，皆會使摩擦塊膨脹，從而使其抓住滑輪輪圈內側表面。

657. 伸縮扳手或夾頭
EXPANDING WRENCH OR CHUCK

　　其中一個三角顎夾會嵌入形成橋座，以調整螺絲c、d，另外兩個顎夾則具有凹槽，允許滑動以通過螺絲。在此裝置做為夾頭使用時，方形尺寸可有所變化，以配合不同尺寸的螺絲攻桿或鑽桿。

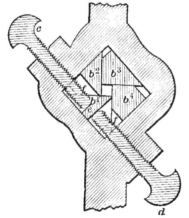

658. 多滾珠軸承
MULTIPLE BALL BEARINGS

　　適用於車輛。四個滾珠環A、A、A、A由環錐體B、B、B、B固定在位置上，而整體則由螺帽和鎖緊螺帽D固定。C、C為導槽套筒，為滾珠提供一個三點軸承。

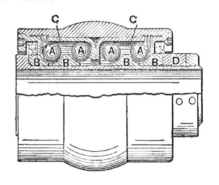

659. 軸推力滾珠軸承
SHAFT-THRUST BALL BEARINGS

　　位於垂直軸上。A、A為有槽環，外側具有錐形軸承。D為緊固於腳座法蘭C 上的球面軸承軸環。F為緊固軸環。

　　滾珠具有四點軸承。

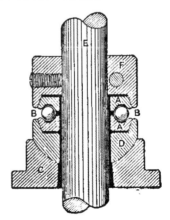

660. 自行車滾珠軸承
BICYCLE BALL BEARING

具有沙漏型分離軋輥。滾珠共有三個壓力接觸點，兩個位於錐形體上，一個位於杯體上。分離軋輥由導環框架負責承載。

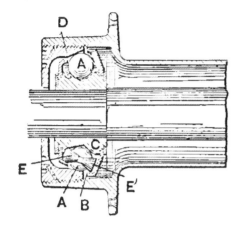

661. 滾珠軸承腳輪
BALL-BEARING CASTOR

滾動球體A由金屬片外殼E固定到位。約有40個小型滾珠在軸承板B下循環移動，由外殼C引導和固定。滾珠會繞著環形空間D橫向移動。

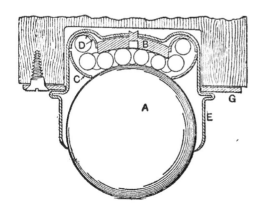

662. 彈簧馬達
SPRING MOTOR

一系列的螺旋彈簧和鼓輪被依序安裝在軸上，並與上緊機構和傳遞機構結合在一起，以此類方式組成可發揮長彈簧的效果，但以分段螺旋方式運作的。此與相同長度但位於單一螺旋中的單一彈簧相比，能產生更穩定的效果。

第一個彈簧A會從螺旋內側端連接至上緊軸B，該軸也用於安裝彈簧鼓輪和傳輸輪C。此彈簧A外端固定於中空鼓輪D，該鼓輪可在軸上自由旋轉。。鼓輪D具有中央輪轂E，會沿著軸B在第二個股輪F內延伸，而位於上述鼓輪中的彈簧G會從內側連接至中央輪轂E，而外側則會連接至鼓輪F。鼓輪F亦具有輪轂H，H會延伸至鼓輪I中，而其中的彈簧K會如其他鼓輪一樣，連接至H和鼓輪。

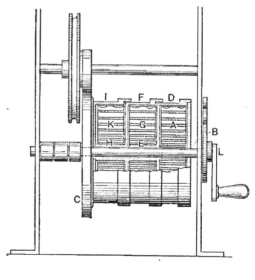

663. 彈簧馬達
SPRING MOTOR

在纏繞時持續執行運動。A為彈簧。B為連接至驅動齒輪C的鼓輪。E為固定在軸上的棘輪。F為軸上不受束縛並承載棘爪b的齒輪。G為E和D間的惰齒輪。用於驅動縫紉機。

664. 此剖面圖為彈簧和驅動齒輪。

665. 為驅動和發條齒輪的平面圖，不會在纏繞時停止運作。

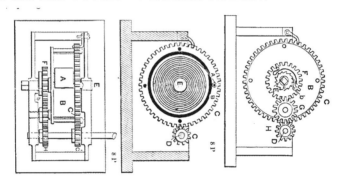

666. 彈簧馬達
SPRING MOTOR

該機構由兩根平行軸組成，並透過齒輪相互嚙合，，一根軸會比另一根轉動得更快，並有長形印度橡膠或其他彈性帶或索帶纏繞在移動最慢的軸上。接著，會連接至另一根軸並纏繞於其上，將帶子拉伸至軸整體長度。如此一來，在軸被釋放時，便會經由彈簧將運動傳遞至帶子上，然後帶子會再倒回至第一根軸上。

A為其中一根軸，B為另一根軸。兩者排列於框架上，並由大型輪D和小型輪E以齒輪互相連接於一端。

F為印度橡膠帶。該帶子會於G點固定在軸上，並以螺旋方式纏繞於軸上，如圖所示，螺旋會覆蓋整個軸的長度。接著，另一端會於H點連接至軸B，而軸可經手動轉動，帶子會從A至B展開，同時，會因軸的速度差異而被拉伸。由於軸會朝反方向旋轉，因此帶子會從另一根軸的頂部至底部纏繞。

667. 軸、齒輪和彈簧制動器的剖面圖。

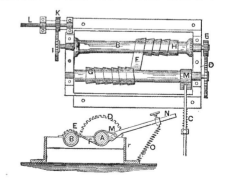

668. 砝碼驅動馬達
WEIGHT-DRIVEN MOTOR

由齒輪系統和繩索繞組鼓輪組成，並配備吊起砝碼的棘輪和棘爪。飛輪、軸和曲柄會為槓桿提供往復運動或任何目的之運動。

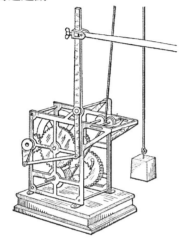

669. 砝碼驅動馬達
WEIGHT-DRIVEN MOTOR

由圖的兩個砝碼提供動力，兩側各有一個砝碼，繩索會從砝碼處被帶至兩個鼓輪，並纏繞鼓輪四周，形成發條機構的一部分，並配有擒縱輪和擒縱器。輪子下方會立即連接至動力鼓輪，會以

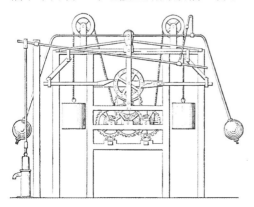

小齒輪與方頭軸相連，用來懸吊砝碼的手柄可放置於該軸上。負責承載兩個棘爪的外框會與擒縱輪囓合，該擒縱輪會直接在擒縱輪軸上方的垂直線上軸轉，當擒縱輪的齒輪一個接一個經過棘爪時，框架會如蒸氣引擎的搖桿般搖動。

670. 旋轉馬達
SWING MOTOR

具有輪轂的輪子，搭配立在相反方向的兩組棘輪齒，如圖所示。軸環會鬆鬆地套裝在棘輪齒上方的輪轂上，而棘爪則以軸環為支點與棘輪齒囓合，同時，安裝在雙頭螺栓上進行擺動的槓桿，會經由皮帶與從棘爪向外延伸的臂相連。輪子和其輪轂會由墊圈固定在軸上，該墊圈也會被用來固定軸環。

671. 剖面圖為向前運動的棘輪和棘爪。

672. 剖面圖為向後運動的棘輪和棘爪。

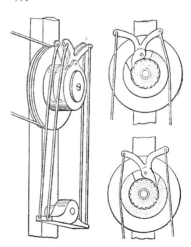

673. 氨壓縮機
AMMONIA COMPRESSOR

單動活塞至雙動肘節曲柄每旋轉一圈為兩個衝程。在此設計中，肘節的動作會補償蒸氣和氨氣汽缸中的壓力差異。國家冰箱公司（National Refrigerator Co.）式。

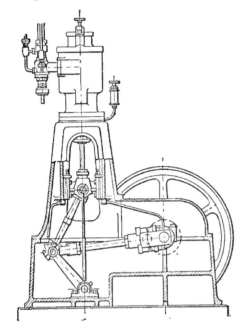

674. 投幣式氣量計
COIN-IN-THE-SLOT GAS METER

落至槽中的硬幣會掉在槓桿L上，壓下L後便會鎖住外側控制氣體旋塞栓的手柄。使用手柄開啟旋塞，並設定好彈簧，然後為小型鐘錶運動裝置上發條，使其開始運動。小型凸輪C會靠在槓桿D上運作並放開砝碼H，在此之前，H已在測量氣體容量時由扇形齒輪S和運動中的鐘錶輪組抬升。

675.
鐘錶輪系的一部分，釋放槓桿並驅動砝碼。

676.
硬幣槓桿、手柄和發條齒輪的凹槽通道。

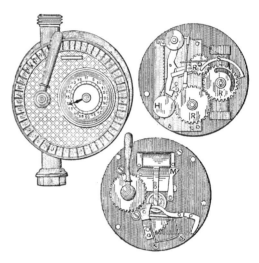

677. 氨壓縮機
AMMONIA COMPRESSOR

圖中描繪T的曲柄運動，使用單動活塞來操作雙工壓縮機。汽缸位於頂部，且配有水套。

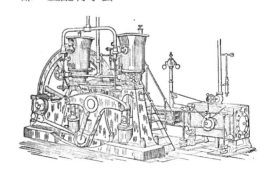

678. 幾何式鑽孔和刨槽夾頭
GEOMETRICAL BORING AND ROUTING CHUCK

可使用方盒中的一組凸輪齒輪和調節螺絲，藉由多種形狀的切刀切割出不同形狀的孔洞、凹槽或鋸齒狀輪廓。靠在導條上的槓桿會負責確認幾何凸輪的旋轉。

679. 這些輪廓圖案是由夾頭產生的曲線或樣式。

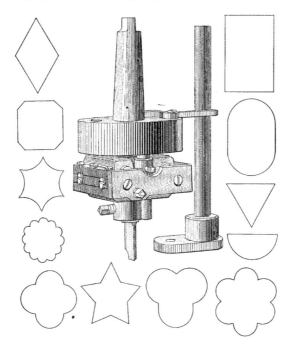

680. 縮放雕刻機
PANTOGRAPHIC ENGRAVING MACHINE

以夾具將要雕刻的杯子或任何物品固定在機器中央，並放在切割工具下方。支架腳柱或描繪器位於縮放機的長臂上，並跟隨圖案輪廓或字母移動，與此同時，雕刻切刀會被槓桿壓在物品上。

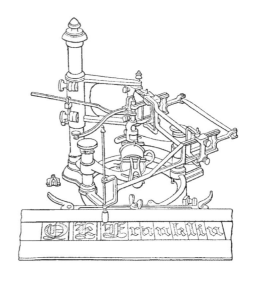

681. 天象儀
PLANETARIUMS

在下方天象儀中，代表太陽的球體由中央軸負責支撐，其四周則放置一系列對應至太陽系星球數量的套筒。支撐太陽的軸會在對應至該發光體每日轉動的時間內旋轉，而帶動支撐星球管路的套筒也會在符合其圍繞太陽公轉的時間比例內旋轉。箱A內有一根軸，上述旋轉由與軸上齒輪嚙合的輪子驅動，且箱A裝有外部曲柄，可用來轉動該軸。星球的每日轉動力量源自於套筒上的斜齒輪機構和上述管狀臂中的條桿，該條桿也具有末端齒輪，使衛星繞著主星旋轉。

請參見《機械運動》編號984至992圖，以瞭解行星齒輪系的詳細資訊。

682. 太陽系的天象儀。

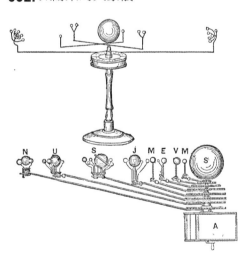

683. 螺旋開槽車床
SPIRAL FLUTING LATHE

欄杆支柱會被送至橫向工具旁的端道，在其軸線上旋轉，旋轉速率應使底座長度與圈數或部分圈數相同。A即為此類型，要切割的部件a會被縱向移動穿過支架b，且與此同時，a會受到旋轉，讓位於轉動路徑中的工具c能在圖上標示的a'處切出螺旋凹槽。

684.
B為開槽車床，其中有一對銑刀會在欄杆支柱運動線上的傾斜平面上旋轉。該平面由齒條和小齒輪e、g帶動縱向移動，並由輪子和小齒輪h、i旋轉；銑刀m、m則安裝於相互平行的旋轉平面內，同時切削兩個凹槽。

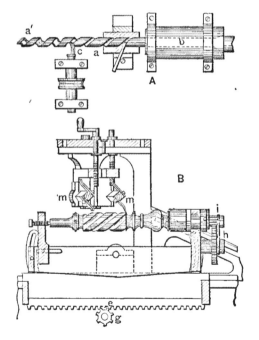

685. 玫瑰車床
A ROSE LATHE

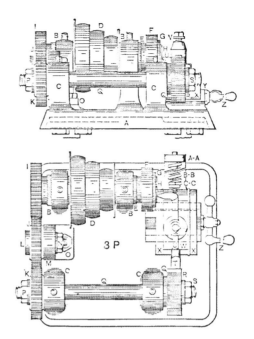

　　或雕刻機（Engraving Machine）。主要特色如切面圖，而切割樣品則展示出一些此類機器能製造的設計樣式。組合式頭部部件包括固定工作物品的夾具裝置。刀具U類似追紋工具（Chasing Tool）會有一到四個點，以調整成品的細節與變化。H是夾頭中的工作物品，而R則為凸輪或玫瑰板。從動雙頭螺栓T安裝在工具柱上，利用彈簧滑動或固定玫瑰板。齒輪I、J、K的各自尺寸可能不同，以提供大量不同的輪廓。

686. 平面圖。

687. 心軸的剖面圖。

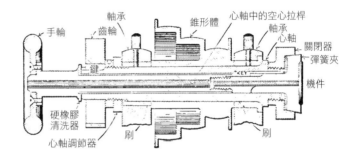

688. 位於車床表面板H點工作物品上的工具柱、玫瑰輪和切割工具。

689. 使用不同形式的玫瑰輪製作的曲線輪廓範例。

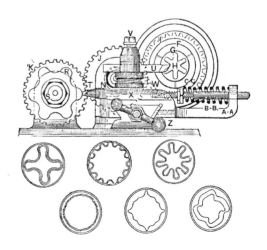

690. 費納奇鏡
THE PHENAKISTOSCOPE

此儀器與留影盤和旋轉畫筒相似，可透過視覺印象的持久性來分辨。此儀器包含一個圓盤，上面畫有一排執行一系列連續動作的人物，例如跳躍、行走、游泳等連續動作。此儀器效果為產生實際運動的外觀樣貌。此盤具有手柄，並由放在螺帽上的手指來旋轉。觀察者應將此儀器放於自身前方，儀器的正面朝向鏡子，從縫隙中觀看圖樣。

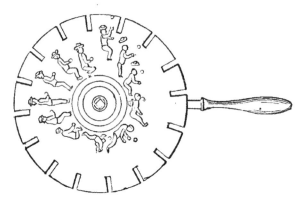

690A. 無效運動連結
LOST MOTION CONNECTION

銷A會如圖的箭頭所示方向移動，推動前方的槓桿B。此槓桿的一端會軸轉至C，另一端則會靠在凸輪D上。在B從a移至b時，C會靜止不動。如此一來，便能在剩下的旋轉期間補足失去的時間。因此，每次A旋轉時，C便會圍著中心旋轉。

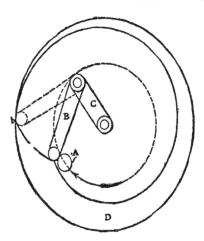

690B.軸的滾珠軸承
BALL-BEARINGS FOR SHAFTS

　　由於滾珠軸承可提供低摩擦阻力,因此便被廣泛用於汽車和機械中,以支撐旋轉軸。左圖為僅用於徑向負載的軸承,而右側則是僅用於軸端推力的雙軸承。抵抗徑向和推力聯合負載的軸承通常都具有三角負載線。滾珠軸承的摩擦力約是最高效率平面軸承的五分之一,且無需使用跟平面軸承一樣多的潤滑。滾珠和座圈皆十分精細,且由特殊合金鋼製成和硬化。

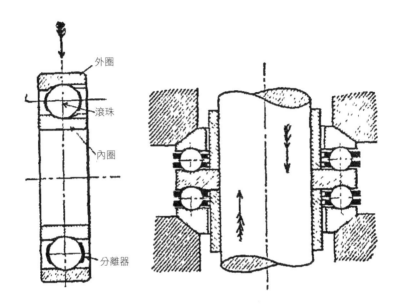

外圈

滾珠

內圈

分離器

691. 電動擺錘
ELECTRIC PENDULUM

PP為擺錘，W為固定在槓桿WCA上的砝碼。WCA可圍繞中心C移動，且不會被掣子SS轉動。在PP擺動至右側時，PP中的下方螺絲會通過E 下方（請參見側視圖Z），並使WCA自由移動。WCA在W的重量作用下，會將鐘擺推至左側，直到因傾側物B而停止。PP會繼續移動，並與D相觸，以此使電流通過。M1 M2會受到磁化，吸引LL，其垂直臂會再次將WCA抬至超過掣子SS。在PP離開D點時，電流會停止，而LL會被彈簧R的動作帶回原有的位置。

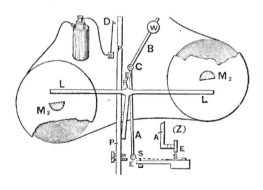

692. 電動擺錘
ELECTRIC PENDULUM

C為電磁鐵形式中的懸錘，會在永久磁鐵的兩極間振動。T和N為由擺錘運動操作的換向開關。S直接連接至接地電磁P1P2。在擺錘的懸錘靠近永久磁鐵任一極時，電流會轉向。磁力時鐘便是使用簡單的齒輪系和有齒擒縱器，以此方式持續運作，如本書其他圖所示。

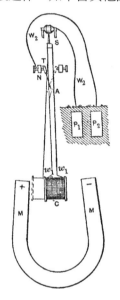

693. 電動時鐘控制器
ELECTRIC CLOCK CONTROLLER

右側的擺錘為控制時鐘，中央擺錘則是受控時鐘。左邊側視圖即為中央擺錘。C為懸錘，是絕緣線上的空心線圈，會擺動超過兩個磁鐵M1M2，這兩個磁鐵擺放方式為同極面對同極。線的兩端形成的C會帶動擺錘，分別通過S1S2，而後終止於T1T2。T1與T相連，T會讓控制時鐘的鐘擺達到頂端，而T2

則與N1 N2相連，接觸的彈簧為同一個。N1N2皆有各自的電池B1B2，但與J的磁極相反，因此若鐘擺的一次擺動讓C朝某一極磁化，則C會被另一次擺動磁化為另一極，如此一來，便能利用受控時鐘來同步節拍。

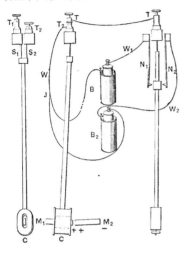

694.-695. 循環時鐘
REPEATING CLOCK

M為具有活塞的氣囊管，用於移動止動槓桿K。O為按鈕開關，用途為使用電磁鐵來操作槓桿K。靜止時，不同部件會位於圖（編號695）所示位置，而齒輪轉動裝置會因固定在部件H上的緊貼物而停止運作。有兩個銷A'和A"固定在部件A上，此配置方式讓A"可在抬起掣子G後立即落下至時針12或6處。在掣子G被抬起後，上方便會承載止動器H。這時，齒輪轉動裝置會開始首次運作，接著，掣子G會落下並放開齒輪轉動裝置。部件H 仍被抬起（臂H'會與齒條上的齒嚙合），讓齒輪轉動裝置能持續旋轉。齒條會沿著齒被固定在第二個輪子上的掣子I且被抬起。掣子I每轉一圈，鐘的鐘聲便會被敲響一下。在齒條被抬至夠高時，部件H會落至可停止齒輪轉動裝置的停止位置。若要每半小時僅產生一個衝程，銷A"會被固定在較小的直徑上，以將部件G和H抬至足以產生首次運作，但又不足以讓齒條落下的高度。如此一來，齒輪轉動裝置便會在第二個輪子轉一圈後立即停止。因此，可使用電子按鈕或壓縮空氣活塞，讓時鐘可在夜晚隨時於最接近的整點或半點來敲響。

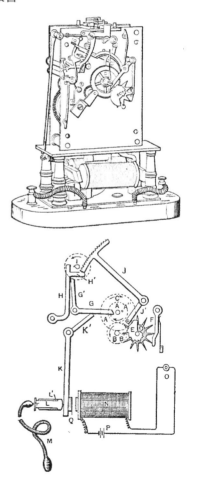

696. 具有電動擺錘的擒縱器
ESCAPEMENT WITH ELECTRIC PENDULUM

M, M為永久馬蹄形磁鐵。B1 B2為限制擎子D, D運動的止動器。K, K為固定輪齒的止動擎子。適合利用從中央時鐘節拍傳出並流經電磁鐵C的電流來操作電路時鐘。

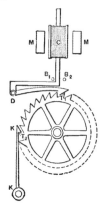

697. 電動棘輪
ELECTRIC RATCHET

電磁鐵M、M由中央時鐘的電流控制操作，這些電磁鐵會使槓桿L振動，並同時使用棘爪D, D來移動擒縱輪。

十分簡易的裝置，可用於操作中央車站子鐘的擒縱器。

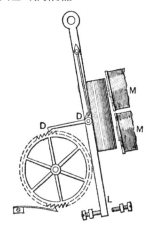

698.-700. 太陽和恆星鐘
SOLAR AND SIDEREAL CLOCK

有兩個牢牢固定在金屬製堅固基座上的調節器，每個調節器都有一個一秒水銀擺錘。其中一個擺錘會被調整為顯示平太陽時，另一個則顯示恆星時，後者的刻度會分為24小時，前者則為12小時。每個鐘的擒縱輪軸長度都能伸出刻度盤，並利用輕微摩擦力將套筒固定於外部。這些套筒的內部端為斜齒輪c、d，每個各有90個輪齒，而外側端則會帶動刻度盤上的秒針。具有30個輪齒的斜齒輪會與這些輪子囓合，並固定於長軸a b的低側，a b以約45度的角度向上移動，並與差速裝置相連，該差速裝置位於另兩者之上，負責控制大型刻度的運作和指針。此特殊裝置構造包含一個

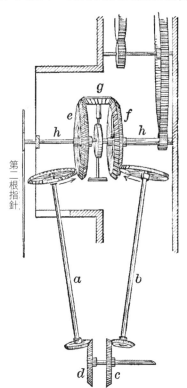

第二根指針

輕型軸h，有一個橫木位於其右上角，該橫木的其中一端裝有輪子g。在軸h上，有兩個較大且各有90個輪齒的輪子e f與輪子g嚙合。上述這些輪子的兩側都受到切割，如圖所示。固定在軸a b上端且各有60個輪齒的輪子會與上述輪子嚙合。因此可發現，兩個鐘都直接與差速裝置相連，且只要以相同速度驅動朝相反方向轉動的輪子e f，輪子g便會輕鬆在樞軸上轉動，無須變換其自身或軸h的位置。但假設輪子f轉動兩次時，輪子e會轉動一次，則輪子g便必須跟隨f轉動，並與上述兩個輪子（e f）的速度成比例。但在這些輪子朝反方向移動時，也會因此導致一半的速率差消失，或者無法完整轉動一圈，而是僅記錄半圈（即1和2的差異）。現在，若要補償

此錯誤，或者說，若要重新獲得消失的半圈，位於軸a b上端的輪子會各有 60個輪齒，而位於下端的小齒輪則具有30個輪齒；而由於各有90個輪齒的驅動輪c d會經由小齒輪、軸a b和上輪，與也具有90個輪齒的輪子e f相連，因此便能補償差速運動。

現在，由於標記恆星時的時鐘每24小時獲得4分鐘補償，或每1小時獲得10秒補償的速率增加，且10秒即為六分之一分鐘，因此在差速運動中，將需要6小時才能完成指針的一圈，即赤經中的1分鐘期間。以相同方式計算，15天又6小時為1小時，而1年則是24小時。因此，大型刻度上的時針即代表太陽在群星間明顯的年度運動。

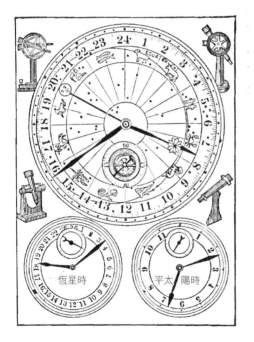

恆星時　　平太陽時

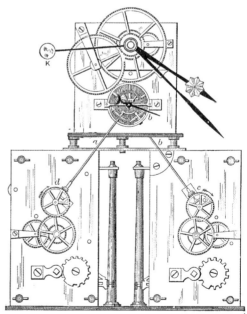

701. 時鐘的電子校正
ELECTRICAL CORRECTION OF CLOCKS

適用於每小時增加一秒或兩秒的時鐘。在抵達每小時的十五秒之前，槓桿D, B會受電磁鐵A吸引，而臂D中的銷便會進入並抓住擒縱輪的輪齒，讓圓盤M 允許槓桿E的另一臂移動。在指針抵達整點標誌時，E會落下，接著D會抓住 S，A則會將其固定，直到電流於時鐘的第六十秒停止才會放開。

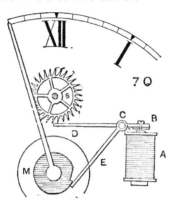

702. 新式時鐘
NOVEL CLOCK

此時鐘的新穎之處主要為擒縱器。主要機構下方有一個傾轉台，會在從長側中心凸出的雙頭螺栓上軸轉，因此便能自由地進行上下運動。該傾轉台的上表面有一個鋸齒形凹槽，小鋼球會在其中運行。該路徑由十六個分段組成，因此球會從凹槽抬高側穿過傾轉台前後移動，直到抵達凹槽的低端。接著，凹槽會再被抬高，讓球能回到再度向上升起的起始點，依此類推。

傾轉台一端與一根桿連接，該桿向上通往位於軸端右上方的臂，而該軸則可使用一般方式驅動。在球抵達傾轉台被壓下那一端時，會撞擊彈簧，彈簧會放開固定軸的夾具，讓該軸能轉半圈。

接著，該臂會相應受到移動，以抬起或壓下傾轉台與連接桿相連的那一端。然後，球會沿傾轉台向下移動，撞擊另一側配置相似的彈簧，重複上述運動，並再次將傾轉台轉向。球從傾轉台一端運動至另一端所需時間為十五秒。

703. 長距離電報機鐘的校正
LONG-DISTAN TELEGRAPH-CLOCK CORRECTION

一般而言，長距離電報每天只能使用幾分鐘。切面圖展示了十分適合此情況下採用的配置。若使用24小時盤，則線路纜線會持續與電報局保持通訊，僅在發送時鐘電流前數分鐘才會停止。24小時盤鐘的凹槽最後會讓槓桿系統落下，但接著，1小時盤會在時鐘電流來臨前，先支撐槓桿系統約一分鐘，如此一來，在電流來之後，線路便能用於傳送訊息。線路纜線並未被允許落至具電池線路的電路，1分鐘盤會阻止其落至其中。在剛好第六十秒時，1分鐘盤會讓線路纜線與電池線路結合，並輸出時鐘電流。數秒鐘後，1小時盤會將線路纜線抬回至與電報局通訊的狀態，在接下來的24小時，該線路纜線都會維持此狀態。

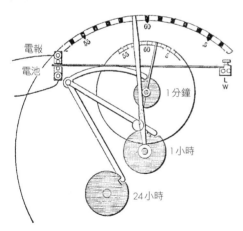

704. 飛擺鐘
FLYING-PENDULUM CLOCK

中央垂直心軸會因與時鐘驅動齒輪連結的振動而持續旋轉，但在臂帶動擺動半圈時，由線懸吊起的小型球面砝碼會因離心動作而被向外拋出；而當該線與時鐘側邊其中一個固定垂直輪接觸時，球面砝碼的動量會使將該線纏繞在垂直纏線上，並使臂和心軸停止運動。在線纏繞心軸後，球面砝碼會被自身重力帶動，解開對心軸的纏繞，並藉此接收足夠的動量來重新使線纏繞，並持續避免心軸轉動。

接著，該線會再纏繞和放開一次，在放開臂後，再旋轉半圈；而在線纏繞在另一根垂直纏線上時，便會重複上述操作。

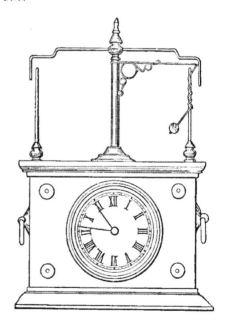

705.自動上鏈並同步時鐘
SELF-WINDING, SYNCHRONIZING CLOCK

　　O、P為由自給電池操作的電動馬達。同步電路中使用的時鐘裝有同步磁鐵D，且具有與其電樞槓桿和時鐘運動相關聯的機構。盤Q安裝在分針心軸上，且Q 具有兩個凸出部分4、5，而第二根指針心軸則裝有心形凸輪。電樞E牢固地連接至槓桿F、G，因此只要磁鐵D通電，F和G便會移動。槓桿F會適應並與第二根指針心軸上的心型凸輪囓合，並將其帶至XII。而槓桿G的弧形端上有導針，用來與分鐘盤上凸出部分4和5囓合，因此轉動分針心軸時，便會將分針帶向XII。軸轉至時鐘框架的閂L上裝有銷I，其會落至槓桿G帶動的鉤H下方，藉此避免在整點處之外任何一處出現槓桿同步動作。安裝在空心插座上的盤中銷，會負責在抵達整點處前五十秒解鎖閂L，並在有信號後五十秒再次關閉L。此配置可避免讓同步線路發生任何意外情況，防止在整點期間干擾指針。

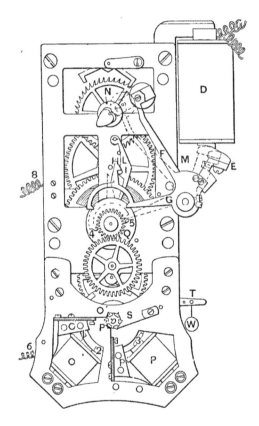

第 17 章　採礦設備和裝置

706.礦燈
MINING LAMP

　　克蘭尼（Clanny）式。使用玻璃取
代戴維（Davy）燈中下方部分的金屬絲
網，以發出清晰的火焰光。空氣會經由
金屬絲網煙囪的下方部分進入，如剖面
圖中的箭頭所示。英國設計。

　　此為戴維燈的改良形式。

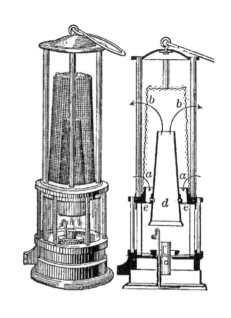

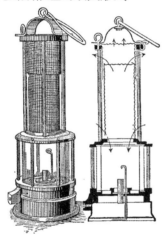

707.礦燈
MINING LAMP

　　穆賽勒（Mueseler）式。此為圍繞
火焰區域的強韌玻璃圓柱體。中央金屬
煙囪d的配置是用來分離從金屬絲網進
入的空氣，同時，燃燒產物也會通過中
央煙囪。

　　此配置能在未使用中央煙囪時，讓
更純淨的空氣進入火焰中。

708.-709.鑽井工具
WELL-BORING TOOLS

　　a為平面驅動鑽頭、b為寬邊鑽頭、
c為刀片交叉式鑽頭。

　　右側圖為抓形鑽頭和鉗子，用於拉
出遺失的工具和障礙物。

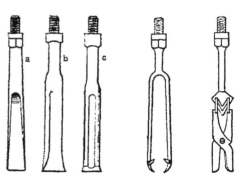

710. 鑽井工具
WELL-BORING TOOLS

d為寬邊絞刀、e為複合式擴口絞刀、f為有肩絞刀、g為雙切十字絞刀、h彈簧圓形刀片絞刀。上述絞刀皆用於修整和擴大孔洞。

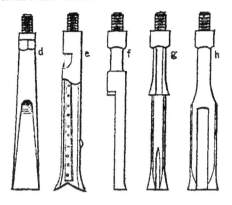

711. 鑽井工具
WELL-BORING TOOLS

i為鑽桿或加重桿；j為鑽井震擊器，為鑽頭提供錘子般的敲擊動作；k為震擊器上的短加重桿；l為伸縮螺釘，用於將繩索長度調整至適合操作震擊器和鑽頭；m為U形鉤或動樑帶。

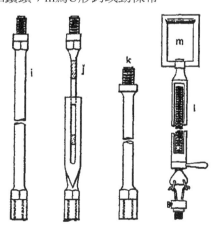

712. 鑽井工具
WELL-BORING TOOLS

沙鑽。底部為螺旋鑽頭，利用轉動螺旋鑽來抓住沙子。一側的門用於排出沙子。

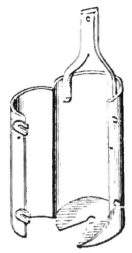

713. 鑽井工具
WELL-BORING TOOLS

可攜式動力鑽機和鑽樑。框架塔也用於鑽孔井上方的滑輪，鑽繩會穿過該滑輪，並連接至由引擎驅動的絞車。

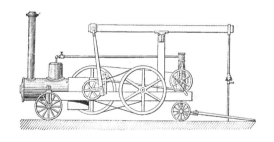

714. 探勘鑽石鑽機
PROSPECTING DIAMOND DRILL

空心鑽桿f會在旋轉空心軸e中滑動，而e則由馬達的斜齒輪a驅動。泵會將水灌入鑽桿。鑽頭尖端有一個鑲嵌黑鑽石的鋼環，讓鑽頭能執行環形切割，將岩心取出檢視。鑽頭上的尾礦會被水流噴射力沖洗至地上。b為實心鑽石組鑽頭、a為岩心鑽。

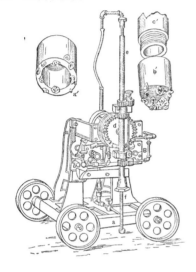

715. 化驗碎礦機
ASSAY ORE CRUSHER

顎夾和加工軋輥的組合，可調整將礦石樣本壓碎成統一尺寸。

F, F為軋輥的調節螺絲、C為摩擦推力軋輥、B為加工軋輥。

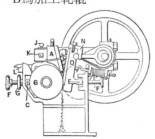

716. 礦石焙燒爐
ORE ROASTING FURNACE

皮爾斯式的雙爐床爐。爐床寬度為6、7和8英呎，而爐子可被建造成拱形頂部，以做為乾燥爐床使用。可有二至三個火箱，依據礦石種類、處理礦石的過程以及燃料而定。若使用石油殘渣做為燃料，則可省略凸出的火箱，而是將燃燒箱直接建造在爐床上方，油燃燒器會經由燃燒箱噴射火焰，並將其平均分配至爐床的整個寬度上。

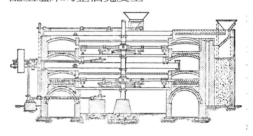

717. 礦石焙燒爐
ORE ROASTING FURNACE

從頂端送入的礦石會在焙燒機分隔爐床上被交替向內和向外拉動，方法是具有刀片的旋轉臂會傾斜以在交替層上朝各方向拉動。熱氣會從頂部煙道進入，並與礦石一起從焙燒爐底部排出。哈里肖夫（Herreshoff）式。

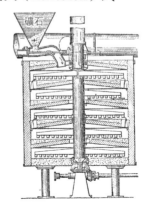

718. 礦石焙燒爐
ORE ROASTING FURNACE

直線式。羅普（Ropp）式。礦石會從位於一端的分料漏斗送入爐內，並被具有斜齒的犁拉入，該犁會在礦石通過爐床前往卸料坑的期間交替翻動礦石。犁會連接至鏈條載體，並回到爐子外部。爐蓖分布於外部，用來均衡從進料斗底端煙囪排出的熱能。

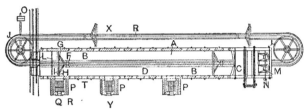

719. 礦石焙燒爐
ORE ROASTING FURNACE

皮爾斯（Pearce）轉台爐的剖面圖，其中具有由外部火源加熱的圓形烘箱。攪拌棒位於中央旋轉軸臂上，會持續地攪拌礦石，並將礦石圍繞爐床向前移至卸料斗。平面圖和垂直剖面會更詳細地展示此類焙燒爐。連接犁的攪拌棒臂為空心，且會由空氣或水冷卻。此爐為完全自動運作，每隔一段時間礦石便會從礦斗上落下，並被帶至爐的爐床。在圍繞爐床行進後，礦石便會被排入槽中，該槽會將礦石運送至槽車或冷卻裝置，接著再從該處被送至升降機。在使用空氣來冷卻攪拌棒臂時，可使用簡易的自動裝置，將熱空氣從任何所需位置送至爐床。

720. 平面圖，為具有壁爐和煙道的轉台焙燒爐。

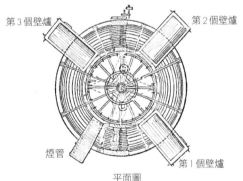

第3個壁爐　　　　　第2個壁爐

煙管　　　　　　第1個壁爐

平面圖

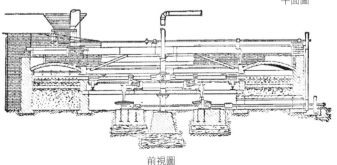

前視圖

721. 磁性金屬分離器
MAGNETIC METAL SEPARATOR

用於將鐵屑、鐵銼屑和鐵碎片與黃銅成分或其他非磁性材料分離。鼓筒由大量磁鐵表面組成。鐵會黏附在磁鐵上，並圍繞圓筒轉動，然後被帶至旋轉刷，而非磁性材料則會從鼓筒前方落至箱內。

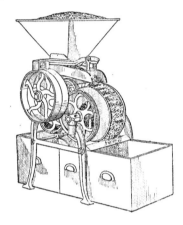

722. 磁性分離器
MAGNETIC SEPARATOR

用於將鐵與黃銅屑、小銼屑和碎片及鑽屑分離。在分離器運作時，連接至漏斗的桿會來回擺動，使鼓筒表面上的金屬均勻分布。使用可調式爐箅以調節從漏斗進入的金屬流量。擺動機構的搖擺長度可供調整。

電流會經由集流環和碳刷供應至鼓筒中的電磁鐵。鼓筒邊緣的法蘭能讓金屬停留在表面上。攪拌金屬，使用由框架支撐並延伸穿過圓筒表面的兩根纜繩協助分離金屬。將鐵從圓筒上移除的刷輪具有固定在木塊之間的底革徑向條。此輪會以與鼓筒相同的方向旋轉，但速度快於鼓筒旋轉的速度。被分離的金屬會落至倉中，該倉位於框架中，且在分離器相對兩端開啟，以避免在處理過程中將金屬混雜在一起。

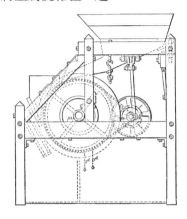

723. 石英粉碎機
QUARTZ PULVERIZER

肯特（Kent）式。旋轉圓筒狀環，內部裝有三個會隨環移動的旋轉軋輥。來自碎礦機的石英會透過圓筒的一側被送入此裝置，而被精細粉碎的原料會從另一端排出。

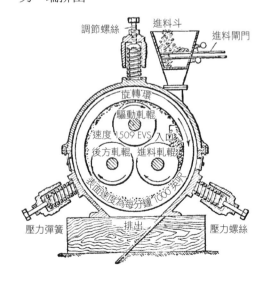

724. 氣動選礦機
PNEUMATIC CONCENTRATOR

由曲柄軸操作的機台下方裝有氣泵或風箱，會產生短而快的衝程，以此產生淘礦機的振動和挑選金礦沙。

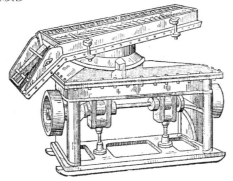

725. 礦石洗滌塔
ORE WASHING TOWER

從漏斗處將石頭運送至垂直導體中，該導體上有一系列的傾斜板或護板A，以及相對的有孔板B，石頭向下經過導體時，會先落至一個板，再落至另一個板上。導體上有一個花式噴嘴D，會將水灑在石頭上，而每個有孔板的對側皆為由立管E供應的噴流，水會灑在向下穿過輸送機的破碎石頭上，經由槽C帶走廢棄物。板子的數量、斜度和配置會依據待處理原料的特質而有所不同。

726. 自動礦石採樣器
AUTOMATIC ORE SAMPLER

旋轉漏斗周圍有一個或多個小型護板，這些護板會將一小部分經過採樣器的礦石移置樣本斜槽中。礦石仍需進一步壓碎並經過第二道和第三道採樣器，才能獲得百分之一或更多部分的公正樣本。

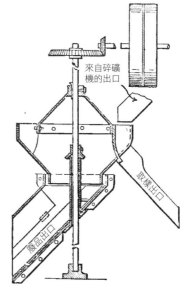

727. 轉運卡車上的礦車
ORE CAR ON A TRANSFER TRUCK

轉運卡車上有一個開放平台，礦車由鏈條和絞盤固定，翻轉礦車的底部便可將礦石倒在該平台上。

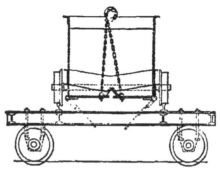

728. 缺水礦床金礦砂分離器
DRY PLACER GOLD SEPARATOR

愛迪生（Edison）式。旋轉軋輥b會從位於架c上的漏斗a排出礫石，礫石由a落至由離心扇d製造的氣流中，再從篩網e和f排出空氣。分模板g會將較重的礫石（黃金和鐵砂，或者黑砂）分離出來，讓其落至槽h中，而較輕的礫石則會落至尾礦槽i中。晶格k, k可輕鬆避免空氣渦流向下流至槽h和i。位於k點的空氣管末端為開放式。可使用適當的風扇速度調整裝置，提高分模板g的位置和礫石精礦的進料率。此外，需有篩網才能均衡氣流的速度。

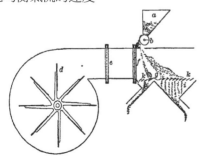

729. 乾金礦砂採礦機
DRY GOLD MINING MACHINE

手動曲柄輪、振動器以及用來吹走槽溝台上塵土和沙的鼓風機，為此新型乾砂機的主要特點。金礦砂會被送入上方漏斗中，並在薄板中搖晃，再由氣流吹至槽溝中。此外，空氣也會吹過篩子，將砂往前推動，並留住黃金。

730. 混汞提金器
GOLD AMALGAMATOR

a為具有泄水道的圓形槽，以流出廢泥漿。

c、c為旋轉攪拌臂，由穿過槽的錐形中央犁柱的齒輪和中心軸驅動。汞齊化板或水銀會停留在槽底。

m、f為帶動攪拌臂圓盤上的孔洞，用於將礦石泥漿均勻分配在水銀台上。

731. 剖面圖為傳動裝置、升降螺桿和攪拌臂。

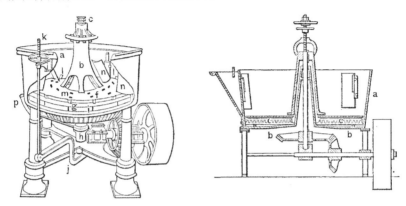

732. 重力斜坡道的滑輪
SHEAVE WHEELS FOR GRAVITY PLANES

前輪會小於後輪（通常約10英吋），好讓繩索能從後輪牽引至關節滑輪，並在頂端提供額外空間。前輪具有一個或多個凹槽，依要運行的礦車數量和要拖動的原料數量而定；但前輪永遠會比較大的輪子或後輪少一個凹槽，且滑輪會以串聯方式放置。後輪具有兩個或多個凹槽，讓繩索能以圖8的形式放在滑輪上，以確保繩索能與兩個輪子大量接觸。

每個輪子的凹槽深度應完全相同，即使是一英吋的細小差異也有損繩索和滑輪的使用壽命。因為若輪子未製被成正確形式，在每次輪子旋轉時，通過輪子的繩索便會滑動或拉長。

制動帶內有鑄鐵蹄片或末端裝有楓木塊，後者較常被使用。每個制動器也會裝有大型螺絲和螺帽，以減少磨損。

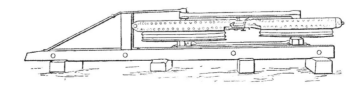

733. 壓塊廠
A BRIQUETING PLANT

　　空中的主驅動軸會由皮帶、礦粉混合機、石灰槽攪拌機、壓塊機和輸送帶驅動。因為要壓塊的材料種類不同，用於黏合壓塊的材料也會有極大差異。若為礦石，則石灰為常用的材料。若為燃料、焦油、樹脂、瀝青、黏土和褐煤，則為無煙煤稈。若為瀝青稈，且煤無法在所用壓力下受到單獨壓塊，則會使用石灰、黏土和鋸屑。

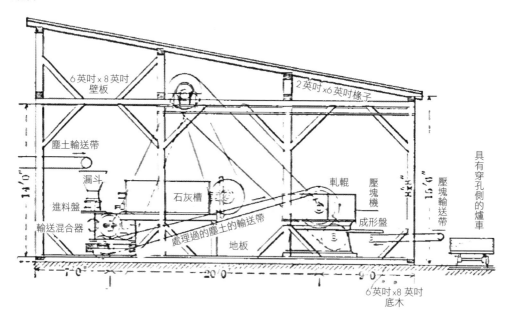

734. 壓塊機
BRIQUETING MACHINE

　　蛋形煤塊式。兩個大型軋輥，表面上具有與半蛋形狀對應的壓痕，並在緊密吻合的漏斗下方旋轉。蛋形煤塊會從軋輥下方落至輸送帶上，或經由槽落到倉中。

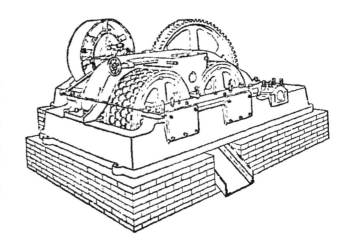

254

735. 壓塊機
BRIQUETING MACHINE

賓州匹茲堡H. S.模具公司（H. S. Mould Co.）的柱塞類型。要壓塊的材料會在機器上方的攪拌機中，與石灰水或任何適合的黏性材料混合，然後被送入機器的漏斗中，壓縮柱塞會在漏斗中將材料壓入模具中，而左側彈簧柱塞會將壓塊彈出至輸送帶上。

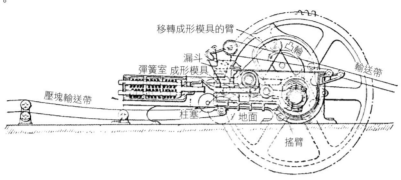

736. 壓塊機
BRIQUETING MACHINE

一對重型軋輥位於圓形槽中，會將壓塊材料轉入旋轉模具板的孔洞中，壓塊會在該模具板中收到進一步壓力，並彈出至運送帶上。接著，運送帶會將壓塊送至卡車或槽中。伊利諾州芝加哥戚索姆、寶德與懷特公司（Chisholm, Boyd & White Co.）式。

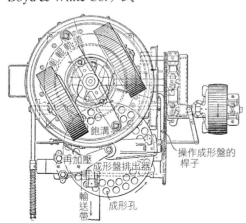

737. 洗煤夾具
COAL-WASHING JIG

煤和石板會經由振動箱或夾具清洗，然後依據重力不同將兩者分開。煤會從短槽中被載運至煤升降機，而石板會經由可調式收集器排至下方的石板漏斗，升降機帶會將石板載走。小型直立式引擎則負責操作夾具。

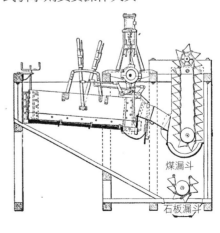

738.螺旋槳泵攪拌器
PROPELLER PUMP AGITATOR

　　有一系列的螺旋槳安裝於在管中旋轉的軸上，這些螺旋槳會在底部吸入固體和液體材料，並由頂端的噴灑器排出。用於攪拌油和礦石，如同分離黃金時處理氰化物的過程。

　　在其他設計形式中，單一螺旋槳會放置於底部，搭配成階梯狀的軸，並由位於槽上的軸以皮帶和滑輪驅動。

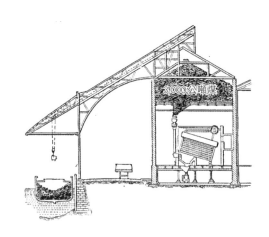

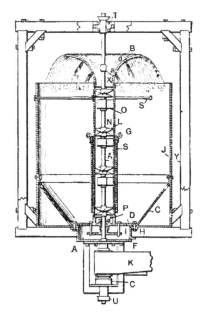

740.輸送斗變換方向的方法
METHOD OF CHANGE DIRECTION

　　支撐斗的軌道會以小型輪子轉動，以進行水平運行。斜齒輪會帶動斗連桿以改變運行方向。

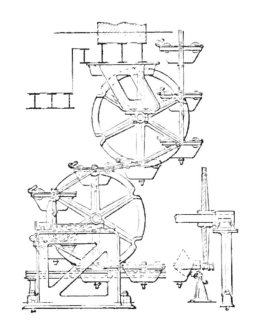

739.煤處理廠
COAL-HANDLING PLANT

　　將煤炭從船隻或車輛輸送至閣樓的現代方式，用於自動供應鍋爐的燃料，並使煤灰落入爐下的車中，並準備好將其清除。在長形儲存閣樓中有一條縱向軌道，且有一輛運輸車負責從各吊斗中分配煤。

第 18 章

製造廠和工廠的裝置和工具

741. 機器製鏈條
MACHINE-MADE CHAINS

現代機器複雜運作的範例。不僅有多種形式的鏈條，也有鉤子和鏈環，以及幾乎所有可以想像的繩索操作形式，以及現已由機器完成的打孔和壓擊作業。

742. 萬用壓具
UNIVERSAL DOG

可輕鬆用於適用的任何類型工件。具有廣泛的尺寸範圍和一個夾持力強的夾具。

743. 懸吊式夾鉗
SUSPENDING GRIP

用於軸上或木材之間。齒狀扇形a會夾持石頭或木材。上圖適用於有確定尺寸的開口，c為有一個軸轉的U形鉤。

744. 下圖為可變尺寸式軸或開口。可使用齒狀臂h、h和鎖定U形鉤，便於調整範圍內任何尺寸的軸。

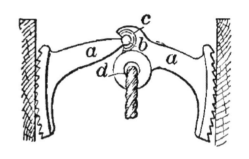

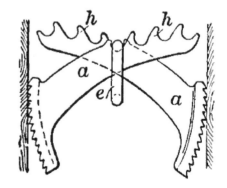

745. 鑽夾頭
DRILL CHUCK

適用於小型鑽子。此為剖面圖。轉動壓花螺帽，會讓顎夾在夾頭體中的漸縮槽中依需求向外或向內移動。可手動操作夾頭，若需要牢牢夾緊，可使用扳手來達成目的。移除蓋中的三個螺絲，取下蓋子並轉動螺帽，直到足以鬆開顎夾，而輕鬆分離夾頭進行清潔和注油。

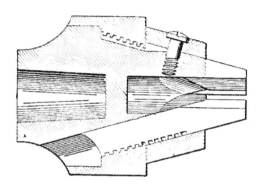

746. 磚夾
BRICK CLAMP

便於使用的工具，適合處理磚頭。省去雙手動作，即可處理磚頭。

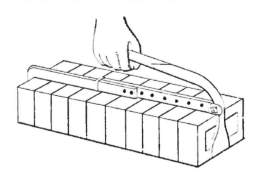

747. 複合工具
COMBINATION TOOLS

適合農人或業餘工人使用的最便利工具之一，即為此鐵砧、老虎鉗和鑽頭的複合工具。

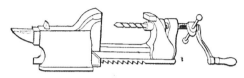

748. 可輕鬆製作的汽笛
EASILY MADE STEAM WHISTLE

A為黃銅鑄件，可將鐘形導桿旋入固定。B為焊接至鑄件A上的一條管子，其直徑與汽笛鐘直徑相同，且留有一個1/100英吋的環形開口。C為汽笛鐘，可使用與B管相同的管子鑄造或製造而成，搭配焊接的頂端物D。

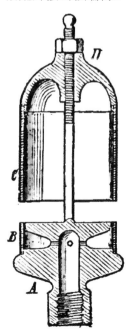

749.汽油加熱式焊接銅
GASOLINE-HEATED SOLDERING COPPER

中央室有半滿的汽油，石棉油芯會將汽油引向針閥，周遭的熱金屬會汽化蒸氣，並藉由小型噴嘴排出，並經孔洞引入管內的空氣燃燒。火焰會碰撞銅製實心頭，並經由頂端物的孔洞排出。若要開始使用，須將少部分汽油倒入閥頸下方的杯中，並使其燃燒一陣子。閥門會調節火焰量。

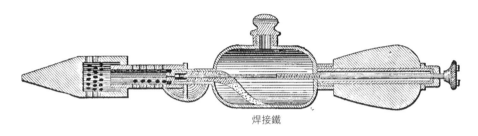

焊接鐵

750.滑輪平衡機器
PULLEY BALANCING MACHINE

在十字頭架F上保持平衡的滑輪，會由臂E和雙頭螺栓a、a以極快的速度旋轉。若未在旋轉面上保持平衡，將會搖擺不定，此時可用粉筆標記高點，並如A和B處所示，使用平衡塊。若將相同機器放置於橡膠彈簧上，會透過心軸振動，並以粉筆標記滑輪的重側，以顯示整體不平衡狀態。

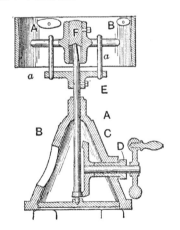

751.伸縮鑽頭
EXPANDING DRILL

適用於擴大鑽孔底部，以執行齊平攻牙，或適用於路易斯（Lewis）顎夾或錨。與偏心尖頭平鑽相比，軸轉切刀可切割較大的孔洞。

752. 工具在鑽蝕時的位置。

753. 切刀的前視圖。

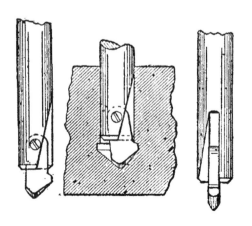

754. 潤滑鑽頭
LUBRICATING DRILL

穿過扭曲刃的孔洞，將油至切削刃，並以持續不變的流量流經扭曲凹槽，清除鑽屑。若為鑄鐵，可使用水進行清除，或者利用從鑽刀架上未緊固插座送入的壓縮空氣來清除。

755. 顯示穿過刀刃較厚部分的孔洞。

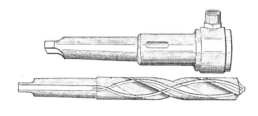

756. 車床的錐形配件
TAPER ATTACHMENT TO A LATHE

在尾座上刨出一處以做為導條A的軸承，A會在雙頭螺栓B上軸轉，並由螺栓C夾緊。在此導條上運作的為滑塊D，上方裝有斜楔K，以調節磨損。在滑塊的下方一側具有由螺栓E固定置D的轉動螺帽。負責連接導條和十字滑塊J的調節螺絲G會穿過此螺帽。進給塊F

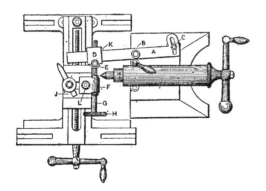

會製成符合工具塊中T槽的形狀，並由單一螺栓L負責固定。因此，在無須使用配件時，很快便能將其取下。

在使用配件時，由於會放下螺帽或完全移除螺絲，因此交叉進給螺絲不會產生作用。H為壓花手輪，用於操作調節螺絲G。

757. 錐形轉動配件
TAPER TURNING ATTACHMENT

布拉德福（Bradford）式。錐形滑塊可根據所需的錐形進行調整，並固定至裝在車床背後的夾具部件上。錐形件上的滑塊會固定至剩下的十字滑塊上；在工具依循錐形條的角度時，十字螺絲的螺帽會鬆脫。

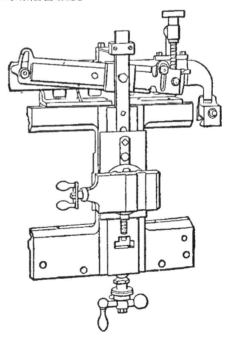

758. 鑽床的定心裝置
CENTERING DEVICE FOR A DRILL PRESS

此裝置包含：一個適合鑽頭心軸的鑽柄A；一個三爪定心鉗，其中兩爪以C表示；以及一個夾頭，用於固定組合式鑽頭和絞刀D。藉由將錐形部件B向下旋緊，B會迫使顎夾上方部分分離，並封閉在工作物品上的顎夾下部分，定心顎夾會以此夾在工作物品上。讓螺旋彈簧通過顎夾的上端，以此收緊顎夾。顎夾不會隨著定心鑽旋轉，而是保持在固定位置上，顎夾會被安裝在內有鑽柄旋轉的套筒上。

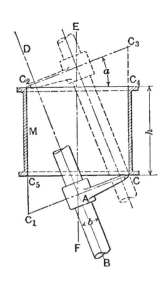

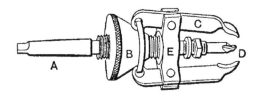

759. 鑽孔橢圓缸體
BORING ELLIPTIC CYLINDERS

BD為位於車床中心的鑽孔條。AC為臂，有一個鑽孔工具固定在C端上。鑽孔條旋轉時，C會畫出一個圓。鑄件M會被以橢圓方式鑽孔，並牢牢固定在可朝EF方向移動的運輸支架上，EF為M的縱軸，且會通過A。因此，若鑽孔條在中心旋轉，且按照慣例沿著EF軸逐漸送入工作物品，則切割工具會在每次旋轉時畫出一個圓。然而，由於EF傾斜之故，工具若位於圖虛線所示位置時，便能成功鑽孔，且鑄件的端視圖將顯示最完美的橢圓鑽孔。

760. 鑽孔橢圓缸體
BORING ELLIPTIC CYLINDERS

若為極長的鑽孔橢圓缸體，該缸體可使用固定鑽孔條向前平行移動，該鑽孔條上具有一個固定捲軸A，會被放置為缸體橢圓比例所需的角度，且A上有一個環H和刀架，兩者會受側軸S驅動的斜齒輪和小齒輪R推動旋轉。儘管刀具C會依照環狀路徑切削，但由於運動的角度為平面，會因此產生橢圓形平面。

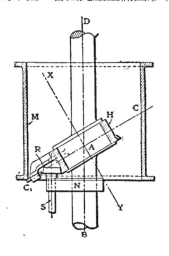

761. 起重機卡車
CRANE TRUCK

商店或倉庫中實用的工具。具有絞盤鏈和滑輪組，可抬起二公噸的重物，並可在地上輕鬆移動。

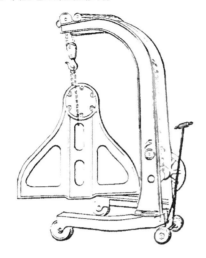

762. 鐵砧
BLACKSMITH'S HELPER

錘柄會於B點軸轉至安裝在插座上的垂直軸C的頂部。軸的下端具有一個位於槓桿F中的台階，F會軸轉至支架的後腳座上，並沿著鐵砧塊旁向前延伸。條桿I有一系列孔洞，可使用銷將槓桿固定於任何位置上。臂M會連接至軸C的下端，並由桿N連接至軸轉至槓桿F的槓桿O上。可藉由移動槓桿O讓軸轉動，並使錘子沿著鐵砧表面擺動。

錘柄會由繩子S連接至腳座槓桿Q，S上有一個固定的螺旋彈簧，會在錘子被向下推動時收縮，以再次抬起錘子。彈簧會靠在軸C的頂部，桿則會以調節螺帽與彈簧的自由端相連。軸C具

有垂直且彎曲的延伸部分，會支撐螺旋緩衝彈簧，該彈簧可在上衝程終端使錘子停止，且不會造成衝擊或震動。

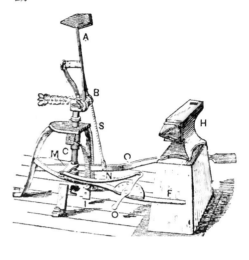

763. 離心分離器
CENTRIFUGAL SEPARATOR

穿孔籃子和裝載物會掛在主軸上。E為杯狀滑輪，內有一個球窩軸頸箱。階級軸承b,a同為球窩結構，軸承安裝於球面座上。輪圈上有法蘭以限制主軸的偏心擺動，以適應不平衡裝載物的重心中心。

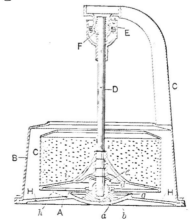

764. 皮帶驅動鍛錘
BELT-DRIVEN FORGING HAMMER

布萊德利（Bradley）式。導軌中的錘子由彈性帶操作，該彈性帶連接至柄上的軛，而軛則由彈性墊和具有調節式連接桿的臂振動，調節式連接桿是為了與皮帶軸上的偏心輪相連。

踏板利用摩擦制動器來控制槌子的敲擊動作。

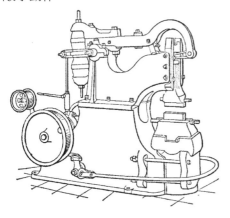

765. 彎孔機
EYE-BENDING MACHINE

此為手動操作的機器，利用上方槓桿將纏線終端夾在中心銷上，在下方槓桿擺動至止動器時，利用踏板和推桿造成反向彎曲。

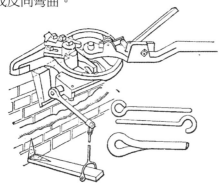

766. 角度式彎鐵器
ANGLE IRON BENDING MACHINE

具有調節式顎夾和游標卡尺的槓桿會在樞軸上擺動，並壓靠在擋塊上。夾在扇形上的固定部件會限制彎曲角度。

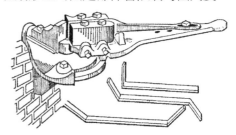

767. 彎管機
PIPE-BENDING MACHINE

此機器包含一個牢牢夾住管子固定端的管座，以及一個手動操作的彎曲槓桿，負責將管子製成適當形式。該槓桿上裝有兩個有槽輪子，可軸轉，讓法蘭不受阻礙，因此可在與管子形狀和尺寸皆相同的凹槽底部之間留下開口。下方輪子也是該尺寸，讓管子在彎曲後能有合適的半徑，而彎曲操作則由繞著下方輪子轉動的上方輪子完成。此裝置用途為在不扭結或壓碎管子的情況下使其彎曲，且僅需操作槓桿一次即可完成。

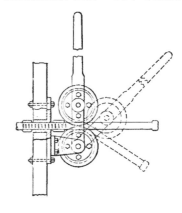

768. 角度式彎鐵器
ANGLE IRON BENDING MACHINE

圖的頂部軋輥形狀為平軋輥，軋輥下方後側具有凹槽，以符合角鐵的法蘭形狀。前軋輥也有凹槽，且由滑動框架和絞盤頭螺釘彎曲成所需曲線。

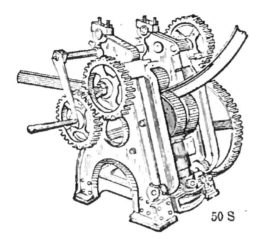

50 S

769. 滾牙螺絲機
ROLLED-THREAD-SCREW MACHINE

切面圖為滾牙過程的原理。直徑等於或小於1/2英吋的螺絲由四個軋輥冷軋製成。若為大於1/2英吋的螺絲，則會使用三個軋輥熱軋製成。

770. 滾牙的範例。

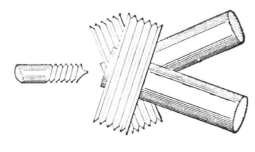

771. 電動弓鋸
POWER HACK-SAW

商店中實用的專業工具。可自動切斷直徑達4英吋的鋼條。具備自動進給功能，切割過程中無需人工監看。

772. 金屬帶鋸
METAL BAND-SAW

此為現代的金屬帶鋸，用途為切割實心條（例如中間曲柄、連接桿中的Y，以及火車車架）以及各類結構形式。

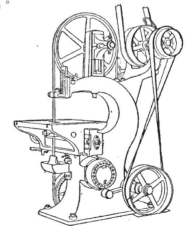

773. 無縫管機
SEAMLESS TUBE MACHINE

曼內斯曼（Mannesmann）的製程。此為將金屬實心條製成管子的過程原理，即讓實心條在一對錐形凹槽軋輥之間滾軋，並設定如A、a所示的一定角度，然後將金屬從實心條的中心拉至外側。旋轉心軸和錐形體D、M會使伸縮金屬內側平滑順暢。B'為導管和框架，B則為金屬條。

774. 前視圖，圖為軋輥的角度。

775.–776. 旋轉心軸和錐形體的齒輪平面圖和前視圖。

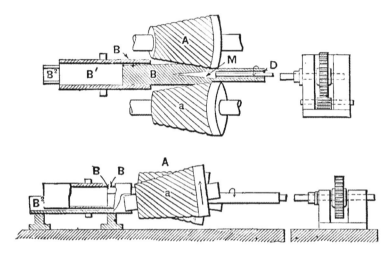

777. 液壓輪胎設定機
HYDRAULIC TIRE-SETTING MACHINE

強韌鐵環中裝有數個缸體和活塞，這些部件會利用以管子連接至缸體的兩個泵的動力，將輪胎壓在輪子上。大型泵用於填滿缸體，並使缸體靠在輪胎上，接著再操作小型泵施加大量壓力。

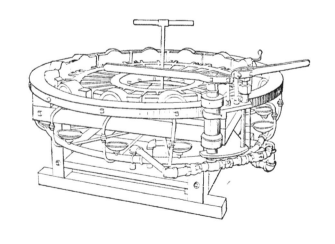

778. 手旋輪胎設定機
HAND-SCREW TIRE-SETTING MACHINE

使用扳手以手旋方式安置輪胎四周的塊狀物，將輪胎緊壓在輪子上。

779. 氣體加熱式淬火和回火爐
GAS-HEATED HARDENING AND TEMPERING FURNACE

適用於小型物品，例如腳踏車圓錐滾子、外殼，或任何可放在銷上，且以適當速度穿過爐子以獲得必要溫度並落至水鍋中的物品。使用氣閥和空氣閥來調節熱能。

美國氣爐公司（American Gas Furnace Co.）式。

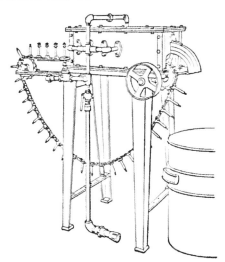

780. 自動爐
AUTOMATIC FURNACE

用於讓滾珠淬火和回火。利用旋轉斗中的小型架撿取滾珠，將其塞入管口，並由中央螺絲載運，搬運至外部更炙熱的反向螺旋輸送器，再送入槽中，最後落入水鍋中。利用氣體噴流來加熱箱室，該氣體噴流可調節至適合淬火或回火的溫度。

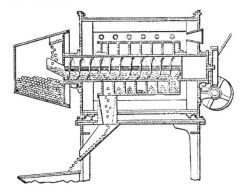

781. 回火鍋
TEMPERING BATH

將　鍋油或動物性油脂放入密閉的燃氣爐中，如此一來，火焰便無法點燃油氣。溫度計會浸入一側，以顯示回火所需的適當溫度。

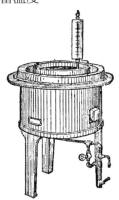

782. 倒焰瓦斯熔解爐
DOWN-DRAUGHT GAS-MELTING FURNACE

燃燒器B中的燃氣和空氣混合氣體會從坩鍋頂部進入火焰，並排放至H點坩鍋底部下方的煙囪。E為爐蓋，透過槓桿C與鍊條抬起，擺動離開爐子。爐床為有孔火磚，其上有坩鍋組。

783. 燃油或燃氣鍛造爐
OIL OR GAS FIRED FORGE

油或燃氣會經由小型管進入霧化器，並與強力氣流在噴嘴中混合。用來完成燃燒的額外噴氣流會進入爐床下方。

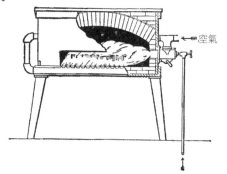

784. 熔化爐
MELTING FURNACE

適用於黃銅、銅或青銅。利用燃氣或石油，以及壓縮空氣來使此爐運作。

油或燃氣會經由小型管送入，在熔鐵爐頂部的進氣噴嘴中霧化並與空氣混合，而火焰則會向下噴射至金屬上。熔鐵爐由輪子和齒輪運送，以從側斜槽中倒出金屬。

785. 開放式爐床鋼爐
OPEN HEARTH STEEL FURNACE

圖為凹爐床工作門和蓄熱器烘箱，該烘箱會加熱進入爐子的空氣。

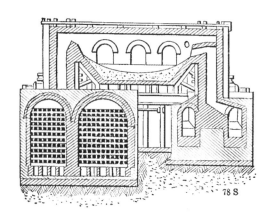

786. 雙熔化爐
DUPLEX MEITING FURNACE

洛克威爾（Rockwell）式。無需使用坩鍋，爐膛內為價格不高的耐火材料，且應用成本低廉，要熔化的金屬進料會放置在爐膛中，如下方圖右側爐膛所示。使用油或燃氣做為燃料，由普通風扇或壓力鼓風機供應空氣，且每個外側耳軸上皆有一個燃燒器。但通常每次僅有其中一個燃燒器運作，正在熔化進料的火焰會延伸至另一個爐膛，並將大部分的剩餘熱能提供給新裝入的金屬進料。在任一爐膛中的進料已完全融化後，可轉動爐膛並將爐膛口向下移至傾倒位置，以排出熔化的進料。兩個爐膛可熔煉不同金屬或相同金屬，也可以合併熔化更大量的金屬。爐膛的一半部分會受到鉸接，以讓整個內部能完全換襯，以應用於任何用途。

787. 雙爐的縱剖面圖。

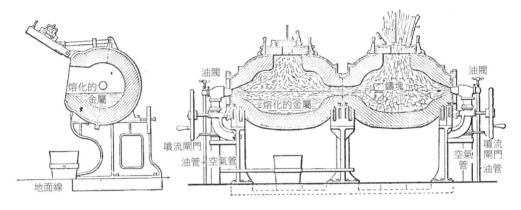

788. 煤油熔化爐
KEROSENE-OIL MELTING FURNACE

小型管負責將油供應至環形石綿燈芯。燃燒室具有圍繞阻尼器外側的氣孔，以調節空氣供應。中央管負責從鼓風機供應壓縮空氣，為火焰提供驅動力，將其推動至坩鍋四周，並沿著環形室向下到達煙囪。

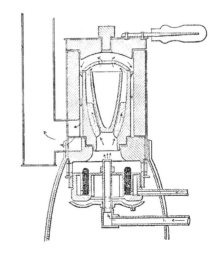

789. 熔融金屬攪拌器
HOT-METAL MIXER

　　滾動式。專為250公噸的容量所設計。此容器由圓筒形和球形鋼板組成，且無須額外支撐物。其內襯採用最優質的鎂磚。此容器位於兩個環型軋輥支座上，每個支座各有五個軋輥，由靠在基座樑上的座式軸承支撐。緊緊固定在容器上的軋輥軌道由鑄鋼製成。有兩條鑄鋼齒條會與這些軌道形成同心圓，而攪拌器則會傾斜在這些齒條上。嚙合至這些齒條的小齒輪會由26匹馬力的電動馬達齒輪系驅動。此外，還裝有額外的傾轉裝置，該裝置兩側各有一個垂直液壓缸，缸體上的柱塞會連至靠近前端的攪拌器容器兩側凸出的銷上。此裝置會安裝掛鉤做為預防裝置，該掛鉤連接至容器的後側面，供攪拌機使用的起重裝置會掛在容器上，因此，容器會有所傾斜。

790. 熔融金屬攪拌器
HOT-METAL MIXER

　　傾斜式。熔融金屬攪拌器，切面圖為可容納275公噸液態金屬的形式。儲藏箱的最大外部尺寸約為直徑15英呎、長度約為27英呎。形狀為圓筒形，前端具有錐形傾倒斜槽，該圓筒形的範圍為從整個儲藏箱的寬度到狹窄的開口。裝料漏斗位於後側的儲藏箱頂端。儲藏箱內襯使用鎂磚，以高於熔渣高度。儲藏箱的支撐物為位於兩個鞍部鑄件之間的大型銷，兩個鑄件分別以螺栓固定在儲藏箱體和基座上。在向後傾斜時，內建在基座中的鑄造椅會成為儲存箱傾斜倚靠物。熔化的金屬，透過運行於高架軌道上的鋼包轉運車排放至進料槽中。金屬會從攪拌機中流至另一個運行在較低平台上的鋼包轉運車中，該平台會圍繞攪拌機延伸。這些熔化金屬會直接被送往轉換設備或熔爐。

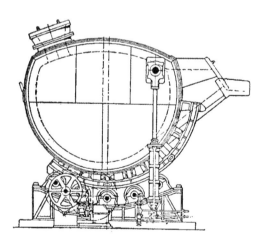

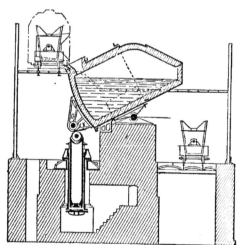

791. 石油鍛造爐
PETROLEUM FORGE

用於加熱鉚釘。鉚釘會由門a進入；b為移動式蓋子，可移動並從鍛造爐上移除；c為支撐燃燒器d的裝置。d包含一列容器i、i，在容器中，液態燃料會被放置在小型儲存箱f中以保持恆定液位，f會接受固定在封閉儲存箱c上的進液管g。小型螺絲h可升起或降低管g的管口，調節油在恆定液位儲存箱f和燃燒器中的深度。

792.
此剖面圖為調節式儲存箱以及燃燒器杯。

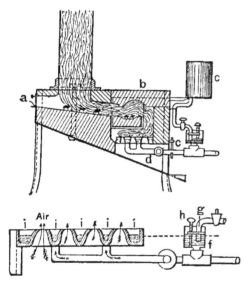

793. 燃燒石油式反射爐
PETROLEUM FIRED REVERBERATORY FURNACE

石油會經由管c進入反射爐的槽a。t為流過集水區的管子，而d則為通氣口，專為調節燃燒而設計。火焰在抵達爐底時，會燒穿用石英砂和黏土組成的火壩p。若發生運作時中途停止的情況，火焰會朝煙道B前進，B通常會被石頭A覆蓋，並經由出鐵口g進行鑄造。

進料會如往常一樣放入爐後，並經由運作孔逐步推進。

請參閱圖147，深入瞭解燃燒器的細節。

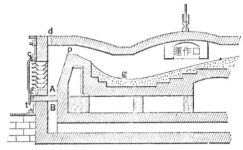

794. 石油熔化爐
PETROLEUM MELTING FURNACE

諾貝爾（Nobel）式。a、a'、a"為油燃燒器槽、b、b'調節進料口、c、c'為坩鍋。

火會從底部進入。請參閱圖147，深入瞭解燃燒器的細節。

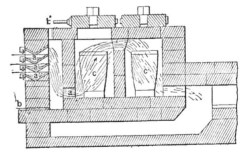

795. 鋼板淬火機
PLATE HARDENING MACHINE

厄本（Urban）式。用於鋼板和裝甲鋼板均勻淬火，且無彎曲或鼓起變形的風險。

為達此目的，受淬火的板a會下降，直至停在兩個箱子b、b'間的導軌之間，而這兩個箱子在靠近鋼板側具有多個孔洞。拉動繩子c後，閥門d、d'便會開啟，而儲存箱e中的鹽水會向下經過管i、i流至箱子，從鋼板的兩側噴出。接著，泵會讓水從較低的儲存箱流回較高的儲存箱中，以便再次利用。

796. 此剖面圖為以防護件固定在位置上的鋼板，以及從鋼板上噴出的水流。

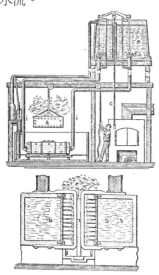

797. 製鳩尾形機
DOVETAILING MACHINE

此機器的平面圖和前視圖，此機器由一套位於心軸上的鋸子來完成工作。

榫眼切割部分如下圖右側所示。其中，有板子固定在架子S上，在此位置上，依據要切割的鳩尾榫頭接合深度以及物品的厚度而定，該板子的邊緣或多或少會凸出在鋸子或切刀上。接著，受到適當調整的板子會因桌子抬升而與鋸子接觸，因此可將板子向上載運到鋸子D、D'上，將懸掛切刀的支架調整至所需角度，切割榫眼各側以及所需的任何角度。

中央切割刀H如圖所示，會從兩側鋸片之間的右線切入板子中，且切割時會切掉榫眼的中央部分。繼續切割時，側鋸片會切掉多餘的部分，留下整齊的方形榫眼，以供與榫準確接合。

798. 此為前視圖，圖為鋸子和要以鳩尾榫頭接合的板子角度。

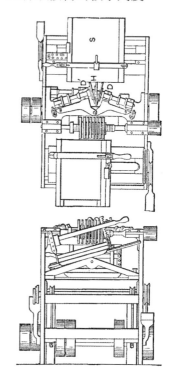

799. 鑽石磨石選礦機
DIAMOND MILLSTONE-DRESSING MACHINE

此為瑞士式選礦磨石機。機架A上具有臂b、b，終止於以固定螺釘安裝的架腳c'上。工具支架S會軸轉至中心A，並以扇形B來調節，也於機架的臂C上滑動。位於K點的兩個圓盤會帶動外緣的鑽石，並利用心軸J上的皮帶快速轉動，而J則會從磨石外側任何靠近的且方便的軸上旋轉。

切割圓盤會快速旋轉，鑽石會以近似於手動工具的方式連續擊打，並在石頭表面上切出平形凹槽。這些平形溝槽或凹槽組中的三個槽組會將石頭一分為二。導條C為調節式，因此石頭可依需求進行右側或左側打磨。

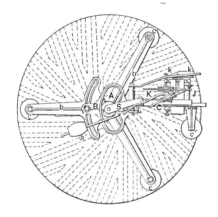

800. 銼刀鏨齒機
FILE-CUTTING MACHINE

放置銼刀的滑塊會橫向擺動，以自行適應銼刀表面的變化情況。為達成此目的，滑塊a下側呈中間凸出的圓柱形，並以機器基床架中的凹導件b支撐。導件中自由滑動的柱塞c，會使銼刀A的表面與鏨刀d的切割邊緣平行，柱塞c下端有一個測隙刀片，該刀片邊緣會靠在銼刀表面上。讓砝碼在柱塞c上運作，以確保刀片c與銼刀A接觸。因此，測隙刀片能自行自由調整，以在銼刀表面構造中變化，但橫向牢牢固定住，強迫銼刀自行調整至與刀片呈橫向，以在切割線上呈現表面，以精確地與鏨刀d的切割邊緣呈平行。鏨刀d會在外殼g的彈簧衝量下進行敲擊，每次操作時，該彈簧都會因撞錘的向上動作而受到壓縮，該臂由與臂h嚙合的旋轉凸輪交替抬起和落下。彈簧壓縮的變化程度是為了產生所需的鏨刀d擊打強度，藉由增加或減少凸輪的有效半徑，提高或減少撞錘h的抬升高度。凸輪會在軸的方向上呈錐形，並利用槽嵌連接方式安裝在軸上，供縱向調整，以使其他長度部分能在臂h上運動。

801. 此前視圖為機器的詳細構造。

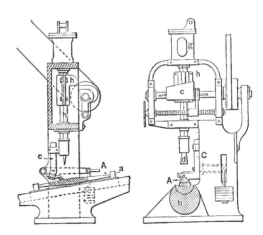

802. 鳩尾榫頭
DOVETAILS

上方三張圖為鳩尾端接法。

此一系列圖片為多個箱子或抽屜的鳩尾榫頭接合模式。

o為斜接和鍵的接頭。

p為通用鳩尾榫。

q為半重疊式鳩尾榫頭。

r為隱藏式鳩尾榫頭。

s為重疊式鳩尾榫頭。

t為斜接式鳩尾榫頭。

a圖為與部件分離的一般通用鳩尾榫頭；b圖為將部件組裝在一起。

隱藏式鳩尾榫頭有兩種製作方式：

c圖為重疊式鳩尾榫頭，回邊上的木製翼片會隱藏榫和榫眼的端部。

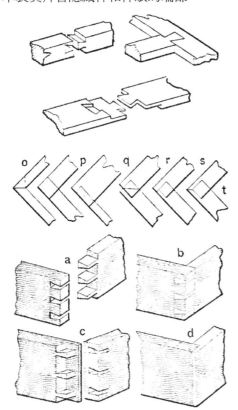

803. 製作榫眼鳩尾形機
MORTISING DOVETAIL MACHINE

上方機床表面包含兩個相等但朝反向傾斜的平面B'、B"，其斜度會對應至所需鳩尾榫頭的斜面。C、C為直立式通道門D中負責引導的直立支柱，支柱上有一系列鑿刀，其切割端的高度不等，以對應至平面B'、B"的傾斜度。這些鑿刀可輕鬆調整至任何高度和分開程度，且由螺絲螺栓固定在適當的位置。

通道門的抬起和落下由槓桿F負責操控，並在下降時被止動器或凸肩擋住或停止。平面B'、B"上的止動器會擋住物品。I為擋住物品邊緣織部件。

板子包含：放在B'或B"其中一個傾斜面上的已鋸開頂銷，以及會向下作用的鑿刀，這些鑿刀會在銷之間物品側進行挖削。接著，物品會被放置在另一側的斜面上，門會再次下降，機器會將對側切除並完成挖掘。

若要挖掘榫眼，雙邊傾斜塊B會被移除，並由另一個門取代原有的門D，而替代門的鑿刀會牢牢固定，使其下端位於水平線上。物品會被放置在水平機床上，接著鑿刀會下降，便可一次就挖出多餘的木頭。

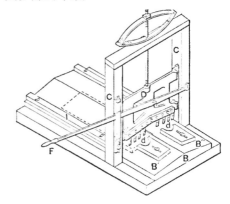

804. 銼刀鏟齒機
FILE-CUTTING MACHINE

棒柄夾住的滑動頭會由進給螺旋和半螺帽驅動，半螺帽會自動抬起，在適當時停止進給運動。鐵砧具有半球形塊，該塊體的凸出側會位於支架的插座中。鐵砧和進給運動由轉盤支撐進行，以調整決定齒的傾斜度。鑿刀由撓性桿支撐，該桿以螺旋彈簧與錘柄相連。錘子連接至搖軸，該軸上具有由主軸凸輪驅動的可調式臂。

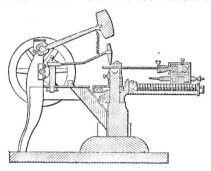

805. 裝袋和秤重秤
BAGGING AND WEIGHING SCALES

此三腳架上有一個具有延伸軛和漏斗的天平，袋子透過束帶和夾子相連。天平的樑用於平衡軛和漏斗，袋子本身的容器重量會放在秤樑末端的鉤子上。

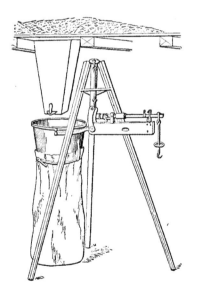

806. 自動裝袋和秤重機
AUTOMATIC BAGGING AND WEIGHING MACHINE

袋子會連接至漏斗，其底部會靠在爐蓖秤重平台。接著，進料閥會開啟，並由自動門連接至秤重平台，在進料斜槽上的閥門關閉時，該平台會以設定的進料重量下降並鬆開門。調整方式有點複雜，允許依據袋子的平均自身重量進行調整。

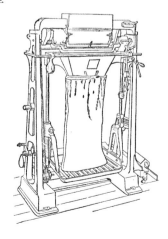

807. 松節油蒸餾器
TURPENTINE STILL

藉由分解蒸餾木材，產生雜酚油、木醋液等物的副產品。木塊會被放置在蒸餾器G上，右側的門關閉，位於錐形端的閥門也關閉，但上方閥門為開啟。水會被引入箱室，達門條高度後點火，讓清澈的白色酒精以蒸汽形式經過頸V，流向管C中的蝸桿。在開始顯示顏色後，上方閥門會立即關閉，在蒸氣經過淨化器L流入被管D水分包圍的箱室時，位於錐形端的閥門則會開啟。此方法能讓不同的餾出物分開留置於多個接收器中。

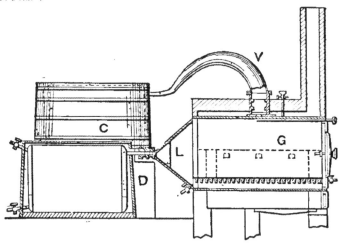

808. 麵粉裝袋機
FLOUR PACKER

具有快速關閉門的槽會將麵粉運送至桶內，該桶內旋轉的螺鑽螺旋槳，能將麵粉緊密壓實。有一個套筒，負責引導麵粉和防止浪費。

包裝螺旋槳位於套筒底部，屆由移動式平台和手輪來抬升桶子以進行填裝，讓螺旋槳能在桶子逐漸降回地面時，持續作用在壓縮麵粉的表面上。

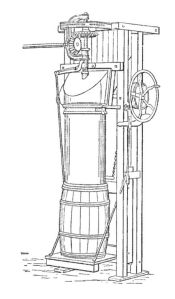

808A.貨船
FREIGHT CARRIER

　　圖示裝置適合用於快速處理貨物。此機器包含一個裝有樞軸鉤的特殊構造循環鏈條，由小型鐵輪載運，這些鐵輪會在法蘭上轉動，形成堅固的桁架或載運軌道，可橫跨極長跨度。鏈條各端會經過斜齒輪，可使用馬達將這些輪子朝任一方向驅動。圖已清楚描述裝載方法。

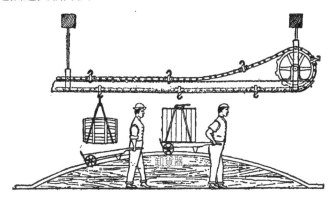

808B.電動工字樑滑動器
ELECTRIC I-BEAM TRAVELER

　　適合在高空工字樑軌道上運作，並可用來處理材料，將材料從車輛運送至商店存放處、機械工具或在倉庫中使用等。為小型機械，請留意空隙。速度快。自動切斷，避免在起重時超越掛鉤。所有部件皆可輕鬆使用。若有需要，封閉型駕駛室讓此機械也可在室外使用。轉動式平台車，適用於彎曲形軌道；也有適用於直線軌道的剛性平台車。從升降室中操作，或由地上的繩索操作。可產生馬達驅動的起重和推動運動，或者馬達驅動的起重運動以及手拉鏈條驅動的推動運動。

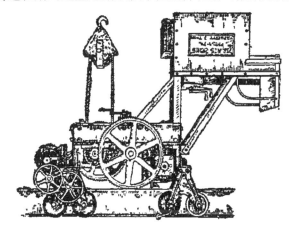

808C.三重滑車
TRIPLEX BLOCK

極有效率的升降裝置。在此裝置中，裝載鏈條和手拉鏈條有所不同，手拉鏈條會驅動小齒輪，該小齒輪會轉動中間齒輪。兩個中間齒輪會各帶動一個小齒輪，每個小齒輪會囓合在大型內齒輪中，這些大型內齒輪會圍繞整個齒輪系統，如下圖所示。

裝有這些中間齒輪和其小齒輪的支架會直接連接至裝載滑輪。在主要的小齒輪轉動中間齒輪時，囓合在內齒輪中的兩個小齒輪會迫使此齒輪支架也一起旋轉。因此，裝載滑輪便會滑動，並升起裝載物。此齒輪系統可同時完成兩個功能，若無此系統，任何鏈條滑車皆無法維持其運作效率。不僅是因為此系統可大大加乘應用至手拉鏈條上的提升起力，且由於中央小齒輪與兩個中間齒輪囓合，中間齒輪又經由其小齒輪與大型內齒輪囓合，因此能完美平衡所有齒輪壓力。

此裝置可有效減少齒輪系統的摩擦力，讓三重滑車能發揮80%的實際升起效能，且幾乎不會磨損任何齒輪輪齒或軸承。

左圖的滑車裝有蝸桿，而非正齒輪，效率不佳，但已是繩索和滑輪配置的極佳改善形式。蝸桿F會由鏈輪A轉動，且F會操作裝有升降鏈條的蝸輪。

808D.烘烤房專用的輸送裝置
CONVEYOR FOR BAKERY

圖為快速輸送裝置，專為處理餅乾托盤所設計，可將托盤從烘烤房或烘烤室中抬起並送往包裝室。托盤由兩條分別位於升降架兩側的循環式鏈條予以抬起，並有一系列壁架負責支撐托盤末端。在托盤被抬升至夠高時，會由水平輸送裝置將其送往包裝台。接著，輸送帶會再回到烘烤處並堆疊在一起，等待運送下一批托盤。

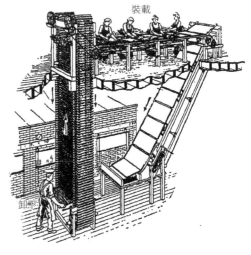

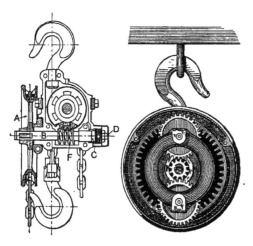

第19章　紡織和製造裝置

809. 花紋磨邊機
PATTERN BURRING MACHINE

適用於有花紋的羊毛製品。德國式設計。a為旋轉金屬刷，下方有模板b，a 由小型軋輥f、f、g、g引導，如循環式薄片般通過。衣服會從模板下經過，且其速度與模板相同，並由引導軋輥c向前載運，與此同時，c也會再次將衣服壓在模板上。驅動滑輪位於主軸上，其中一側的運動會從該處經過斜軸和斜齒輪傳遞至軋輥c，另一側則是由皮帶傳遞至金屬刷。金屬刷和引導軋輥c則朝反方向運作。金屬刷的上半部受鑄鐵覆蓋，可提供保護不讓金屬刷受損，同時也可使金屬刷持續位於軸承中。這些軸承用來上下滑動，並由固定螺釘I向上壓，在槓桿的其中一臂上作用，其他臂則有銷壓在軸承下方。而由心形凸輪運動驅動的分批裝置則負責完成機器的運作。

機器的操作如下：傳統縮絨與起毛的布料，將一端放置於模板和引導軋輥c之間，並確保布料的起毛方向與進給方向一致。必須放置好金屬刷，讓線能穿過模板中的開放處，且應以高速運作，並在模板開口處反方向將起毛處拉起，以此製成設計圖樣，可呈現無論是粗糙或光滑表面。

810. 棉花籽脫殼機
COTTON-SEED HULLING MACHINE

此機器使用兩個波紋輪來脫去棉花籽的殼，並以旋轉軸和篩網篩出粉質和油性物質，這些油可供利用，且廢料可做為堆肥使用。籽核會穿過篩網，較粗的殼和纖維會被運送至篩網口並排出。接著，已脫殼的棉花籽會進入箱形篩網I中，機器將利用適當的方式搖動該篩網，從通過絲網的殼中分出剩下且較輕的部分，在乾淨且已脫殼的棉花籽從槽K排出的同時，將上述較輕的部分放在護板J上。

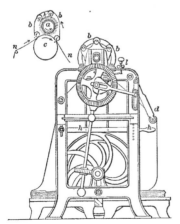

811. 棉卷壓縮器和凝棉器
COTTON BAT COMPRESSOR AND CONDENSER

a為棉絨道、b為凝棉器鼓輪、d、d為棉卷塑形護板、e為壓縮軋輥、f、f為打包軋輥、g為核心、h為打包帶、i為帶惰輪、j 為液壓缸、k為壓力塔、l為壓滑輪、m為棉卷塑形滑輪、n為活塞桿、p、r為張力軋輥、s為壓力計、w為惰輪導軌、x為底板、N為壓力調節器。凝棉鼓輪會均勻地撒開棉絨,護板會將棉絨壓在棉卷塑形滑輪之間。接著,棉絨會通過壓縮軋輥下方,並被滾入捆棉軋輥間的圓柱形棉包中。

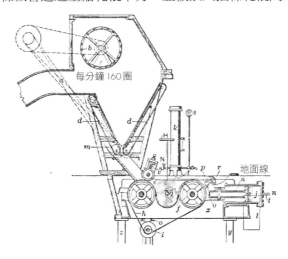

每分鐘160圈

地面線

812. 削椰子機
COCOANUT-PARING MACHINE

裝有傳動輪系,以旋轉螺帽和裝有削皮裝置的環形盤。環形盤會固定在從基座凸起的中央柱的套筒上,並從裝在套筒上的斜齒輪接收旋轉運動。在承載環形盤套筒正上方的柱子上,具有一個承載水平臂的軸環,該臂負責支撐刀柱,並在環形盤表面上運作。水平臂的外側有一個靠著的凸緣,其會依序與環形板中相對的邊緣孔洞嚙合。負責承載裝有削皮刀箱子的柱子會連接至水平臂,兩者的連接處為螺旋彈簧,以將柱子壓在螺帽上。螺旋彈簧也會被放在中央柱上,一端固定在柱子上,另一端則固定在水平軸上。操作時,水平臂中的凸緣會位於右側孔洞中,環形盤會帶動其和刀柱旋轉,在刀抵達左側削皮裝置末端時,水平臂會向上抵達外殼的斜面凸緣上,會迫使水平臂上的凸緣離開孔洞,並讓位於中央柱上的螺旋彈簧將水平臂縮回至右側一開始的位置。

813. 植絨研磨機
FLOCK GRINDING MACHINE

在此機器中，進料箱在直立式旋轉軸上裝有徑向攪拌器。循環式護板會從一側向上通過，並讓杯子將原料向上載運，然後再運送至撕裂缸體的漏斗。原料會被往復柱塞向下推至撕裂缸體上，並沿著凹槽切刀運送，最後排入機器一側的箱內。

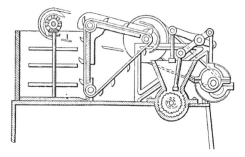

814. 亞麻清棉機
FLAX-SCUTCHING MACHINE

用於亞麻脫粒和清棉。莖會從兩個凹槽軋輥之間的平台B送入機器，其中較低的軋輥會安裝在固定軸承中，上方軋輥則可彎曲，被螺旋彈簧向下壓。在經過軋輥時，莖會受制於一系列擺動打手的動作，這些打手會軸轉至鼓輪D上

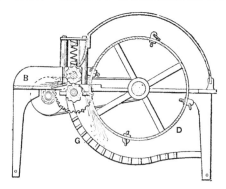

的環首螺栓，該鼓輪會以十倍軋輥速度旋轉。已分離的亞麻籽會經由板條形底部G 落下，受傷的纖維則會被運送至機器背面的開口。

815. 多鼓編繩機
MULTIPLE-STRAND CORDAGE MACHINE

此機器安裝十八個捲線軸，每個捲線軸配有一個特殊制動器，可使用最高精密度來調節制動器。因此在捲動期間，紗線的張力會保持不變，這點十分重要。

這些捲線軸安裝在三個圓盤上（每個圓盤前面三個，後面也有三個），會在固定在中央軸上的另外兩個捲線軸之間旋轉。在機器進行運動時，三個圓盤會被朝向特定方向帶動，但由於結合齒輪機構，三個圓盤會同時以反方向圍繞軸旋轉。因此，每個股繩都會收到相同張力。

捲線軸紗線分別在其線軸上撚度，這些紗線形成的三個主要股繩會傳至中央線軸上，撚度在一起。因此，上述股線會被拋光的摩擦股輪帶動，纏繞在捲盤上。

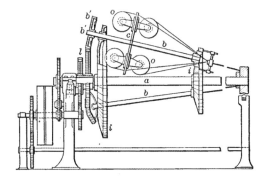

816. 銅版紙製作機
PAPER ENAMELING MACHINE

用於為紙張和卡片紙上光。琺瑯材料會在箱A中由靜止刷B和轉動刷C充分攪拌，並經由膜片G落至箱F中，再經過門a前往斜槽G，琺瑯材料會在此處經由調整式螺旋閥b、c，進入在缸體中旋轉且下端有開口的刷子軋輥I，刷子N會從該處將琺瑯塗在經過循環皮帶J的紙張上。此機器由兩個具有導針 i、i的汽缸L、L旋轉，上述導針會抓住面前的紙張，並在將紙張載運經過塗紙器N和混合器P後，使紙張落下並放開紙張。

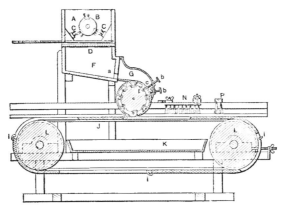

817. 製繩機
CORDAGE-MAKING MACHINE

現代形式。此為具有三股繩且多條線的機器，線軸會旋轉，以扭轉從三角孔眼外框冒出來的三股繩，所有移動部件可自動受到位於線軸頭後方的滑輪驅動。目前尚未針對此複雜機器的詳細說明圖示，但此機器值得深入研究。

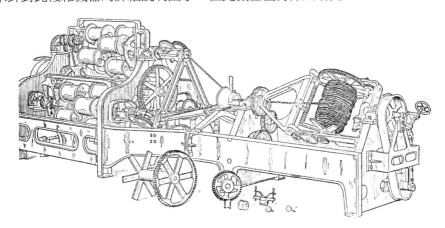

818. 三股編繩機
THREE-STRAND CORDAGE MACHINE

　　連接至臂的承載輪K、H、T固定在驅動軸S上，S受到與三個小齒輪嚙合的齒輪驅動，這些小齒輪會轉動線軸G，以向後扭轉股繩。小齒輪E會在引導軋輥中轉動環形齒輪A，股繩和繩索會朝反方向扭轉。

819. 十字剖面圖，圖為後轉線軸齒輪和臂K。

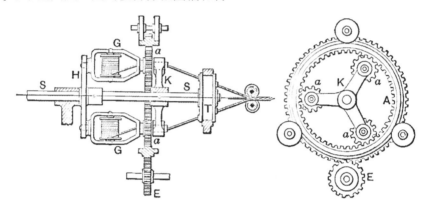

820. 三十二股編繩機
THIRTY-TWO STRAND CORDAGE MACHINE

　　需詳細研究此簡單繩索之複雜製作機制的機械運動。四股繩，每股皆由八個紗股線組成。完成繩索的張力以及其在捲盤上纏繞的速度與機器的扭轉速度相同，這是此機器最重要的特徵。由兩個串連的有槽鼓輪驅動操作，繩索會在鼓輪上纏繞兩次，以提供摩擦拉力。鼓輪由前後軸驅使旋轉，並從主驅動軸傳動。捲盤由摩擦皮帶驅使轉動，該皮帶能變換速度，以在捲盤裝滿時，使繩索的張力相等。

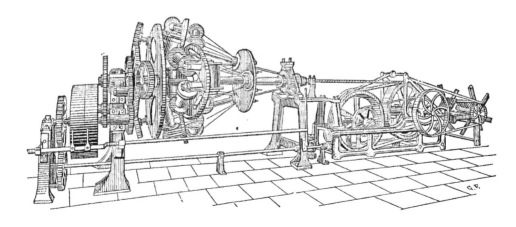

821. 木材的四分鋸法
QUARTER SAWING OF LUMBER

三種鋸木方法，上圖左側為其中一種的原始鋸木方式；上中和右側兩張圖則展示四分鋸法。下圖為四分鋸法的木材和一般鋸法的木材。一般鋸法的木材上的虛線表示乾燥時的捲曲情況。

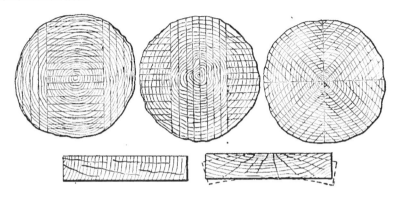

822. 電動裁布機
ELECTRIC CLOTH CUTTER

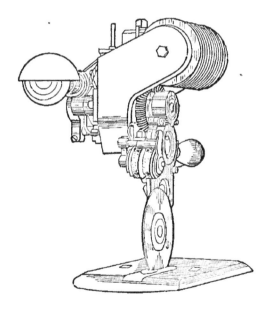

位於臂或三腳架上頭部框架中的馬達，負責驅動旋轉且具有鋒利刀緣的刀片。高度為14英呎，重量為35磅。此機器可裁切厚度為3又1/2英吋內的任何布料，任何寬度或長度皆可。此裁布機的特色為極適合攜帶，如此一來，任何裁切台上的物品皆能使用此機器裁切。此特色極為有用，無須摺疊物品並搬運至機器，便可進行裁切。

為了維持完美的切割刀緣，機器上裝有磨床，且可移動磨床，立即與切刀接觸。美國俄亥俄州辛辛那提市沃夫電器行銷公司（Wolf Electric Promoting Co.）的產品。

823. 植絨機
FLOCKING MACHINE

用於將植絨均勻地分布在準備好的布料或紙張表面上。

布料或紙張會通過循環捲筒，其上漆或上膠面位於最上層，並由彈性滾筒從漏斗（未標示於圖上）中塗上漆或膠。植絨會由機器頂端漏斗中的旋轉刷均勻地送至布料或紙張表面。

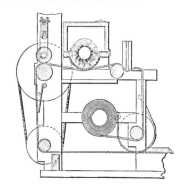

824. 瓷器成形機
PORCELAIN MOLDING MACHINE

法式模型。如前視圖所示，此裝置包含一個下方裝有車床的直立框架、中心有一個校準工具，上方則為成形工具。來自第二個機器的夾頭A會固定至車床頭上。B為使用手柄C移動的成形工具。D為可調式軸環。E為托架，負責調節受手柄E影響工具的運動。G為量具，負責調節盤子的形式。H為校準工具。夾頭位於車床頭上，使工具下降，並在中心碰到瓷泥後決定其厚度。夾頭的運動受到代表盤子輪廓的導件或量具限制，也受限於水平運動，必須依據量具指示所需的外部形式來打造物品。

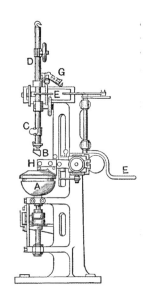

825. 瓷器成形機
PORCELAIN MOLDING MACHINE

法式設計。由位於垂直心軸上的滑輪負責操作橢圓形夾頭，同時，彎環和軋輥會依據所需盤子形狀移動鏇刀，旋轉以將成形盤製作成曲線形狀。手輪會操作多個移動式部件和鏇刀，以塑形為曲線盤子。

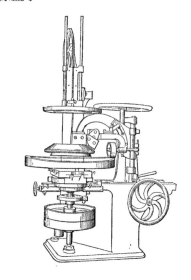

826. 製作螺絲的演變圖示
EVOLUTION OF THE LAG SCREW

　　拉緊螺絲以及製作此螺絲的機器的演變圖示。圖為切刀的整體構造以及運作原理，b為受切割的拉緊螺絲，而c為切刀，各自依照箭頭所示方向旋轉。拉緊螺絲和切刀會一起運作，就如同蝸桿和蝸輪。切刀的切面與拉緊螺絲平行且對齊。切刀心軸托架k會由托架立柱上的水平耳軸承載。很明顯地，若臂k'降低，將會使切點朝向拉緊螺絲的中心，相反地，若臂抬升，將使切刀從拉緊螺絲中心向外擺動，或使切刀切出直徑較大的螺紋。長方形區段的條桿n會牢牢固定至框架的立柱上，如此一來，在托架沿著其移動時，便會滑過該條桿。條桿的下緣並非直線，而軋輥m會靠著此下緣運作，m本身則位於緊連至臂k'的叉中。在螺絲切割開始後，軋輥m會立刻抵達n下緣的一部分上，並向上彎曲，當然，此向上彎度亦會使臂k'抬起，並讓切刀擺動離開拉緊螺絲的中心，藉此形成錐形點。接著，n的直線部分會形成拉緊螺絲的平行部分，進一步的抬升也讓切刀能完全清理螺絲，在切刀落下並完成運作後，托架會向後移動，使回到原位的切刀開始下一次切割工作。彈簧o的拉力會讓軋輥m與條桿n 保持接觸。

827. 切刀和導塊的細節。

828. 螺絲切割機的整體視圖。

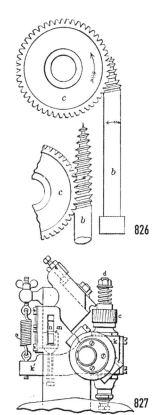

826

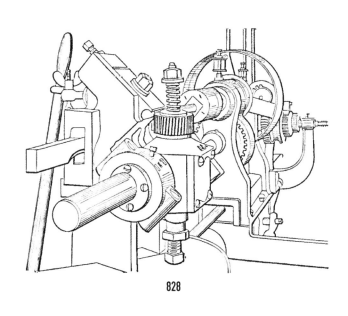

828

827

829. 鑽石切割
DIAMOND CUTTING

鑽石呈現的形式應以原石形狀而定，寶石匠的責任是盡可能減少犧牲原石，並取得最大鑽石表面、折射度和整體美觀度。在決定形式後，將以鉛製成模型，並做為工匠參考的複製品。使用易熔金屬將原鑽黏合至名為銅杯的手柄 a 上，並留下要形成刻面的部分，此部分之後會被切除。接著，與另一顆同樣放在手柄 B 上的鑽石磨耗以切除凸出部分，並依據當下情況，用鋼盤或輪子上的鑽石粉和油加工。在刻面受到加工後，原石會被放回手柄中，並重複上述流程。由於工作進展十分緩慢，因此需耗時數個月才能將大型原石切割完成。

拋光工作會在快速旋轉的鋼輪 d 上進行，d 由皮帶 g 驅動，並以手動方式送入鑽石粉和油。如先前一樣，鑽石會被放在位於負重臂 f、m 上的銅杯中，並固定在輪子旁，並以盒子收集處理後的成品，以進行後續操作。

有瑕疵或不完美處的鑽石會被鋸開或分割，分割為快速但有風險的操作方式（如 A 所示），需要良好的判斷力才能決定切割的平面，亦需具備使用鑿刀 b 和錘子的技能。若要鋸開，需使用細繩，將其與鑽石粉和油一起送入旋轉輪中。

830. 角度量具，用於觀察刻面的角度。

831. 鑽石壓碎器和研缽
DIAMOND CRUSHER AND MORTAR

用於寶石加工的鑽石會在研缽中壓碎，研缽包含一個圓柱形箱子a和研杵b，兩者皆由硬化鋼製成。小型原鑽會放在研缽中，並由錘子向下驅動研杵。破碎鑽石的碎片會接受檢查，以篩選出適合用於雕刻器、鑽頭和蝕刻點的碎片。剩餘碎片由吹嘴之間的研杵經過數小時持續旋轉和反覆敲擊，被壓碎成細到難以察覺的粉末。

在無法使用研缽取得足夠細度時，鑽石粉可能會落在硬化鋼磨粉器的凹凸面 c、d 之間，接著將少量的油加至鑽石粉中。這些微粒將會互相研磨。

832. 研磨器的剖面圖。

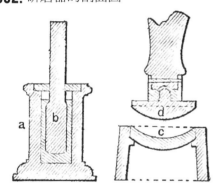

833. 鑽石手動工具和鑽頭
DIAMOND HAND TOOLS AND DRILLS

圖a、a為鑽石鑿刀的前視圖和側視圖，此鑿刀用於車削紅寶石，適用於製作鐘錶和珠寶鑲嵌；b為鑽石鑽頭，在紅寶石盤上鑽孔；d為鋼繞工具，與鑽石粉一起用於鑽鑿珠寶；e、j為固定於

工具上用於鑽鑿陶瓷或瓷器之三角鑽石碎片的兩個視圖；g上述用途相同的方形石頭；h為煙囪管，與鑽石粉一起用於在珠寶中鑽鑿環孔；i為鑽石頭，安裝以用於在雕刻時進行蝕刻或畫直線；j、k為鑽石，安裝以用於繪製數學儀器的刻度。

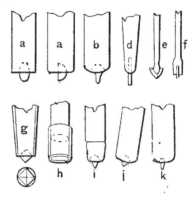

834. 綜合壓榨機
COMBINATION PRESS

適用於水果、豬油或灌香腸。若用在水果上，會使用網狀籃子和過濾膜片。活塞、螺旋心軸和齒輪會連接至轉動軛，並清空汽缸，以裝料和清潔。

835. 人造花分枝機
ARTIFICIAL FLOWER-BRANCHING MACHINE

法國式。花莖的基礎為金屬絲，且此金屬絲旁有兩條適當材質的線，避免造成製成花莖外皮的彩色線之後發生滑落情況。葉片、花卉、花苞和果實等花莖的兩端，以及放在金屬絲旁的果實，皆會以外部包覆材料纏繞，以將其固定在花莖上。

金屬絲會從線軸a被送入，並經過空心心軸b，然後停留在循環式進料帶 c 上，並被小型鉗子夾在c上。

上述進料帶由下方傳動系統驅動，並載運金屬絲花莖，從線軸a緩慢解開纏繞的金屬絲。兩條線會通過孔e，並經由循環式皮帶的運動，與金屬絲一起被拉過空心心軸b。機器會線軸上解開纏繞的這些線。同時，驅動滑輪g的小型皮帶會使空心心軸產生極快的旋轉運動。

承載兩個線軸的線軸框h會固定在旋轉空心心軸b上。覆蓋外層的絲線會從線軸經過空心心軸b末端的小型翼錠線圈，然後在金屬絲經由心軸被緩慢送入時與之接觸，外層絲線會均勻地纏繞金屬絲表面，心軸框會與心軸一起旋轉。

在機器夾住葉片、果實或花卉的花莖兩端時，會將其推入空心心軸的兩端，並快速緊繞於其上。

836. 纏繞操作的詳細圖示。

836A. 釘箱機
NAILING MACHINE

此為一種節省人力的裝置，可協助釘固瓦板、紙箱外層等。工人僅需以錘子敲打驅動釘子的裝置，並將機器移動至新位置即可。釘子會被倒入漏斗，該漏斗底部有三條平行狹縫。利用機器振動，會導致釘子尖端向下落至狹縫中，釘子頭部懸空。如此一來，釘子會進入鞋面和側面的相似狹縫中，並一路向下滑落抵達掣爪簧。此彈簧會將釘子固定在柱塞下方，而柱塞會將釘子固定於材料中。

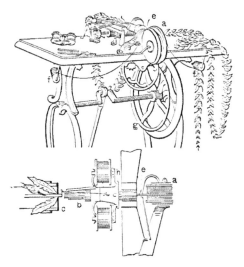

第 20 章　　工程和建築等

837. 四捲軸起重引擎
FOUR-SPOOL HOISTING ENGINE

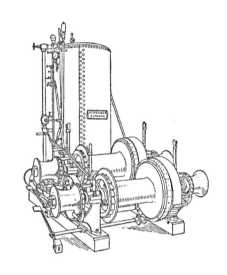

蒙迪（Mundy）式。摩擦鼓輪，配備有止動棘輪、止動棘爪以及摩擦制動帶。獨立離合式絞車。皆由四個手動槓桿和兩個腳踏槓桿控制。此為最方便的組合式起重器，可執行多種工作。兩個股輪和四個捲軸皆各有獨立運動和止動器。

838. 粉碎機
DISINTEGRATOR

布蘭查德（Blanchard）式。以高速驅動的兩個同心軸上裝有格柵或箱籠，一個會放在另一個之中，並被朝方向驅動。F為進料漏斗。E為鋼製銷，從內部箱籠中凸出，以承受粗糙材料帶來的影響。A為外側箱籠圓盤框架。C為內側箱籠圓盤框架。B為外殼。D、D、B為軸頸箱。箱籠周圍的速度約為每分鐘6,000英呎。

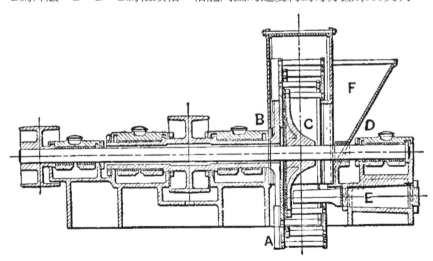

839. 鑄造廠建築
FOUNDRY CONSTRUCTION

主室為鋼結構建物，且其中設有熔鐵爐。封閉建築物中的上方平台或地板，或收邊地板的覆蓋部分，皆可用於儲存燃料和鐵，以及用來將材料送入熔鐵爐。設有熔鐵爐的收邊地板位於鋼架擴建建物中，此安排是為了在收邊地板上拉動金屬。

840. 擴建建物也可為動力室，其中設有鍋爐、引擎、鼓風機、通往裝料層和材料儲藏室的起重機。

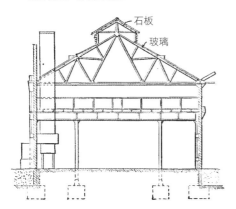
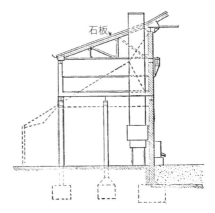

841. 挖掘機和旋轉螢幕
EXCAVATOR AND ROTARY SCREEN

在卡車上保持平衡並軸轉，該卡車裝有可在運作時支援第三條軌道的外輪。A為啟動斗鏈的引擎，為分開的引擎，於樞軸上轉動挖掘機。D為轉動螢幕C的鏈齒輪。此為一種現代設計式機械，用於建設道路和鐵路。

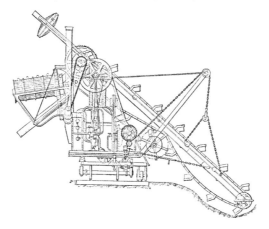

842. 萬用口袋型水平儀
UNIVERSAL POCKET LEVEL

玻璃下方為地面，並以球形方式拋光，具有長半徑凹面，並裝在鋼製鍍鎳外殼中。除了氣泡空間之外，內部會填滿酒精或甘油水。

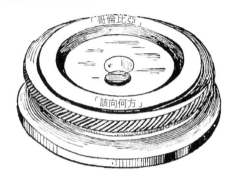

843. 可調式樑吊夾
ADJUSTABLE BEAM CLAMP

用於將鐵管懸掛於防火天花板上。套筒轉動四分之一圈時，吊夾可調整；接著，將套筒轉回原始位置後便會鎖住吊夾，鉤子上的鉤齒會與位於套筒內側的對應凹槽囓合。從樑上法蘭延伸出去的鉤子會呈削尖形狀，以在磚頭下方驅動這些鉤子。

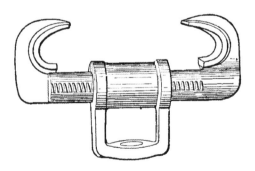

844. 重力升降機
GRAVITY ELEVATOR

此為簡單形式的機械，可在拆除高樓時降下建築材料。在清空高層建築物後，輪子會被設定往下一層樓，以此類推。使用制動器控制空推車和載重推車的重量差異。

此方法可在拆除舊建物時讓材料向下降，避免因使用滑槽取下材料而造成塵土汙染。

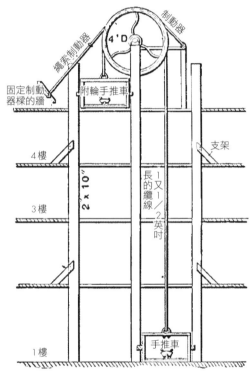

845. 可攜式混凝土攪拌機
PORTABLE CONCRETE MIXER

此旋轉式攪拌機由蒸氣或壓縮氣體引擎驅動，圓筒內側裝有擺動式鏟子，以徹底攪拌混凝土。

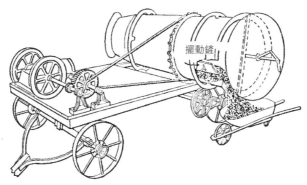

擺動鏟

846. 可攜式混凝土攪拌機
PORTABLE CONCRETE MIXER

方形箱式。利用旋轉掛在角落的矩形箱，使混凝土分批充分攪拌。原料會從漏斗以測定的數量送入，製作均勻混合的混凝土產物。

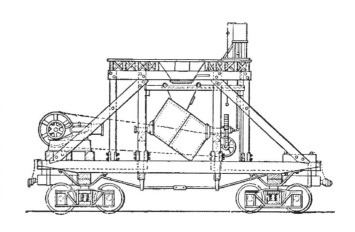

847. 混凝土攪拌機
CONCRETE MIXER

史密斯（Smith）式。安裝在卡車上，由汽油引擎驅動。分批攪拌，並在運作時傾斜以倒出混凝土。

848. 機械工廠的建築類型
TYPES OF MACHINESHOP CONSTRUCTION

側面可以磚頭或鋼材製成，外牆板則為波形鐵材。鋼製框架的屋頂搭配石板外層，屋頂內裝有玻璃燈。

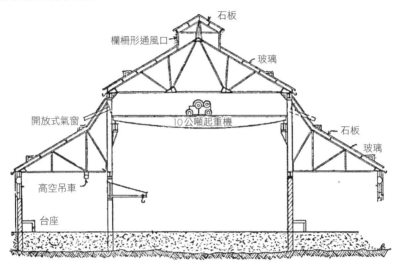

849. 溝槽支架
TRENCH BRACE

最新的承包商設備，用於支撐溝槽。利用大型手柄螺帽和螺絲為支架提供大量動能，球形軸承則可使支架配合不規則的表面。

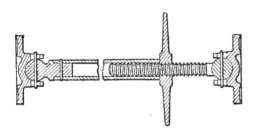

850. 木材防腐裝置
WOOD PRESERVATION APPARATUS

處理熱空氣和焦油蒸汽。產生器D會驅動已加熱的空氣，使其進入放有木材的箱室A，而蒸汽會從上方管道中排出。在木材乾燥後，焦油會進入產生器中，產生的煙霧同樣也會被送入充滿木材的箱室中。

B為水箱，由爐E加熱，E又會將焦油液體儲存於儲存槽C中。

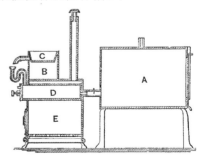

851. 以雜酚油處理木材的裝置
TIMBER CREOSOTING APPARATUS

捆綁木材或木堆，將其推入長形缸體中，並蓋緊缸體頭。接著，以高壓（每平方英吋100至150磅）注入蒸氣。在雜酚油被泵入缸體中並使木材飽和後，熱度會使樹液凝固，並驅出木材中的水分。然後，蒸氣壓力和熱度會將雜酚油逐出缸體，接著木材便會退出缸體。

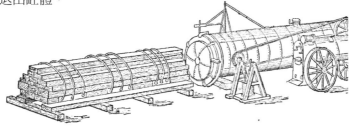

852. 鋼索夾
WIRE-GUY GRIPPER

如圖所示，偏心有槽槓桿會在吊桿的牽索上產生快速抓握力。可利用位於其中一個槓桿滑輪中的銷，輕鬆應用或移除此裝置。

此裝置的偏心握把下另有平行顎夾，可為拖拉繩索和電纜提供良好抓力。

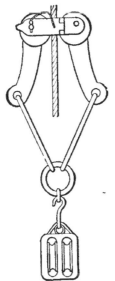

853. 電力驅動式錘子
ELECTRICALLY DRIVEN HAMMER

動力會由撓性軸傳遞至曲柄軸A，搖臂B會使錘頭C進行往復運動。由於軸A會極快速旋轉，鑿刀便會受到快速且連續的擊打。位於軸A上的小型平衡輪會吸收部分擊打造成的衝擊，而順暢地運作。柱塞D可在錘頭中自由滑動，但會受到位於E點的螺旋彈簧阻止，遠離衝擊點F。在搖臂移動至右側時，其右端會於G點處壓在柱塞上，透過彈簧E將運動傳遞至錘頭，使鑿刀受到猛烈擊打。

在擊打後，搖臂運動會利用銷g使錘頭會回到左側。此銷會連接至錘頭C，但完全獨立於柱塞D之外。搖臂末端有槽，以接收銷g，而該槽與銷的長度相等，可與錘頭一起在擊打時自由運動。

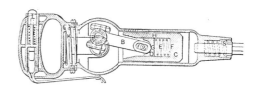

854. 雙重滾動式升降橋
DUPLEX ROLLING LIFT BRIDGE

薛澤（Scherzer）式。此類橋位於美國紐華克灣紐澤西中央鐵路路線上，各自覆蓋一條110英呎的雙水道。

裝有兩個由費爾班克斯莫爾斯公司（Fairbanks, Morse & Co.）製造的75馬力汽油引擎。每個引擎都安裝並連接機械，可依需求聯合或分開操作兩座橋。操作室完全以鋼材和防火材料建造，不使用木材。

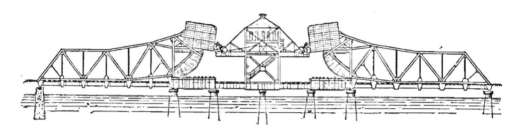

855. 平衡式平轉橋
BALANCED SWING BRIDGE

位於加拿大多倫多。於短邊操作，方法為使用由位於扇形框上滑輪引導的循環鏈進行操作。此橋的長跨距為160英呎，短跨距為100英呎。使用平衡砝碼於摩擦軋輥上達成平衡，並以電動馬達操作。為平面圖和前視圖。

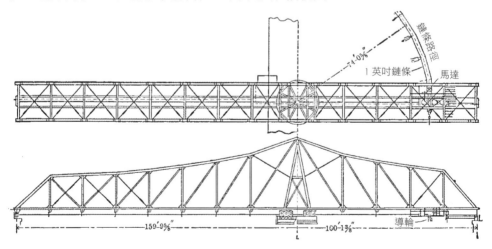

856. 吊索纜線載體
FALL ROPE CABLE CARRIER

米勒（Miller）式。五繩系統，無吊閂。起重繩的動力會在吊墜體處增加三倍。

857.
剖面圖，為具有焊接用的銷和孔的永久按鈕止動器。

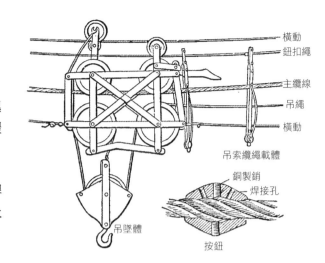

橫動
鈕扣繩
主纜線
吊繩
橫動
吊索纜繩載體
銅製銷
焊接孔
吊墜體
按鈕

858. 吊索纜線載體
FALL ROPE CABLE CARRIER

四繩系統，具有支撐吊索的環狀塊。

牽引繩為循環式繩索，由載體設備的一端負責驅動。此升降動力為吊索的三倍。

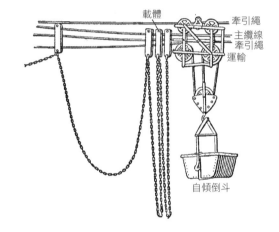

載體
牽引繩
主纜線
牽引繩
運輸
自傾倒斗

859. 柵欄壩
CRIB DAM

渥太華河式。填滿石頭的木製柵欄筐架，其頂部有一個三比一的斜筐架，且有一個頂端寬度為柵欄一半的護板，以劃分水的總落差距離。B為為於頂部和背面的十字蓋板。背面填滿石頭和泥土。

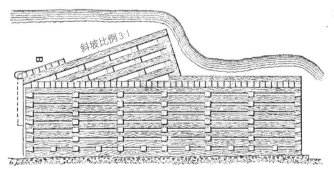

斜坡比例 3:1
B

860. 平衡式吊橋
COUNTERBALANCED DRAWBRIDGE

莫里斯運河（Morris Canal）式。利用手動操作將橋拉起約25英呎。橋的總長度為55英呎。插圖清楚顯示此吊橋的操作原理。牽引重量約為三公噸，安裝的兩個平衡砝碼重量為每個3,000磅，由鑄鐵製成，為圓柱形，直徑約為 3英呎，並以與在軸上旋轉相同的方式安裝。這些砝碼會在軌道上運作，從中央框架的上方延伸至橋面水平位置，這些軌道便位於斜框架上的橢圓形中。纜繩以拉桿可自由移動該端與平衡砝碼連接，纜繩會繞過位於框架頂部的滑輪。滑輪安裝在3英吋的軸上，該軸會沿著中央十字樑頂部延伸，以直徑2又1/2英吋的小齒輪安裝在其右端上。此會使用小型小齒輪嚙合，這些小齒輪安裝在以下方循環鏈旋轉的軸上。拉力幾乎與滾筒的重量相平衡。

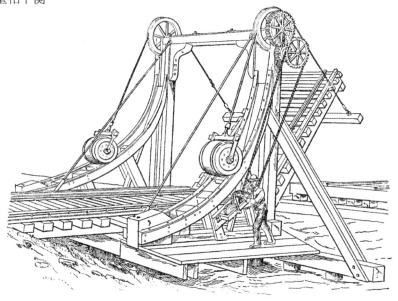

861. 傳輸橋
TRANSFER BRIDGE

高架吊橋上有一個懸掛軌道，車廂懸掛在軌道上，並由高架纜繩穿過。

862. 土堤
EARTH EMBANKMENT

渥太華河式。運河旁的實心石牆由黏土混合漿牆支撐，並回填泥土和填滿石頭的木垛物品，以及用大型石頭製成的防波堤。

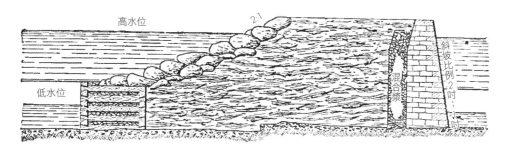

高水位

2:1

低水位

混合漿

斜坡比例「2吋⋯1吋」

863. 高層建築物
HIGH STRUCTURES

艾菲爾鐵塔，高度為989英呎。華盛頓紀念碑，高度為555英呎。華盛頓國會山莊，高度為307英呎。費城市政廳，高度為547 英呎。切面圖為艾菲爾鐵塔、華盛頓紀念碑和華盛頓國會山莊的高度比較。費城市政廳為現時世界最高的建築。

864. 移動式月台
MOVING PLATFORM

用於搭乘火車。階梯式月台的火車極為安全，且很少有發生意外的機會。若有人從一個月台跌落至另一個月台，並不會造成過於嚴重的結果，這是因為兩個月台的速度與行人徒步的速度相等。

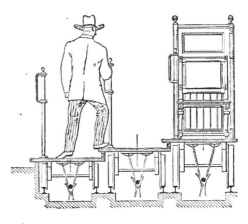

865. 摩天輪
GIGANTIC WHEEL

位於英國倫敦，直徑為三百英呎，以雙塔承載，高度為175英呎，內有沙龍餐廳和露台。由直徑為1又1/4英吋的鋼纜繩驅動摩天輪。共有兩條鋼纜繩，一邊一條，其會經過摩天輪兩側的凹槽，直徑為195英呎。一次僅能使用一條。動力來自兩台50馬力的發電機，一台便已足以驅動摩天輪，另一台為備用機器。摩天輪共有40輛長度為25英呎的車廂，且設有8個月台，並可同時裝載運行。

866. 端視圖，圖為三個露台及其電梯。

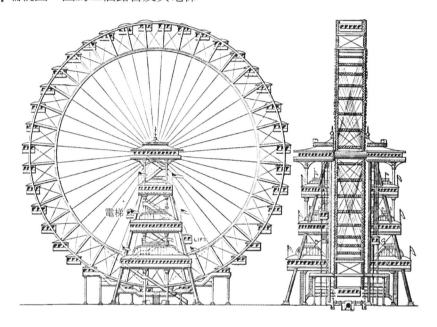

867. 移動式樓梯或坡道
TRAVELING STAIRWAY OR RAMP

使用發電機和傳動裝置以每秒二十英吋的速度驅動上方鼓輪和防護物。

此系統包含一個以木條組成的循環式網狀裝置，其上裝有名為「赫馬斯特」（hemacite）的材料製成的滾筒，並在軌道上運行。回程的半部會懸掛在主樑下桁弦上的軌道上。此鏈條以可拆式鏈環安裝，因此可拆除踏板。

連接網由鏈條驅動，鏈條的每個鏈環都會對應至其中一根木條。由裝有插入棘輪軸的電動馬達負責驅動一個鋸齒狀輪子，故此裝置會從該輪子上方經過，以避免朝反方向轉回。

以橡膠凸出部分固定連接條，牢牢抓住支座。這些凸出部分會於縱向帶中排列，使其能從較低處離開，並於金屬梳齒間的上方消失，這些金屬梳齒經專門設計，無須猛力拉動便可使乘客向上或向下移動。防護物亦包括受橡膠和布料包覆的循環鏈。每個鏈環皆會滑過凹槽，避免發生任何橫向移位情況。

868. 立體圖，圖為連接網，位於坡道下方的斜齒輪鼓輪；以及一個移動扶手的剖面圖。

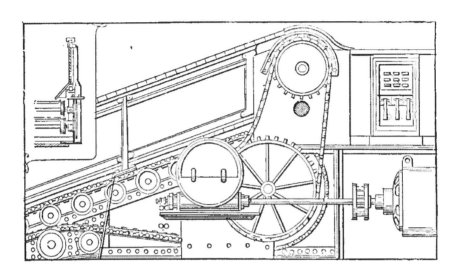

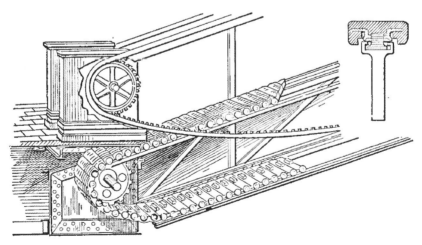

868A. 井用清潔機
WELL CLEANER

　　裝置目的為提供清潔，即無須攪動泥漿便能迅速清潔井和槽中的泥土和沉積物。此裝置包含一個可向下放入井中的槽池，該槽池底部具有一根入口管。出口管則會從槽池上與泵連接處凸出。槽池中有一個用於出口管的螺絲，以及一個用來關閉入口管的閥門。槽池下方以及入口管四周為展開形的纖維防護物，形狀與雨傘相同。在清潔機位於井底時，會被鏈條拉動開啟，直到覆蓋整個井底區域。接著，會發揮屏障作用，避免在抽取作業過程攪動泥漿，而上升到井的上半部水層。

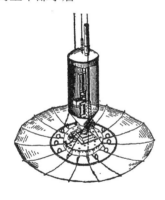

868B. 電動行李吊車
ELECTRIC BAGGAGE TROLLEY

　　圖為一個用於輸送包裹的電動吊車。懸掛式跑道包含一對12英吋且分開的扁鋼條，並形成一個長2,448英呎的連續循環。移動式起重器利用四輪推車懸掛在跑道上，操作者坐在正好懸掛在馬達後的吊椅上。載重籃子符合小型輪子的尺寸，因此可輕鬆地在表面上移動。

868C. 架空索道
AERIAL CABLEWAY

　　架空索道用於位在地中海且歷史悠久的厄爾巴島（Island of Elba）上，用途為運送儲存倉中包含沉積物的礦物，在抵達裝載碼頭時，此裝置會自動將礦物倒入較大的車中，車會沿著礦船移動。由於海岸交通不便，須從海面垂直向上抬升至1,000英呎的高度才能更靠近礦物，使得索道成為唯一可行的礦物處理方式。

　　目前已安裝兩條索道，每小時可各處理200輛容量為一公噸的傾卸車，因此每日10小時的工作時間可裝載一艘2,000噸的船。傾卸車會以間隔18秒的順序依序排列。使用自動裝載裝置從頂部裝滿這些傾卸車。

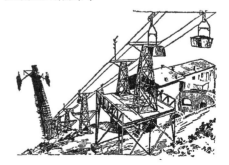

868D.連續運作式混凝土攪拌機
CONTINUOUS CONCRETE MIXER

　　此款混凝土攪拌機宣稱具有連續和分批處理的特色，極為簡易且有效率。利用一根以不變的速度運作的軸來執行所有工作。該軸會測量三種原料，以先乾拌後濕拌的方式混合，最後將其排出。此裝置有一個位於軸右端的圓錐螺絲和兩個門。材料會經過漏斗進入測量螺旋，並由每個漏斗上閘門的位置準確決定螺旋輸送的各種材料比例。混合箱的直徑遠比送料運輸裝置的直徑更大。此可避免其滿載，並留有足夠空間供攪拌槳如鏟子般運作，向下挖入堆積材料並徹底攪拌混合。儘管槳的一般功能為向前鏟出混合物，但其個別運作卻有所不同，有些槳會用來向前鏟，有些則向後鏟，以在極短時間內徹底攪拌混合堆積材料。除了兩個橡木腳踏板之外，攪拌機全由鐵和鋼製成。多數的金屬部件為鍛鋼和軋鋼製成，除必要部件外，很少使用鑄鐵。由於具有此構造和可移動部件的簡單性，此攪拌機輕便堅固，而這正是可攜式攪拌機的必要特色。引擎會經由兩個具有機器切割輪齒的鍛鋼齒輪，驅動攪拌機的軸。

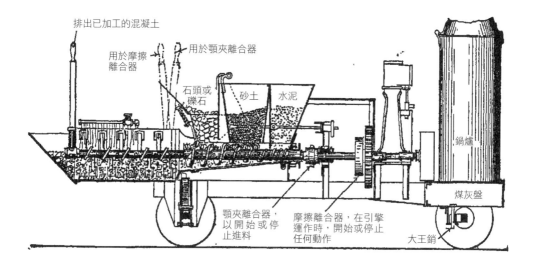

排出已加工的混凝土

用於摩擦離合器

用於顎夾離合器

石頭或礫石

砂土

水泥

鍋爐

煤灰盤

顎夾離合器，以開始或停止進料

摩擦離合器，在引擎運作時，開始或停止任何動作

大王銷

第21章 其他各式裝置

869. 可攜式鋸子
PORTABLE SAW

　　用於砍伐樹木。此鋸子以硬化鋼板製成，以雙串接方式將這些鋼板鉚接在一起，形成鋼板整體長度。鉚釘極鬆，足以形成連接頭。每個鋼板或鏈環皆在單側成形，以組成一對鋸齒，一個鋸齒朝某方向切割，另一個鋸齒便朝另一方向切割。切割邊緣的鋼板較後側鋼板稍厚，如此一來，鋸子在磨利後便一直保持開鉅角度，以俐落地切割。鋸子兩端的十字手柄會固定在環中，以供使用。手柄可從環中取出，以便攜帶此鋸子。

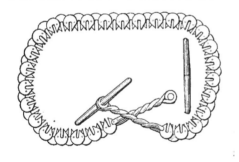

870. 拔根機
STUMP-PULLING MACHINE

　　此拔根機械由三腳架支撐，其上端裝有一條鏈條，負責承載以軸承固定的條桿或板子，且有一個凹槽條桿會在軸承中滑動。棘爪的棘齒會與此條桿的凹槽嚙合，以此方式利用槓桿與操作手柄連接，手柄向下運動時會抬起棘爪和凹槽條桿，以及連接至下端的鏈條。接著，在手柄可被抬起，使棘爪可與下一個條桿下方棘齒嚙合時，滑動螺栓會將凹槽條桿固定在抬起後的位置。如此一來，藉由手柄的連續上下運動，凹槽條桿整體長度皆可被掛起，或者直到所有樹根皆被拔起為止。

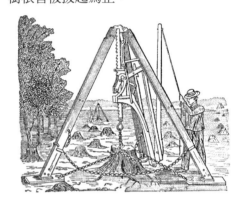

871. 馬達式軋輥－圓盤犁
MOTOR ROLLER-DISK PLOW

　　軋輥圓盤套組會分別固定於軸轉至機架上的臂，機架會連接至牽引馬達後側的延伸部分。由馬達驅動的絞盤會在未使用時將圓盤犁抬離地面。

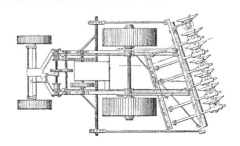

872. 汽車犁
AUTOMOBILE PLOW

　　法國式。此機械系統中，經設計適合在地上作業的部件由一系列三個圓盤組成，但這些圓盤並非安裝於相同平面上，圓盤彼此並排，且每個圓盤都有一個固定在其圓周上的堅固鋼犁刀。這些圓盤被裝在路用機車後方框架上，其機械組合目的為使圓盤旋轉。支撐圓盤的框架可或多或少地抬起，也可能會脫離與泥土接觸。

　　在機車前進時，圓盤和其外圍刀具會刺入泥土，並將泥土切成片狀，其厚度會依據裝置的速度和耕犁地的性質而有所不同。如圖所示，犁刀圓盤會被安裝在機車的後側，而犁刀的切斜度和圓盤的旋轉方向相反，以確保能達成耕犁的真正目的，即執行粉碎工作。此犁曾於巴黎博覽會時展出，當時的實驗證明，此機器每天12小時可耕地6英畝。

873. 可逆犁
REVERSIBLE PLOW

　　輪子於最後一個犁溝中運作。y為軛柄，會轉至位於犁溝終端的另一側。V為閂，用於將軛柄固定於樑上。f、k則分別為U形鉤和鏈條。

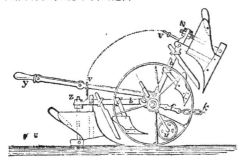

874. 繫帶鉤
TETHERING HOOK

　　使用韁繩等物品為動物繫帶或將其拴起的鉤子或緊固件，也可用於其他用途，裝置組成包括環c和鉤子a，鉤子的尖端無法穿過環。鉤子上有孔，供環和U形釘b使用。皮帶s連接至緊固件，如圖所示。

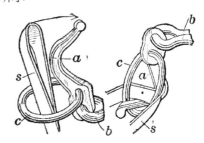

875. 噴泉清洗鍋爐
FOUNTAIN WASH BOILER

虹吸管的寬底座會收集鍋爐底部產生的蒸氣，這些蒸氣會從直立管中升起，使沸水快速流動，藉由布料產生循環。

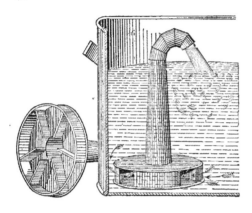

876. 馬鈴薯清洗機
POTATO-WASHING MACHINE

a為清除塵土的螺旋狀臂；b為有孔螺桿，負責將馬鈴薯向前移動至粉碎機旁的清洗機終端；c為有孔槳，負責抬起乾淨的馬鈴薯，並放入通往粉碎機的漏斗；d為漏斗，將馬鈴薯引入清洗機；a為圖未顯示的通往清洗機的漏斗。此機器會稍微傾斜，以便讓水流向左側，同時，利用螺桿和螺旋臂將馬鈴薯推至右側。

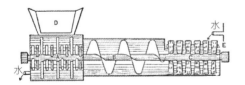

877. 馬鈴薯銼碎機
POTATO-RASPING MACHINE

用於製作澱粉。a為漏斗、b 圓桶型銼刀、c為放置馬鈴薯泥的容器、d為木製緩衝器、e為止動螺旋、f為水噴流。緩衝器用於調整銼桶和緩衝器之間的開口，以確保能製作出均勻精細的馬鈴薯泥。

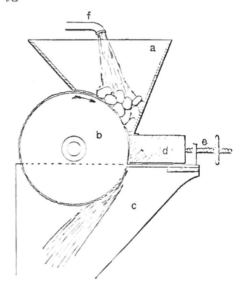

878. 巴黎綠噴粉機
PARIS-GREEN DUSTER

一個裝有小齒輪和齒輪的手動小型旋轉風扇，以及一個裝有調節閥和導管的振動式集塵盒。此裝置會均勻地將一磅的巴黎綠撒在一英畝的馬鈴薯地。

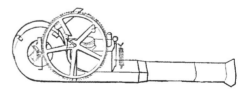

879. 自動割草機
AUTOMOBILE MOWING MACHINE

　　麥考密克（McCormick）式。此機器的馬達為雙汽缸式的10馬力汽油引擎。油槽分為三個區域：一個裝載油料、一個放置電池、一個用來裝水。斜齒輪和鏈條會將動力從馬達傳遞至位於割草機十字軸上的摩擦離合器。以此方式配置離合器，是為了使其與位於兩側的其中一個斜齒輪嚙合，且此安裝方式讓機器可隨意向前後運作。斜齒輪會與小齒輪嚙合，該小齒輪的用途為操作飛輪軸和刀具桿。也會利用兩個齒輪將動力傳遞至割草機輪子。摩擦離合器由位於操作者腳下的桿槓負責控制。可利用曲柄控制轉向，該曲柄與切刀桿前方的導輪相連。駕駛可於座位處使用槓桿抬起切刀桿。

880. 現代雙馬割草機
MODERN TWO-HORSE MOWER

　　木製式。除了樺、繫曳繩的橫木、軌跡清潔器和槓桿之外，整體皆為金屬結構。此類割草機的主要特色為浮動式切刀架，此刀架讓切刀桿能裝在所需高度，且在重新調整高度之前，此機器能上至山丘，下至山谷，穿過窪地和山脊，割除所有高度相同的草。所有割草機上的傳動結構皆不會沾染塵土，且會使用滾珠軸承，除去所有不必要的摩擦力。

881. 奶油分離器
CREAM SEPARATOR

丹麥式。牛奶會從管A被倒入，向下流經圓錐體中心，經過管子並流入底部的分離盤中。奶油的重力較牛奶小，會在盤子的高速運作下分離，並被沿著圓錐體載運，從旋轉箱頂部排放至位於左側的流出槽中。濃稠的牛奶會集中於盤子外，並經由環形凹槽中的開口升起，並由排放管B舀出。此類機器需約有每分鐘旋轉2,000圈的速度。

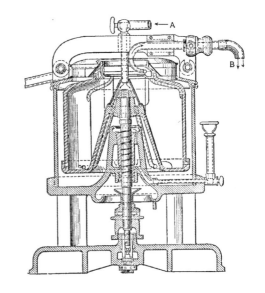

882. 冷凍
REFRIGERATION

利用氨的循環來進行冷凍的簡易例行過程。此機器包含三個主要部件。A為「蒸發器」，有時也被稱為「冷凍器」，易揮發的液體會在其中受到蒸發。B為組合式吸入泵和壓縮泵，會在蒸發器產生氣體或蒸汽時立即將吸入，或以更適當的說法為「抽吸」該氣體或蒸氣。C為液化器，或普遍被稱為「冷凝器」，其中的氣體會由壓縮泵排出，且在結合泵壓和冷凝器的動作下，蒸汽會在此重新轉變為液體，以回到冷凍器中再次使用。

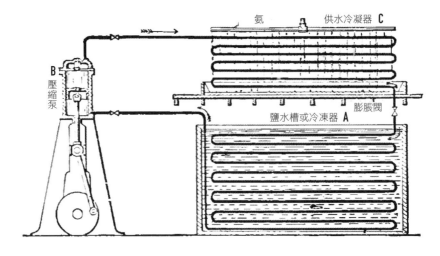

883. 冷藏屋的模型
MODEL COLD-STORAGE HOUSE

切面圖的文字用來說明此建築的主要特色。應將冰放在位於鍍鋅鐵板上的木條上，該鐵板稍微大於冰堆，以滴管和虹吸管帶走水分。冷藏屋的入口必須有一個前廳，由於空間或情況不同，因此無論位於內部或外部皆可。牆壁須厚實，且必須使用極重的門。門應裝有橡膠，無論內、外門皆須安裝，才能完全緊密，且兩個門不得同時開啟。門廳要夠大，才放得下大量物品，如此一來，若收到大量物品，無須在所有物品進入前廳且準備好存放之前先停下動作處理。此冷藏屋僅需每年裝填一次即可。冬季溫度約為34°，夏季約為36°，每個季節都能良好保存水果。放冰的開口有兩扇門，兩門間有個空間，如切面圖的滑輪下方所示，且每扇門有一英呎厚。冷藏屋的窗戶有三組窗框，皆包覆良好或受到固定。牆壁皆為13英吋厚，填塞17英吋的木屑。冰上的地板舖有36英吋厚的木屑。圖示建築為25平方英呎，測量內部從冷藏室地板至冰上天花板為22英呎高。冰室為12英呎高，冷藏室為9英呎高。冰中心的下方須有支柱支撐。

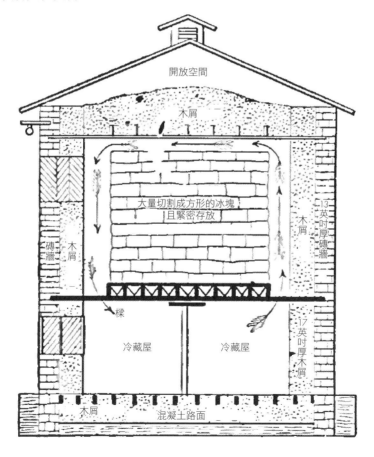

開放空間

木屑

大量切割成方形的冰塊
且緊密存放

13英吋厚磚牆

木屑

磚牆

木屑

樑

冷藏屋

冷藏屋

17英吋厚木屑

木屑

混凝土路面

884. 現代穀物收穫機
MODERN GRAIN HARVESTER

在穀物被切割並拋入移動式擋板上時，會被載運至捆束收割機，並在該機器上捆綁後丟至地面上。

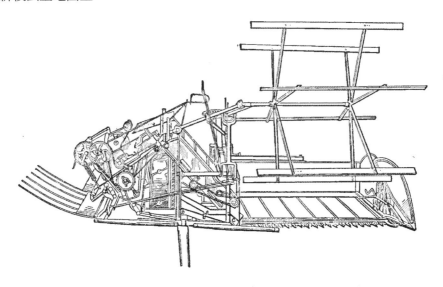

885. 複合式脫粒機
COMPOUND THRESHER

此為脫粒機器研究形式，為李維式脫粒機。A為打手鼓輪、B為分離器、C為載體、D為傳送裝置、E為推叉、F為推耙、G為搖動曲柄、K和V為穀箕、O 為簸穀扇、M和N為穀物槽。

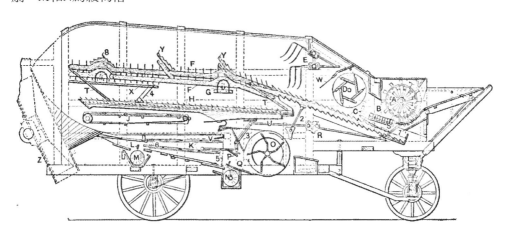

886. 垃圾焚化爐
REFUSE CREMATORY

　　圖為此垃圾焚化爐的剖面前視圖，其中1為主燃燒室、2為火爐箆，下端由空心支架2a承載，利用循環水流保持涼爽。下方爐箆6有足夠的長度，可避免爐渣從上方爐箆直接掉落到前端之外。當爐渣從前端被耙出時，在爐渣受到更完整燃燒且部分冷卻之前，會持續留在下方爐箆上。7、7a 和7b為空氣經過的風口，除此之外，空氣還會經由爐條被推入；7和7b（未顯示於切面圖中）位於7a兩側，要燃燒的垃圾會經由孔洞9被送入。可從燒火口10送入鐵棒，避免爐箆和後牆5沾上爐渣。燃燒的產物會由位於火最熱位置的開口11、11被拉出，經由裝有阻尼器14的中間箱13前往主煙道12。

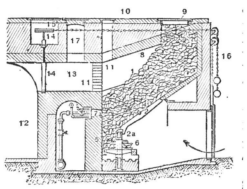

887. 圓錐形木炭窯
CONICAL CHARCOAL KILN

　　建於黏土地板上，並有7又1/2英呎高和12英吋厚的磚牆。頂牆厚達8 英吋。牆中建有約90條通風管，排列成3行且配有塞子。窯的尺寸為35寇德（cord，1寇德為128立方英呎），窯內底部為25英呎，高28英呎。A為鐵皮門和鑄鐵框架，6x6英呎，或搭配泥土以磚砌牆圍住。燃燒時間為9至10天，第5天時，通風口會被緊緊塞住。產物尺寸為35寇德、1,700蒲式耳（bushel）。建造此窯需要35,000塊磚塊。

888. 木炭窯的底面圖。

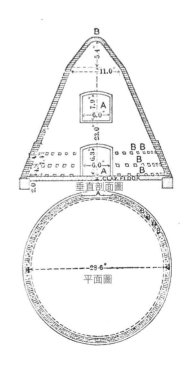

889. 焚化爐
DESTRUCTOR FURNACE

英國式。雙線爐的垂直剖面圖和橫向剖面圖。產生火焰的爐蓖如圖A點所示。如圖B點所示,要焚化的垃圾位於乾燥垃圾的斜煙道中,垃圾於爐蓖上燒毀時,會落在煙道斜坡上,新的垃圾會從C點的坑送入。燃燒產物會由下煙道載運至主煙道E,如上圖虛線所示。

890. 雙爐的十字剖面圖。

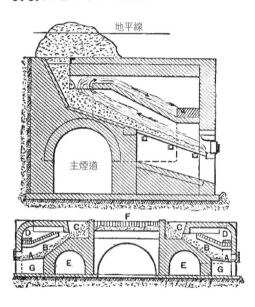

891. 煉焦爐
COKING OVEN

康內爾斯維爾(Connellsville)式。此為目前普遍使用的形式,直徑為10至12英呎,高為6至8英呎,由防火磚或石頭建造而成。其內部呈拱形,頂部具有一個開口,可在煉焦期間供氣體進出使用,下方前側有一道門,成品會經由該門取出,此門在煉焦期間會關閉。每個煉焦爐所需的平均煤炭量為1.5至4公噸,進料愈重,所需的煉焦時間愈長。在夷平進料後,爐中深度為2.5至3英呎,因此能留有足夠空間儲存氣體,以及在煉焦期間供焦煤擴大和抬升使用。依照慣例,每天交替對每隔一座爐補充進料,並由爐牆中所留的溫度點燃進料。利用如粉末燃燒的爆燃來點燃。氣體可在24小時內排出,接著,爐子便會關閉。一般而言,爐焦需經48小時的煉焦過程。

892. 在煉焦場中煉焦爐的平面圖。

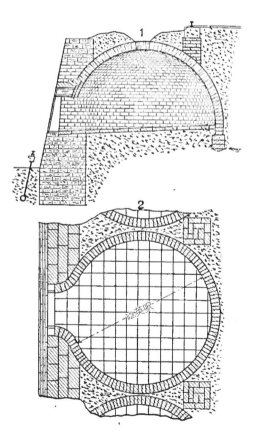

893. 雷明頓打字機
REMINGTON TYPEWRITER

No.3機械的垂直橫向剖面圖，圖為鍵、鍵桿和連接部件的配置方式。主機架的上半部裝有一個環，字臂透過鉗固的環狀掛鉤軸轉固定於此環內。一般而言，此類機器由38至42根支臂構成，每根支臂的自由端上各裝有一個模具，表面上有兩個字符、一個大寫鍵和一個小寫鍵、數字和標點符號。支臂會與環相應軸轉，如此一來，該支臂上的字符便會全部剛好在相同位置敲擊。支臂具有硬化鋼樞軸，會與軸承連接，以確保槓桿運動時的準確性。

如圖所示，每根支臂會經由調節式鋼線連接器，與軸轉至機器後方並從前方凸出的鍵桿相連，並由此向上彎曲，並安裝裝有字符的指片或鍵，或鍵桿連接的支臂所代表的字符。

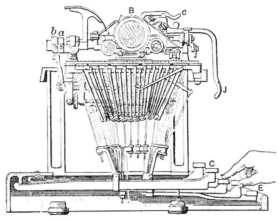

894. 救援網
LIFE-SAVING NET

放置於電梯升降道底部。堅固的繩網F兩側由桿G固定，而G兩端則有支撐臂C負責支撐。這些支撐臂下端裝有軸承，軸承位於軸承台B中，B以螺栓固定在粗板A上，而A則是牢牢固定在升降道的底部。利用大型壓縮彈簧E 將救援網拉緊固定，E會在粗臂C的上端作用。彈簧E由大型管D的部件負責支撐和放置到位，D也可沿著相同部件自由移動。

若墜落者撞擊網子，大型管和彈簧會交互作用阻止跌落的動力，其位置如垂直剖面圖中虛線所示。

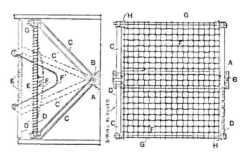

895. 雷明頓打字機
REMINGTON TYPEWRITER

如圖所示，支臂末端和其承載的雙鍵細節圖示位於A處，置紙滾筒B為圖實線所示，位於小寫鍵上方，虛線所示則為書寫大寫字母時的位置。大寫鍵C為此視圖中所示的最前方者，其與直角槓桿D相連，橫向動作會從D 傳遞至支架。與槓桿D相連的彈簧會在手指離開大寫鍵時，立即將滾筒送回正常位置。空白鍵E會於鍵盤前方完全延伸，而由桿G支撐的鍵F會從槓桿H 延伸穿過所有鍵桿下方，其中亦包括連接至空白鍵的槓桿。槓桿H負責支撐交替在托板a、b上運作的棘輪桿I，以在托板a、b脫離棘輪槓桿I的輪齒時，讓連接至紙架的彈簧能一次向前移動一格。在壓下打字鍵，於滾筒B承載的紙上印上字符時，桿F會被向下移動，且齒條桿I會從托板b移動至托板a。無須移動紙架便能完成上述動作，但在打字鍵被放開且齒條桿I回到托盤b上的位置時，便會讓紙架向前移動一個凹槽。若需要的空格比打字機一般動作產生的空格更寬，請在印上字符時立即觸碰空白鍵E；若只需要空格而不寫入，請單獨操作空白鍵E。

896. 美國來福槍彈匣
UNITED STATES MAGAZINE RIFLE

克瑞格（Krag Jorgensen）式。此類軍械中最容易拆卸的類型為美國來福槍彈匣，所有螺栓和彈匣機構皆可卸下，且無需使用任何工具便能再重新組裝。

此彈匣有五發子彈，可將阻斷鈕向下轉以保留子彈；若無彈匣，此槍枝可做為單發槍使用，彈匣中的子彈隨時可以極快的速度發射。

若要為此槍枝裝彈，需抬起拉柄，並以一個連續動作將其拉至後側，該操作會取出彈膛中的空彈殼，並彈出槍中的彈膛。接著，彈若使用彈匣發射，匣中的第一個子彈會抬升至槍機前方，或若使用單發發射，便會手動讓子彈落至槍機前方，然後，拉柄會被向前推並向下轉。此動作會讓子彈裝入彈膛中的彈匣，並扳起扳機，接著便準備好發射。

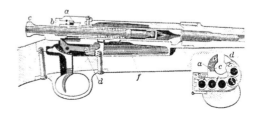

897. 美軍和海軍槍械
UNITED STATES ARMY AND NAVY GUNS

剖面圖為加固件的部件。切面圖為長度和尺寸。

中型鋼製來福槍的最大射擊範圍為12英里，需要的仰角為40°至45°，但若超過4英里的範圍，便無法確切保證射擊準確度。

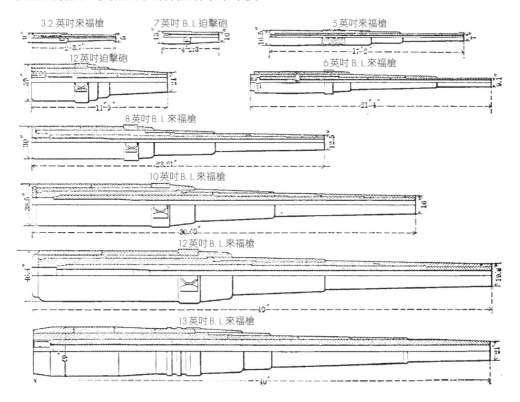

898. 砲閂機構
BREECH-BLOCK MECHANISM

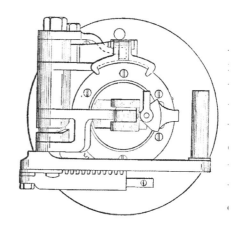

用於發射大型砲彈。由在砲閂上扇型齒輪中嚙合的槓桿負責移動砲架，在砲架被旋出炮閂且清空砲膛時，使砲閂旋轉六分之一。靠近樞軸的機柄會撞擊退殼鉤桿，該桿負責操作退殼鉤，並拉動炮殼。西伯里（Seabury）式。

899. 圖為從炮膛旋空的炮閂，以及炮膛中螺絲的剖面圖。

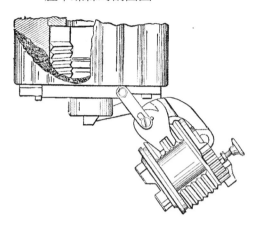

900. 炮膛前方的炮閂，準備好由進一步的桿柄運動推入並旋轉至鎖定位置

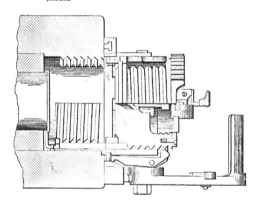

901.手槍彈匣
MAGAZINE PISTOL

魯格（Luger）式。銷位於槍管槍托上，其壓力會推至後側，而槍管和槍後膛段會沿著槍構造中的凹槽滑動。在此運動期間，移動式後膛和槍管會以結合為同一部件的方式移動。然而，後膛會持續受自身動量移動，彎管或肘節接頭軸承會靠在槍框彎曲的槍管部件上，並使連桿a圍繞軸b進行循環運動。在槍托中的主彈簧c（亦為擊發彈簧）完全受到壓縮前，彎管會持續抬起。由退殼鉤承載的彈殼會撞擊將其射出的排殼器。

槍後膛段的槍座會被清空，彈匣的上方子彈會被位於頭部彈巢前的彈匣中的彈簧壓縮。主彈簧會受到後座力壓縮，將槍後膛段往前推，穿過連接兩個部件的支撐器中段。彎管會自行下降一半，同時將其運動傳遞至機匣和槍管，與此同時，發射銷會撞擊槍管耳，且擊發彈簧會保持壓縮狀態。

在彎管向外伸直後，槍管和槍後膛段會再次以結合為同一部件的方式運作。因此，便能再次填裝手槍、扳起扳機，並準備發射。

902. 人工踝關節
ARTIFICIAL ANKLE

彈簧B會抬起足跟，讓腳能向前移動；身體壓力會讓腳在身體向前移動時與地面接觸。動作會受限於立方軸承之間的方形空間。

膠帶會經過肩膀。這樣的設計，不僅能將重量帶至身體支架上，也可以讓肩膀的動作影響人工義肢的運作。

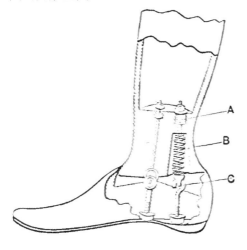

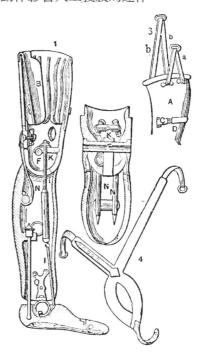

903. 人造腿
ARTIFICIAL LEG

支座A具有襯墊B和皮帶D，用於調整連結至殘肢的尺寸。上方剖面圖中，位於1和2中的K為靠在膝上螺栓F上的接材，為安裝伸肌彈簧I和腱i、i的優勢位置，腱會在走路抬離地面時，立即將腳向上和向前伸。腿後腱N、N 連接至大腿和腿的後側，做為腿向前動作時的調節部位。腳踝關節由足部支座和球體P，尤其頸部和鐵架Q連接至腿，且上方有一個水平螺栓，將適當凹槽安裝在足部支座中，以避免發生水平面振動情況，同時也能讓關節自由進行垂直面動作，如說明所示。彈性帶a、b (3)長度和強度成正比，可以此連接懸軛(4)，塑

903A. 單人橫切鋸
ONE-MAN CROSSCUT SAW

插圖為無須他人協助，即可拼湊大型橫切鋸來切割大型原木的方法。利用一條末端綁有一個砝碼、且會在椿柱上兩個滑輪之間運作的繩索，來避免鋸子的對側刺入木材過深。該砝碼應與鋸子末端的重量成正比。

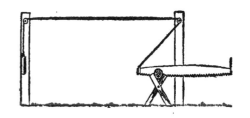

903B.真空吸塵器
VACUUM CLEANER

此為一種將火車轉換為真空吸塵設備的巧妙裝置，如附圖所示。此裝置組成部件單純，包含一個連接至火車注氣閥的吸入箱、一個用來將水分凝結的蒸汽除水閘、一個始終維持半滿水位的集塵器，以及必要數量的軟管和不同類型的吸嘴或噴嘴。此蒸氣除水閘和集塵器皆由大直徑軟管連接，而吸入軟管則連接至集塵器的底部。

在柱氣閥開啟時，流動的蒸氣會流過吸入箱的開口，並在該處產生真空，引發吸入動作，將塵土引入集塵器，並留置於水中。在卸除承載的塵土後，空氣會接著流入蒸氣除水閘，並排放至大氣中。

903C.掃路機
STREET SWEEPER

此裝置的整個刷子系統皆封裝在機殼中，有點類似地毯清潔機，但前後皆有斜板，讓刷子能將塵土拋入機殼中的托盤或平盤。汽車的街道清潔部分極為簡單，由一個棘輪控制槓桿負責操作，只要一個動作便能抬升或下降清潔器，以供使用。

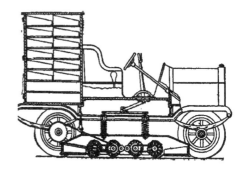

903D.包裝機
WRAPPING MACHINE

此機器用於包覆矩形包裝，如圖所示。此機器為其中一種一般功能包裝機，可使用此機器包裝物品，而包裝材料會插入位於承載輪周圍的袋中，在輪子移動時，便會在各種工具的作用下帶動物品和其包裝材料，包裝紙或其他包裝材料便會向下折疊在物品上。

承載輪會執行間歇性運動，該運動與兩個袋子中心之間的距離相等。要包裝的物品會在袋子中被包覆，以此方式將一張包裝紙放置於其中，從三側包覆物品，紙的兩端會從袋子中凸出。接著，承載輪會旋轉以將袋子帶往折疊扣具下方，該折疊扣具會在輪子停止時移

動，以向下折疊包裝紙的其中一個凸出邊，使其向前包覆在物品上，此即形成第一個折疊側。若物品未受完美包覆且從袋中凸出，彈簧會抬起折疊扣具，以此避免發生破損情況。

在輪子旋轉時，扣具會停留在小型切面圖的位置，直到開始向下折疊剩餘的包裝紙凸出部分。此為另一個扣具執行的操作，原理與第一個扣具的操作方式相同。此機器上有一把與輪子輪圈平行的弧形刷，如此一來，刷毛尖端會將壓力施加在折疊的紙上，並在袋子移動前將紙固定在位置上，活褶縫製器的葉片便可以摺出包裝紙的第一端和第二端。接著，輪子會向前移動，直到受包裝物品在適當時候被柱塞彈出為止。

903E. 轉子引擎
ROTARY ENGINE, HOFFMAN TYPE

霍夫曼（HOFFMAN）式。汽缸A會圍繞固定橢圓形E旋轉，E會與空心軸S相連。在汽缸旋轉的前六分之一週期期間，蒸氣會經由空心軸S進入，並經由端口F進入膨脹的箱室L。此箱室的唯一非剛性表面為彎曲分段片B的凹凸面，會在汽缸的長度上運作，可後退進入殼罩D中，並由曲柄G固定至汽缸上。彎曲分段片即如同管子縱長截斷的區段。對彎曲分段片施加的蒸氣壓力會使其退至右側並離開端口F，因此，便能迫使連接至分段片的汽缸A轉動。汽缸旋轉時會向下壓在固定橢圓形E上，而分段片B會被向後推入殼罩D中，與運動開始時分段片C被推入殼罩H中的情形相同。同時，分段片C（其為分段片B的複製體）會受到帶動，開始在經過端口F時凸出。接著，自動停氣器會使蒸氣再次進入，並重複上述相同過程。

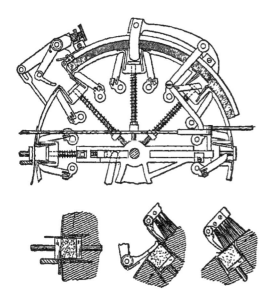

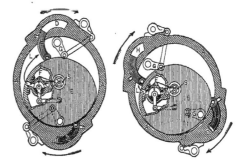

第22章　繪圖裝置

904. 幾何繪圖筆
GEOMETRICAL PEN

　　蘇阿爾迪（Suardi）式。如圖所示，以齒輪比例而言，a的直徑為A直徑的一半；這些輪子會由惰輪E負責連接，E只會改變旋轉方向，不會影響a旋轉的速度。工作輪系臂會受到連接，可圍繞E軸旋轉，且可在其範圍內以任何角度夾緊，以改變虛擬輪系臂C, D的長度。條桿會被固定於a上，運動方式與a1在A1內轉動相同；a1的半徑為C, D，為A2的兩倍。

　　接著，由於橢圓形為短外擺線的特殊形式，因此這些安排便可畫出橢圓形；此外，可利用蘇阿爾迪筆來勾勒其他多種短外擺線，方法是使用不同輪齒數量的 a來取代其他輪子。

　　《機械運動》中以「繪圖裝置」為標題的章節中，已針對描述橢圓形、拋物線、雙曲線、蚌線、日面弧線和半徑的圓形曲線等多項簡易裝置，提供更多相關插圖和描述。

　　對專業繪圖師而言，這些工具是重要的輔助工具，可使用簡易且完善的方式繪製出製圖所需的細緻且精確的弧線。

　　對於業餘愛好者，能夠簡易且精確地呈現幾何弧線，不僅能感到滿足，並藉此激發進一步投入製圖的藝術世界。

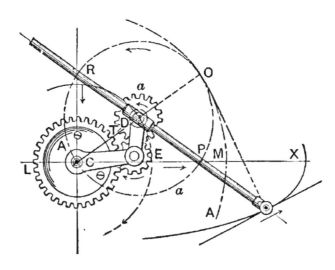

905. 橢圓規
ELLIPSOGRAPH

世界（Mundo）式。此橢圓規能畫出所需的最小橢圓形，也能從直線至圓圈，畫出任何形式的橢圓形。A為主框架，三個腳座分別位於a、b、c點。B為曲柄載具，會有槽圓圈C中旋轉。I為曲柄。環形輪圈B會承載兩根滑桿，分別位於上、下方，並由指旋螺絲於t點夾緊。滑桿具有樞軸雙頭螺絲，其中一個負責承載框架E，另一個則承載下方框架D；如此一來，便可在距離中心n處（此距離與所需橢圓的半直徑相等），藉由調整兩根滑桿和其軸轉至移動式框架E和D的樞軸連接，便可讓位於框架E臂j上的筆i描繪出橢圓形。

906. 剖面圖，圖為滑桿載具和滑桿o、p，以及用來夾緊上述器材的螺帽t。

907. 平面圖，圖為滑桿載具，上方和下方各有滑桿位於n和m。

908. 側視圖，圖為滑桿載具，以及負責承載框架D下方滑桿的銷。

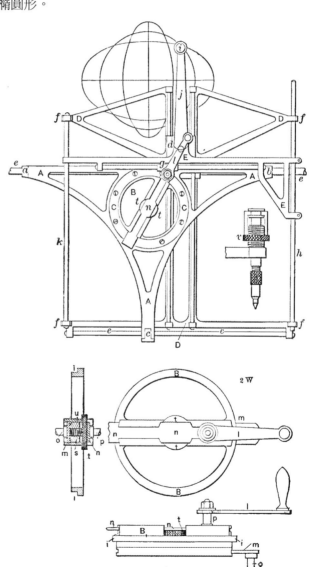

909. 幾何繪圖器
THE CAMPYLOGRAPH

用於繪製複雜幾何弧線的機器。位於底部平台的小型曲柄會旋轉板子,該板子包含多個齒輪系列,這些齒輪系列會與位於四個半徑臂上的小齒輪嚙合,並經由四個小型但相似的齒輪板將運動轉移至垂直心軸,並使上方平台的齒輪反轉。

上方平台的齒輪表面具有橢圓樞軸,以帶動固定繪製鉛筆的有槽桿。繪製桌亦會與下方齒輪板共同轉動。圖中的線條數量由所用的特定環形齒輪控制。

910. 多用於刻印紙鈔時的曲線組合。

911. 玫瑰花狀的另一種形式。

912. 由單一線條描繪而成的圖案。

913. 由四條分開線條描繪而成的圖案。

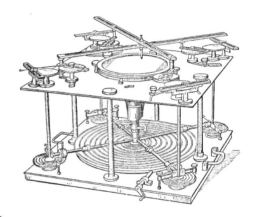

913A. 創造複雜設計的機器
A MACHINE FOR PRODUCING COMPLEX DESIGNS

借助任何複雜繪筆產生設計的機器,如附圖所示。此機器被稱為幾何卡盤,由多層排列的齒輪組成。每個齒輪、鑲齒和螺絲均具有極高的製作精度與精確的排列,因此不會在機器運動時產生明顯摩擦。

第23章　　永動機

簡介

　　在尋找永動機的歷史中，尚未有過任何成功案例。所有看似具有永恆運動可能性的機械皆仍屬未知數，且與其他未知內容一樣，無法以任何令人滿意的方式來反駁懷疑永動機的意見。此情況對懷疑永動機者有利，呼籲知識淵博的權威者能夠理解，並同意所有已知實踐結果皆無可操作性。已發表的論述仍留有許多遺憾，且往往是錯誤引用天分和創造力的範例。不過，儘管很少，但仍有部分論述仍提出新穎理論，略為挽回頹勢。人的所有天分都仍有不足之處，而不斷複製的已知謬論除了顯示眾人不了解重要基本原理之外，也凸顯人們無法取得最普通的資訊來源。其中一個最嚴重的認知謬論，是理所當然地認為機械結構的構想必須來自原創想法，但事實上，這些構想大多數源自於意外發現。我們能從所有發明產物的歷史中發現，若將地球上一切已知事物歸零，所有物品仍會在日後被重新發明出來。最受懷疑的「原創性」，是指任何一名發明家認為自己之所以不了解所有過去的發明，是由於獨自生活之故。可以肯定的是，外界往往因為發明家希望保密，而難以研究相關發明內容，且多數所謂的永動機機械發明家常自命不凡，認為自己是此明顯動力的所有者，並將永動機視為深奧的祕密。

　　截至目前為止，各界之所以致力於解決此問題，似乎僅是為了證明永動機是自相矛盾的理論。而過去三個世紀以來的相關發明，反而對任何試圖的改良造成阻礙。似乎每位發明家在發明時，都不會參考過往發明家的成果，因此常會重複某些已被推翻的謬論，並將其視為新發明。這些倒退行動和奇怪的發明復興都導致極端的譴責和非議，被批評無知、愚笨且荒謬。毫無疑問地，目前許多情況都應受到嚴重指責，但事實上，嚴厲譴責的程度卻減少許多，譴責原因薄弱，或僅是輕微譴責相關人員缺乏知識和常識。是否可能產生永動機為長久一來的未解之謎，時至今日仍是如此。威爾金斯主教（Bishop Wilkins）、葛洛夫桑德（Gravesande）、伯努利（Bernoulli）、洛伊波爾德（Leupold）、尼克遜（Nicholson）和許多著名的數學家的著作，皆證明儘管他們也承認探索永動機有一定難度，但仍傾向相信永動機可能存在。而反對者則有德·拉西爾（De la Hire）、帕朗（Parent）、帕潘（Papin）、德札古利埃（Desaguliers）以及絕大多數來自其他階層和國家的科學家。由上述內容可知，即使在數學家之間，也無法達成永動機是否存在的共識。

914. 發明者的悖論
THE INVENTORS' PARADOX

德札古利埃博士於1719年提出的論證，討論與震盪中心有不相等距離的砝碼平衡。如圖所示，十字臂H, I位於垂直臂B, E上，在B, E軸轉至雙秤樑 A, B和D, E時，砝碼P會平衡位於H, I上任何位置的砝碼W。即使可利用實務形式清楚說明力量原理，但永動機機械的發明者仍經常忽略此論證。 切面圖為德札古利埃的天平和說明，顯示發明者在近兩世紀期間，仍持續不斷地忽略此問題的幾何關聯。

德札古利埃的論證－A,C,B,E,K,D為平行四邊形天平，會穿過直立柱N, O中的縫隙，直立於底座M上，如此一來，便能在中心銷C和K上移動。而此天平的直立柱A,D和B,E的右上角分別有水平部件F,G和H,I固定於其上。等重砝碼P、W必須彼此保持平衡，即為論證的證據。但並非一開始便明顯顯示此證據，即此實驗顯示，若W被移除，改為懸掛於位置6的V，應仍可保持P的平衡。不但如此，甚至若W依序移動至1、2、3、E、4、5或 6的任何一處，仍將持續保持平衡狀態。或者，若W掛在上述任何一處，P依序移動至D處或橫木F、G上任何一個懸掛點，則P無論在任何一處，皆能與W保持平衡。現在，當砝碼位於P和V點時，若將能克服摩擦力且位於懸掛點C和K的最小砝碼增加至V上，即圖上w所示，砝碼V將會過載，且在V處的重量將與之前在W處一樣。

由於線條A,C和K,D,C,B以及K,E會在機械的任何位置上持續保持相同長度，因此部件A,D和B,E也永遠會維持彼此平行的狀態，並與地平線垂直。然而，整個機械會在C和K點上轉動，如同將天平置於其他位置一樣（如a,b,e d所示）。因此，在砝碼被放置在部件F,G和H,I的任何部分時，僅能垂直壓下部件A,D和B,E，方法與砝碼放在鉤子D和E或X和Y上一樣，在A,D和B,E的重心上，砝碼（若其物量相等）的力量將會相等，這是因為其速度將會是垂直上升或下降速度，而兩者將永遠等於4I和4L，無論砝碼放在部件F,G和H,I的哪個部分，皆是如此。但若位於V點的砝碼被加上一個小型砝碼w，則兩個砝碼將會過載，這是因為在此情況下，動量會是V和m的總和再乘以一般速度4L。

因此，動量並非距離C6乘以砝碼V，而是垂直速度L4乘以其質量。

這仍需要進一步證明，可取走K點的銷，接著砝碼P便會失去與V點另一個砝碼的平衡，這是因為接下來，兩者的垂直上升和下降將不再相等。

此「悖論」如《機械運動》編號10的插圖所示，作者已於其中向許多抱有懷疑的業餘愛好者展示此模型，歡迎學生們深入探究。

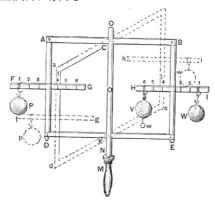

915. 盛行類型
THE PREVAILING TYPE

一個在圓周上以等距離間隔安裝槓桿的輪子，每根槓桿的終端都承載一個砝碼，且可在銷上移動，如此一來，便能朝同一個方向靠在圓周上。與此同時，在由其砝碼帶動的另一側，槓桿可能會被迫朝延長半徑的方向延伸。因此理所當然地，在輪子朝a、b、c方向旋轉時，可發現砝碼A、B、C會偏離中心，且在更多作用力之下，將在此側推動輪子轉動。由於會有新的槓桿隨著旋轉向上轉動，因此據說輪圈層會繼續朝相同方向轉動。

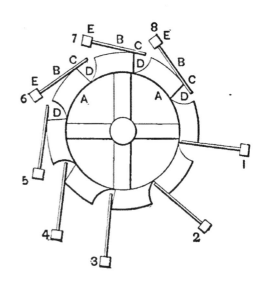

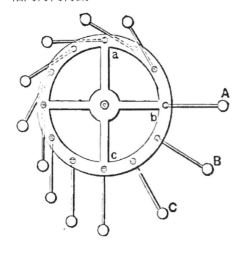

916. 伍斯特侯爵
MARQUIS OF WORCESTER

小齒輪連接臂的兩端上有砝碼，這些砝碼會在輪子旋轉時被拋出，利用其與距離旋轉中心之間更遠的距離，產生較大力矩。這設計成為數百種類似永動機的先驅，但這些機械都無法真正運行。

917. 永動機
RERPETUAL MOTION

自伍斯特侯爵的時代以來經常重複的類型。此類型機構由許多個分段組成，每個分段依次前進，試圖克服其趨向平衡和停止的特性。

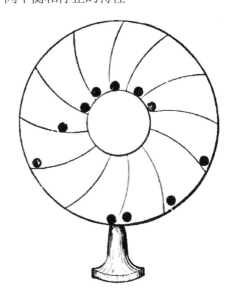

918. 折疊臂式
FOLDING-ARM TYPE

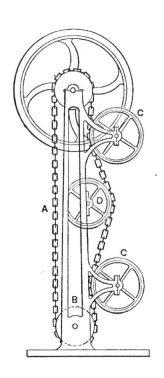

圖為槓桿A從輪子周圍掉落時呈現一直線的動作。該槓桿由一系列平桿組成，並以規尺接頭相連，規尺接頭上安裝止動器或榫接，避免隨時解體，而非避免帶動任一根平桿，此為與旁邊平桿形成直角、且組成槓桿的平桿。槓桿會由鉸鏈接頭B連接至輪子周圍，B上有凸肩，以避免落至輪子圓周中心的右線之外的任何其他地方。槓桿外側端裝有勺斗或接收器，其底部夠寬，可使球C留在上面。在勺斗來到槓桿D的位置之前，球都會留在勺斗中，此時，球會滾出勺斗並落至斜面上，接著利用自身重力滾至斜面另一端，然後準備好再次被放入勺斗中。於1821年獲得專利。

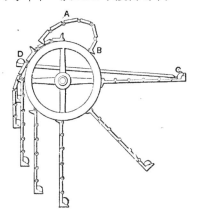

919. 鏈輪
CHAIN WHEEL

在輪子B上運作的鏈條，B會因惰輪D而偏轉，使得相較於直線側A，旁側的鏈條長度和重量增加，，如同其他無數的類似設計，設計者預期它會自行運行一樣。

920. 永動機
RERPETUAL MOTION

此為自十三世紀起最常見反覆出現的永動機構想。十分吸引人，但分析單一槓桿和球的受力狀況，卻反而證明力的平衡性和此機構無法自行運行。

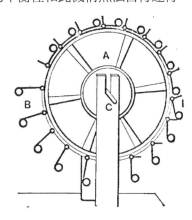

921. 磁力和重力
MAGNETISM AND GRAVITY

B為強力磁鐵組，安裝於輪A兩側之間的開放槽內，如剖面圖。C為鐵球。磁鐵會將鐵球拉至中心的一側，而重力則會提供動力，讓輪子轉動。於1823年獲得專利。

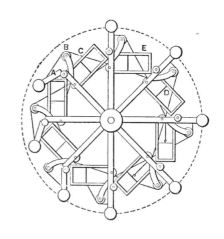

922. 剖面圖為球和凹槽。

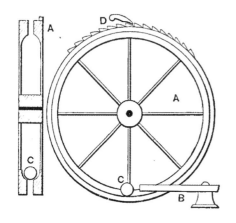

923. 永動機
RERPETUAL MOTION

弗格森（Ferguson）式，1770年提出，證明不可能成真。軸以水平方式放置，輻條則以垂直狀態轉動。輻條相互連接，如圖所示，每個輻條上都固定一個框架，供砝碼D移動。若有任何輻條為水平狀態時，砝碼D會在其中落下，並拉動承重臂。接著，垂直輻條的A會利用繩子C筆直伸出，經過滑輪B抵達砝碼D。但在輻條靠近左側時，其砝碼會回落並停止施力，如此一來，輻條便會從接頭處彎曲，兩端的球會更靠近左側中心。

924. 承載球的皮帶
THE BALL-CARRYING BELT

A為有十二條中空輻條的輪幅，每個輻條內有一個滾動砝碼或球。B為穿過兩個滑輪C的皮帶。輪子四周有一個從輪轂至圓周的開口，此開口可讓皮帶自由穿過，並碰到砝碼。在輪子旋轉時，皮帶會碰到砝碼，且砝碼會被從圓周抬起，直到最後被帶至靠近輪轂處為止。砝碼會留在該處，直到輪子旋轉，才會經由輻條滾回圓周。

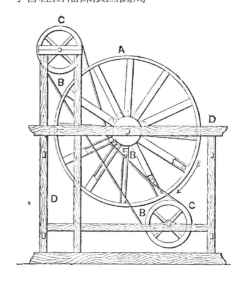

925. 撿球式
THE PICK-UP-BALL TYPE

輪C在直立架A, A之間運作，並以齒輪與小齒輪D連接，在同一根軸上則有兩個雙小齒輪D, D，會在軸上使雙鏈條運作，且鏈條會固定於吊桶F、F之上。

鏈條的兩端皆有接頭，並有條桿穿過其中，數量與輪C的鑲齒相等。在與輪C 相同的軸上，輪G會在內側支架A的遠端運作，G的直徑為輪C直徑的雙倍。輪G會在周圍分成數個容器，數量與鏈條上的勺斗相等，這些容器利用溝槽K 裝入來自勺斗F、F的金屬球I、I，方法為球會利用自身重量在輪G周圍轉動，並抬起勺斗F、F，從一側向下前往另一側，球會從勺斗L處排出，然後由勺斗 F、F向上抬起，並再次從溝槽K排出，只要輪G中有空置的容器，便持續

依序重複上述動作，此動作可創造永恆轉動，在下方球被勺斗抬起時，上方球會同時從另一個勺斗排出。

926. 永動機
RERPETUAL MOTION

法國式，1858年。此發明形式包含利用以鏈條、繩索或帶子綁在一起的下落砝碼組，將旋轉運動傳遞至飛輪或鼓輪。此砝碼組會形成一條循環鏈，並在兩個滑輪上運作，滑輪會在飛輪附近適當地上下運行。飛輪周圍裝有一組固定的杯槽，以上方滑輪釋放重量時，這些杯槽接住砝碼，並將砝碼傳送至下方滑輪，此時，相同砝碼會朝直線方向再上升至上方滑輪。朝鼓輪周圍的曲線方向運作或落下的砝碼的數量，較朝直線升抬的砝碼數量更多，這是因為曲線的路徑較直線長之故。這個重量數量的差異，使得鼓輪持續旋轉。

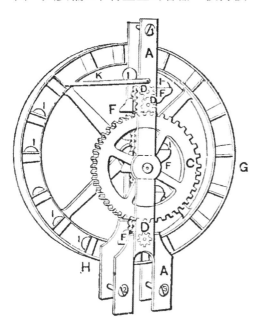

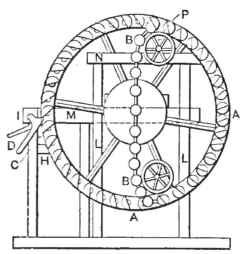

927. 旋轉管和球
REVOLVING TUBES AND BALLS

　　球A和B會達成平衡，原因是兩者與通過中心E垂直線的距離相等。相反地，與球C相比，球D會因為此機械的構造而與支撐點距離較遠，而球D必須贏過球C並打破平衡。接著，球C必須下降至B點，並使此裝置產生四分之一圈旋轉。當機構旋轉後，桿A,B從垂直變為水平，使A,B的情況與D、C相同。其中一顆球必須壓過另一顆球，讓裝置能再旋轉四分之一圈。這個四分之一旋轉將會引發下一次旋轉，因為球A和球B的位置再次改變。此即為發明者的奇妙論點。

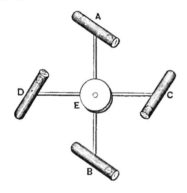

928. 齒輪傳動動力
GEARED MOTIVE POWER

　　a為所有輪子固定的軸；每個輪子包含兩個平行輪圈b、b，每個輪圈皆由半徑臂c連接至轂d，並安裝於軸線a上；每個輪子的運作部分皆固定在輪圈和支臂之間，但附圖已將外側輪圈、轂和半徑臂移除，以完整顯示運作方式。請記得，固定在特定部件上的樞軸或軸（以下以f、j、n、t表示）會由輪子b, c, d的兩個平行輪圈、半徑臂和轂負責支撐，並在上述部件之間延伸。e、e為在軸或樞軸f上運作的曲線臂，並固定在輪圈中；每根曲線臂皆會承載砝碼g、g，並由調節螺絲g'固定。每根曲線臂e的內端皆會連接一個帶部分齒輪的輪子h，並藉由砝碼v將輪子右側的砝碼g向外擴展，使該側有較重的重量，以在周圍的某部分上嚙合。

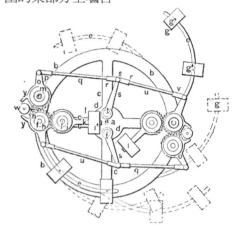

929. 差速靜力輪
THE DIFFERENTIAL HYDROSTATIC WHEEL

　　A、B、C、D為四個容器，利用容器各側凸起的圓銷插入輪E上對應的孔洞，以此連接至輪E。輪E會因為容器B下方的空間為真空而轉動，這是因為真空會比相同的空氣量還輕；在抵達輪子最高點（即容器B）之前，便會開始關閉容器B，並開啟相對方向的容器D，容器C也會以相同方式開啟容器A，這是因為容器C上的大力壓力與A上的壓力相等。與利用一般襯墊使容器產生氣密情況不同，此裝置使用摩擦力較小且

永遠不會發生問題的水銀。水銀微粒不會完全沒有摩擦力，仍需要一點動力才能開啟和關閉容器；預計將會利用以鏈條連接至槓桿G的桿F一起執行。桿F會利用在桿H的軸環上作用的滾筒來為其他桿H提供運動，該軸環未顯示於圖上。

槓桿G會依序滑過滾筒P來運作。連接桿H也會經過調整，不會使容器傾斜，以防水銀洩漏。此外，下方容器A和D的直徑則會較B、C的直徑大，讓大氣壓力能利用容器連接桿平衡容器A、C和B、D的壓力。

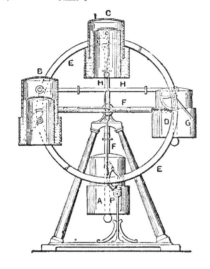

930. 槓桿式
THE LEVER TYPE

各中央砝碼A的重量較位於臂末端的砝碼B重 1/4。兩組砝碼會連接成對，每一對會由槓桿、連桿和鐘形曲柄C相連。中央砝碼的重力動作會迫使位於臂兩端的滑動砝碼移動至圖示的位置。

若發明者曾進行數學計算，即可驗證此裝置的真偽。該設計形成完美平衡，，外側槓桿作用會完全被內部砝碼的槓桿作用抵銷。若事先計算，本可避免產生任何問題和花費。

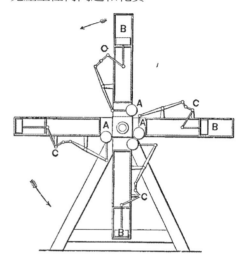

931. 永動機
RERPETUAL MOTION

雙錐形砝碼會以多種不同方式朝上坡滾動，此實際情況被永動機學者認為是自動運行車輛的基礎，如切面圖。鐵軌各節在上坡時會逐漸分歧，而下坡時則會是平行狀態。於1829年獲得專利。

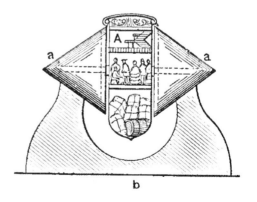

932. 搖動後樑
THE ROCKING BEAM

樑C會在中心D點軸轉，並由搖臂J連接至曲柄和飛輪。C上方有一條長直形管子，下方則有兩根斜管。當輪軸旋轉時，球會因重力而沿著直形管滾動，如此一來，在曲柄旋轉至最高點時，球的動量恰好將自身帶至墜閥和斜坡F。下方雙彎管的陡峭斜面會讓球及時回到管子較遠的一端，確保回到直管起點，開始下一輪運作。於1870年獲得專利。

933. 傾斜托盤和滾球
TILTING TRAY AND BALL

此發明裝置包括一個環形傾斜托盤，與支撐平台結合，搭配延伸至托盤並連接軸的槓桿，形成旋轉球的繞行軌道。運動傳遞方法為透過持續改托盤的角度，讓球無休止地旋轉，並藉由旋轉球在槓桿上的動作，讓欲執行的動作能傳遞至軸上，該軸會連接至要驅動的工作機械。A為托盤，會形成球B的環形路徑。此托盤以金屬片或任何適當的材料製成，其直徑約為球B直徑的四倍。

托盤中心由桿支撐，該桿會以球窩接頭C連接至平台D，讓托盤能輕易地朝任何所需方向傾斜。環形外緣E會被從平台D的邊緣抬起，避免托盤傾斜的角度低於所需角度。美國專利，1868年。

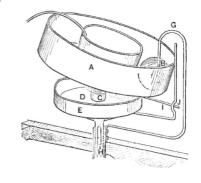

934. 不會滾動的滾動環
THE ROLLING RING WHICH DID NOT ROLL.

此裝置包含一個支架A、兩個以圖示懸掛的惰滑輪C，兩個惰滑輪之間有一個空心圓柱環，此裝置被預期應該要朝圖示箭頭方向旋轉。儘管發明者認為此裝置符合原理，但裝置面臨的唯一難題即為無法運作。

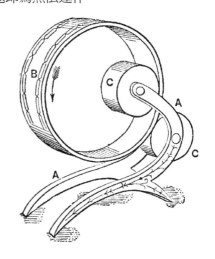

935. 差速水輪
DIFFERENTIAL WATER WHEEL

　　此配置中，用來止水的4號海綿區段會被5號浮子和彈簧的垂直運作壓在上面，這是擠乾海綿水分的最有效方式；與此同時，位於進水處的海綿區段不會受到還未抵達水面邊緣的對向8號浮子的壓縮。因此，海綿會利用此方法，讓被抬升側持續從水面抬起並保持乾燥狀態；與此同時，海綿下降側會以不受壓縮的狀態接近水面，並因毛細吸引現象而可完整吸收水分。

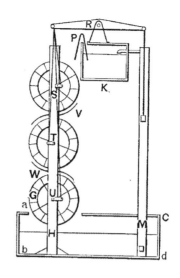

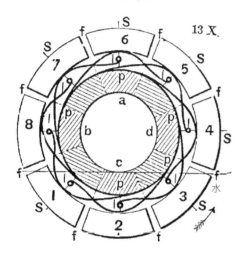

936. 差速水輪
DIFFERENTIAL WATER WHEEL

　　水輪問題的另一種解決方法，透過大幅增加輪子數量，確保水輪能夠持續運作。虹吸管P會利用護板V和W，依序將上方輪子上的水排至第二個和第三個輪子，所有輪子皆會由曲柄和搖臂連接至動樑，以此操作水泵來供應水源。於1831年獲得專利。

937. 齒輪問題
THE GEAR PROBLEM

　　框架B和齒輪G皆固定在空心軸上，如此一來，兩者便不會各自獨立運動。此機器將軸放在空心軸H中，軸上裝有傳遞齒輪D和中心齒輪，因此，兩者便可與框架B和齒輪G分開運動。

　　在框架B轉動一圈時，齒輪D和中心齒輪會轉動兩圈。此情況是因承重槓桿E的作用而形成。E的重量或慣性會讓其無法繞過懸掛在轉動框架中的輪軸中心。此阻力或慣性的完整力量會傳遞至其他每一組齒輪子上，並由這些輪子傳遞至中心齒輪。

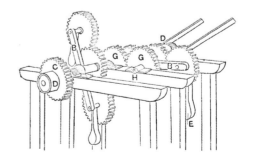

938. 水銀輪
MERCURIAL WHEEL

A為在兩個樞軸上轉動的螺桿；B為槽，內部填入高於螺旋下方開口高度的水銀；D為儲存箱，在螺桿轉圈時，負責接收從頂端落下的水銀。由一條管子將水銀從儲存箱運送至浮板E，E以與螺桿中心呈直角的方式固定，並裝在其圓周上，有隆起邊緣可攔截水銀，其動量和重量會推動浮板和螺桿轉動，直到水銀因浮子的適當傾斜而落至接收器E中為止。而水銀則會從該處回到槽B，螺桿會在槽B中持續旋轉，以再次升起水銀。

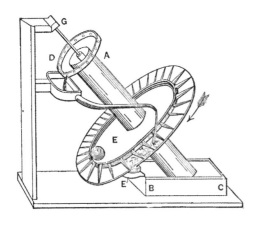

939. 永動機
RERPETUAL MOTION

經常重複的類型。此原理經常用於製造自動運轉機器，在發明者心中，此虛幻動力原理的排名僅次於永動偏心錘。

試圖讓水輪提升驅動自身水源的概念，不論以何種形式出現，總是不斷地被發明家們提出，並尋求我們的意見。最糟糕的是，在多數情況下，我們若建議放棄此種不合理計畫，即被認為是缺乏聰明才智和智慧的證據。而我們的潛在客戶便會成為被部分不夠謹慎的專利代理商愚弄的對象，這些代理商面對申請人不成熟的提案，只會收錢且暗自竊喜。

附圖是其中一位懷抱熱忱者所提出的裝置，該發明者對機械的原理一無所知，相信自己能藉由此偉大發現來改革全球產業。他的目標是獲得榮耀而非金錢回報，他希望在部分廣泛發行的論文期刊上發表此發明物。他很樂意接受我們對裝置的嚴厲批判，因為他認為此裝置十分優秀，因此，任何懷疑都只是來自我們的偏見，無法影響那些真正理性的人。

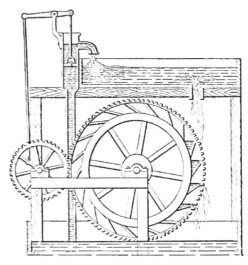

940. 氣囊問題
THE AIR-BAG PROBLEM

此輪子裝有數個如風箱般的氣囊，且輪子會以內環為支點，移動式外罩上則裝有砝碼。每個氣囊皆會以管子連接對側的氣囊。此輪子會浸入水中，在砝碼如切面圖所示壓縮左側氣囊，並藉助懸掛砝碼之力使右側氣囊延伸時，空氣會流過連接管。因此，藉由右側氣囊膨脹，便能使輪子在水中旋轉。

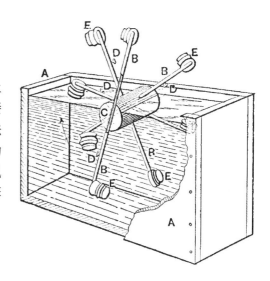

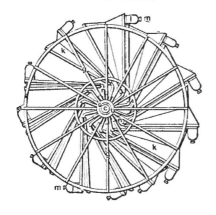

941. 水下輪中的空氣轉移
AIR TRANSFER IN SUBMERGED WHEEL

切面圖中，A為裝有水的槽。空心臂B會透過空心軸C和風箱E相連，負責傳輸空氣，而螺旋閥D的安裝目的為增加或減少空心臂B中的通氣區域。

每個風箱E會承載一個砝碼，該砝碼會在旋轉期間壓縮風箱並將空氣排出，迫使空氣經過空心臂B和軸C進入輪子對側的風箱，該對側風箱會被上下倒轉，並因氣體進入而膨脹，由於浮力增加，該側風箱產生上浮力。設計者預期風箱這種浮力差異會持續驅動輪子轉動。

942. 永動機
RERPETUAL MOTION

多種永動機形式中的一種，這類裝置在過去三個世紀（或甚至更早便開始）受到開發利用。水輪本應利用水的動能來旋轉，但在此設計中，會讓水輪被迫驅動水泵。

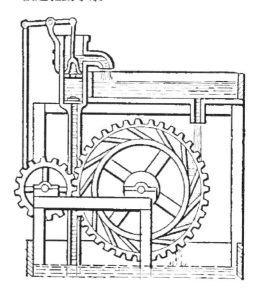

943. 擴大重量和水的轉移
EXTENDING WEIGHTS AND WATER TRANSFER.

固定扇形齒輪A，會利用與輪子周圍鉸接砝碼的邊緣連接的桿子，讓砝碼向上和向外傾斜，使輪子該側較重，因而讓小齒輪轉動。相同操作方式也可開啟和關閉一系列輪子內輪圈上的水袋，每個水袋皆會以管子連接至對側的水袋，藉此為輪子右側增加額外重量。

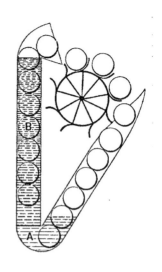

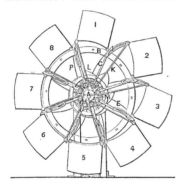

944. 球的差速砝碼
DIFFERENTIAL WEIGHT OF BALLS

此管子一側會充滿水，另一側則有足夠的水銀，以迫使水上升至圓柱體頂部。附圖中，A為水銀、B為水。所用的球為鐵球，球內部充滿氣體，使球得以在水上漂浮。 此機器的預期運作方式如下：球會從水銀側開始運作。需要多顆球的壓力讓第一顆球穿過水銀，在球經過中心時，將因浮力而上升至裝水圓柱體的頂部。下一顆球持續推動前方球體，直到該球滾動至動力輪上的適當處為止。球利用自身重量驅動轉動輪子，然後回到起始通道，迫使前面的球穿過水銀並再次回到水中。

945. 永動機
RERPETUAL MOTION

英國專利（1832年）。此專利的敘述極為冗長，說明透過槽中的水推動，使鏈斗轉動齒輪傳動輪和小齒輪。並由凸輪承受重型擺錘的振動，該擺錘則會與扇形檪、泵鏈和平衡砝碼相連，這些部件會操作泵，將水回收到上方槽中。

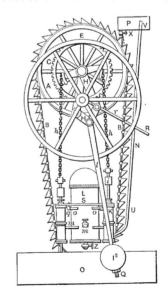

946. 威廉·康格里夫爵士的火箭框海綿問題
THE SPONGE PROBLEM OF SIR W. CONGREVE, OF ROCKET FAME

三個水平滾筒被固定在一個框架中，一個循環式海綿帶會圍繞上述滾筒運作，且外側承載一條環繞並連接至海綿帶的循環式砝碼鏈。如此一來，這些部件便必須一起移動，此海綿帶和鏈的每個部件重量皆完全一致，垂直側將運用斜面原理，讓帶和鏈的所有位置和斜邊保持平衡。這些滾筒固定在框架上，該框架會被放在蓄水池中，且下半部浸入水中。

在三角形的直立側上，砝碼會沿著海綿帶垂直懸掛，該海綿帶不會受到砝碼壓縮。此外，海綿的孔洞會保持開啟，此時海面帶會碰觸水面，讓水升起至高出水面的特定高度，並藉此形成重物，該重物不會出現在上升側。這是因為上升側的砝碼鏈會壓縮水面邊緣的海綿帶，並擠出所有累積在海綿中的水分，讓海綿帶以乾燥狀態上升。鏈條的重量會與海綿帶的寬度和厚度成比例，才能創造上述效果。

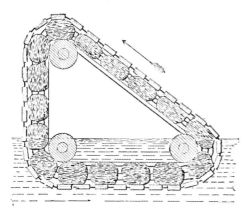

947. 空氣轉移
TRANSFER OF AIR.

此為具有凸出部分的循環式橡膠管，細橡膠袋會固定在凸出部分上，而小型砝碼則會連接著每個橡膠袋。在砝碼垂下時，橡膠袋會充滿空氣，而在砝碼抵達頂部時，會將空氣壓出，並經由空心凸出部分和管子進入下一個就定位的橡膠袋。當有兩個輪子被放入水中時，充滿空氣的橡膠袋應變得較輕且升起，與此同時，另一側會因為空氣被推出而下沉。

每個橡膠袋在來到左側管子底部的位置時，將會被填滿從頂部橡膠袋被擠出的空氣。會有一定數量的砝碼下降，一個用於擴大橡膠袋，其他則用來使橡膠袋收縮。

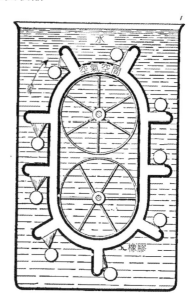

948. 圓盤和球
INCLINED DISK AND BALLS

隔板會傾斜固定在外輪圈和內輪圈之間，球朝圓盤其中一側的中心滾動，另一側則滾向圓盤外緣。此裝置被設計用來驅動螺旋泵。1660年。

此為十七至十八世紀期間，眾多永動機供水的裝置的其中一種。

永動機發明者似乎深受阿基米德螺旋泵的影響。

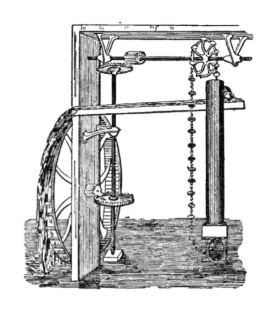

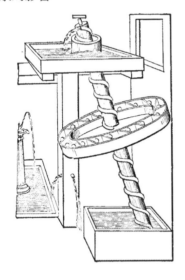

950. 自主移動水力裝置
SELF-MOVING WATER POWER

一個裝有三個水輪的阿基米德螺旋泵，通過旋轉來抽水，水持續落在水輪上，並提供轉動螺旋泵所需的動力。十七世紀。

949. 1618年出現的鏈泵
CHAIN PUMP AS KNOWN IN 1618

設想中，此水輪應利用傳動系統來操作鏈泵，而鏈泵應能使推動輪子所需的水升起，從而達成無限循環。也許無需特別提醒讀者，已有多種方式持續嘗試此謬論原理，但偶爾仍有人不擅長機械科學且無法發現裝置原理上錯誤，會浪費資源重複嘗試這個歷史悠久的錯誤原理。

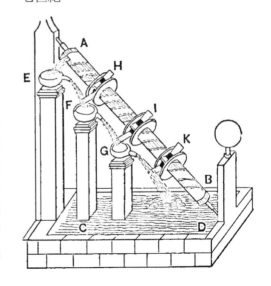

951. 使球上升的阿基米德螺旋泵
THE ARCHIMEDEAN SCREW FOR RAISING BALLS

　　設想中，由螺旋泵向上運送的球，這些球被認為所需的能量小於它們落到輪子外圍時所產生的能量，從而提供足夠的動力來驅動螺旋泵運轉。

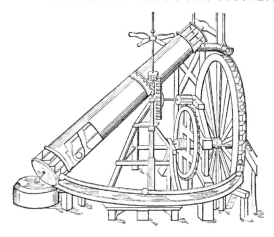

952. 利用浮力的差速砝碼
DIFFERENTIAL WEIGHT BY FLOTATION

　　砝碼會經由空氣下降，砝碼的重量會使其自身進入液體中，並在U型室的另一端被浮力抬起。A代表阻塞塊；B為六邊形輪；C為循環鏈，利用尖頭鉤維持連接至輪子；E為容器；F為正方輪，位於底部路線的鏈C會由此輪分離，以圍繞輪B再次升起；G為滾筒，有四個由印度橡膠或其他彈性材料製成的滾筒會放置於容器E的入口；而H則為印度橡膠直角部件，亦會放置於上述入口，而H會在脫離鏈C後，利用阻塞塊的少許摩擦力通過滾筒G和直角部件H之間。這些阻塞塊A、直角部件H和滾筒G皆會緊閉相接，形成阻塞物，讓水無法噴出，並被在阻塞物之後下降的阻塞塊向前推並移動。I為循環帶，靠在支撐物J上，J固定在容器的內側，負責支撐阻塞塊並與其一起移動。當阻塞塊位於容器垂直區域時，會由四條分別固定在阻塞塊四側的纜線負責引導。K為滾筒，阻塞塊會傾斜靠在其上，在K位於容器頂部時，K會由循環帶引導離開；L為摩擦滾筒，在阻塞塊傾斜後會從其上或下並滾動，以觸碰六邊形輪B。

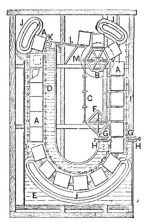

953. 浮力問題
THE FLOTATION PROBLEM

此為一個直立水槽，有數個各端皆連接彈性橡膠帶的浮子會經過此槽，浮子之間留有剛好足夠的空位，以確保水能在浮子各側運作。每個浮子的重量與表面上的水量相同，因此，槽中上方浮子並無相對重量。下方較低的浮子具有一個單位的向上力量，此力量等於其自身體積所排開水的壓縮力，以此類推，每下一個浮子都加上一個向上的浮力單位，直到來到最底部的浮子，該浮子承受的所有向下壓力與整個圓柱水體的水量相等。

但此時由於已具備多個向上的浮力單位，因此，若觀察另一側，便會發現十三個有效砝碼，該處將明顯地會有一個大型重量過剩砝碼，會超過相對砝碼的重量以及滾筒和上方輪子的摩擦力。砝碼最終會通過底部的彈性圓筒運行。

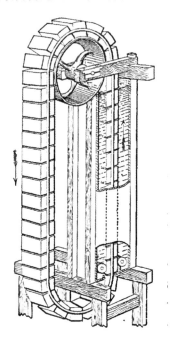

954. 液體轉移
LIQUID TRANSFER

有一個輪子，半徑A, B有一個穿越其中的小型通道，其為兩個風箱C、D的輸送通道，其中C位於半徑的最外端，而D則位於靠近中心處。這些風箱的外部會各承載一個砝碼。如圖所示，在其中某一側（例如C），離中心最遠的風箱必須開啟，而最靠近的風箱則必須關閉。所有倒入每根半徑的液體量，皆足以填滿通道和其中一個風箱，因此很明顯地，在C側，液體會位於最外端，即位於開啟的風箱內。與此同時，在另一側，液體會位於靠近中心的風箱內。因此，半邊輪子會比另一半邊重，如此一來，理論上應能使輪子自行持續旋轉，從而達成永動。

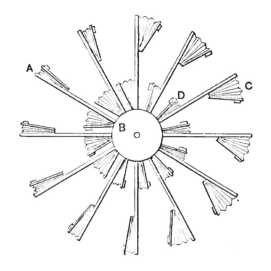

955. 鏈泵式
CHAIN-PUMP TYPE

被放置成彼此平行狀態的一系列球會被懸掛或連結在一起，使用的方式與鏈泵上斗相連的方式相似。此浮子鏈條會經過兩組固定在兩根水平軸上的滑輪或圓盤，上述滑輪的組成方式為互相垂直，一個位於另一個正上方，以符合浮子的直徑。此浮子鏈條中，有一半會穿過儲水槽或其他液體容器的中心，另一半則會位於容器外部的空氣中。運動時，浮子會經由水槽底部進入，並由自身浮力抬出水中；接著，浮子會圍繞經過頂部滑輪，然後下降至水槽外側，再經過底部滑輪，接著再次進入水槽中，如此反覆進行。

如圖所示，若使用圓柱形浮子，會固定在連接桿上，彼此之間的距離為半個直徑或更寬。此1865年的發明曾提出一個荒謬裝置，用於開關箱室的入口閥和出口閥，並使用壓縮空氣來操作這些閥門，以維持所謂的永動。

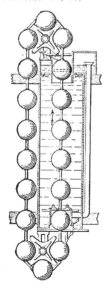

956. 以水銀取代蓄水池中的水
MERCURIAL DISPLACEMENT IN A CISTERN OF WATER

一個裝滿水的蓄水池，深度為4英呎。假設B為輪子，再假設有四根40英吋長的玻璃管c、c、c、c自由懸掛於輪中，且玻璃管上有裝有一品脫液體的大型球體在封閉端擊打。以水銀填滿這些管子，將每根管子的開口端固定在有一品脫液體的印度橡膠囊上，並讓這些管子連接在輪子四周，如圖所示。

由於40英吋的水銀壓力會超過大氣壓力，也會超過4英吋的水體壓力，當印度橡膠瓶抵達最低處D且管子直立立時，水銀會將管子填滿，使得上方玻璃球體成為真空狀態。另一側，水銀會填滿玻璃球體，而印度橡膠瓶和兩根水平管皆會被壓平，很明顯兩根水平管剛好達到彼此平衡。但位於D處的管子，其球體膨脹後會比對側管子多額外排開一品脫的水，因此產生約一磅的上升力。而每根管子在抵達D處時都會產生相同結果，輪子必須利用大約相當於一磅的浮力作用在兩英呎的半徑上的，而獲得持續的動力。

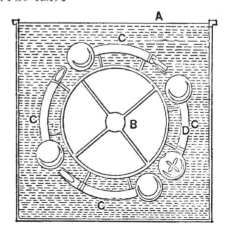

957. 空氣浮輪
AIR-BUOYED WHEEL

A為蓄水池，填入高度達R線的水量；C為六個囊，由管D負責連接輸送，並有透過管G與風箱F相連的空心軸E。H為曲柄，經由桿K曲柄I相連。L為斜齒輪，M為小齒輪，N為其軸。O為利用桿P連接至風箱F的曲柄。Q為具有凸出槓桿的閥門。R和S為兩個凸起的旋鈕。T為軸E中的孔洞，形成E和最低囊袋的輸送處。預期中，被推動的軸E會帶著囊袋和桌台轉動，並由曲柄H和I以及連桿K使輪L旋轉，L會將相似運動傳遞至小齒輪M、軸N和曲柄O，使風箱F運作，空氣會從F經由管G進入軸E，並從T點穿過其中孔洞，經由管D進入下方囊C；因此，此囊袋會比所占用的空間更輕，然後上升，以相同方式帶動其後方囊袋穿過軸T中的孔洞，因此，預期將會獲得上升力量，對其後方囊袋製造相同效果。在其中一個囊袋抵達旋鈕S時，閥Q的槓桿會撞擊該囊袋並開啟閥門；在囊袋抵達C點並開始下降時，其對水施加的壓力會將空氣驅出；接著，旋鈕R會關閉閥Q，避免任何水進入囊袋；若依此概念運作，預期其中三個囊袋會被輪流填滿和清空，依其經過孔洞T或旋鈕S而定。

此機器因摩擦力而失敗，摩擦力是尋找永動機者無法戰勝的古老敵手。

958. 利用磁阻的運動
MAGNETIC RESISTANCE

磁阻作用由磁鐵和電樞之間非磁性導體交替介入而產生。F為擺錘，E為電樞，C、D為磁鐵。A、B為中和物質，會在磁鐵與電樞之間移動，形成間歇性閉合，使擺錘在擺動至某一端時，該側的磁鐵影響力減弱，而相對的磁鐵則恢復作用，進而推動電樞朝向相反方向擺動。本裝置宣稱有上述效果，但未獲證實。

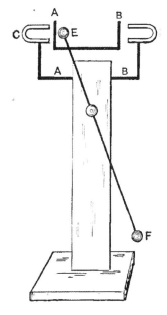

959. 失去平衡的圓筒
THE OVERBALANCED CYLINDER

一個裝有液體的圓筒，內有兩根或多根負重的槓桿，並穿過外殼中被填滿的箱子。每根槓桿的中間皆有一個軟木塞球固定於其上，預期每當圓筒旋轉將槓桿帶至低於圓筒軸心位置時，軟木塞球會被抬升至圓筒的上側。因此在抬升時，其會將上方重量帶離中心，並將下端重量帶往中心。此論點認為如此一來，圓筒臂、軟木塞和磁性球的重心皆會在幾何中心的一側並保持一致，並造成持續旋轉運動。事實上，重心永遠會保持在穿過軸的垂直延伸線上，因此，發明者的期待永遠不會實現。

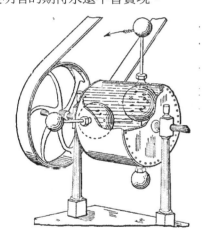

960. 流體靜力學重量或
體積差異問題
THE HYDROSTATIC WEIGHT OR DIFFERENTIAL
VOLUME PROBLEM

目前十分流行的構想，認為大區域或大體積的水，其靜力壓應該比從其底部抬升連接管的靜力壓更大。設計者認為，其發明的容器（如圖所示）可用來解決著名的永動機問題。此容器為高腳杯狀，愈靠近底部愈小，逐漸縮小形成管子，並在c點向上彎折，且尖端為開放端，並再次進入高腳杯中。設計者認為：高腳杯a裝有一品脫的水，而管子b只裝有一盎司水，a比b具有更大的靜水壓，因此必定能持續將一盎司的水向前推，將管b內的水推回杯a內。除非水量乾涸，否則此流動或循環將會持續不斷。然而，設計者因實驗結果顯示a和b的水位一樣而深感困惑。

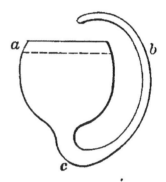

961. 毛細吸引現象式
CAPILLARY ATTRACTION TYPE

平面圖和前視圖。幾乎裝滿水的槽，且有兩個標示為a,a和b,b的輪子放置在該槽的水中。水會藉由毛細吸引現象在兩個標示為x、x的輪子間升起，升至高於水面的高度，該高度與兩個輪子於x、x時彼此之間的距離成比例。在水上升至標示為x、x的輪子間並超過水面時，水在兩個輪子間的重量會使輪子持續轉動。

962. 前視圖，圖為由毛細吸引現象抬
升水的位置。

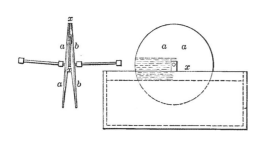

之一圈；這些輪子會利用線連接至兩個固定在兩個磁鐵A、A的軸上的小型輪。在槓桿轉動四分之一圈時，輪子會轉動半圈。於1829年獲得專利。

964. 磁力輪
MAGNETIC WHEEL

位於摩擦滾筒上的輕型輪子，磁片會以傾斜角度固定在輪子周圍。N、N為兩個吸引輪圈的磁鐵，其會使一側較輕而另一側較重，造成輪子無止境循環旋轉。或者讓鋼輪圈磁化，以此固定在輪子上，並使其北極朝向中心，磁力應該更強。再增加兩個磁鐵，如圖上無陰影線條所示。假設這兩個磁鐵S、S的放置方式使其南極位於最靠近輪圈處，而另外兩個磁鐵N、N則以北極靠近該處。由於同極相斥、異極相吸，輪子會因吸引力和排斥力在圓周上四個點共同作用而被驅動持續旋轉。B、B為木製阻礙物，讓磁鐵的吸引力不會對經過的輪子部分產生作用。目前尚未發現任何物質可阻斷磁場。

963. 磁擺
MAGNETIC PENDULUM

假設A、A代表兩個在軸上旋轉的磁鐵；假設B代表掛在軸上的較大磁鐵，以鐘擺方式在兩個A、A之間擺動。由於兩個較小磁鐵的杆子被朝相同方向放置，產生的效果將會是將較大磁鐵拉往左側杆子，與此同時，會受到右側杆子的抵抗作用。不過，在此運動持續期間，大型磁鐵的上方端會利用導繩抬起轉臂D，D會在快要與磁鐵接觸前，通過垂直線，然後落下，帶動與兩個輪子C、C連的槓桿，使其旋轉四分

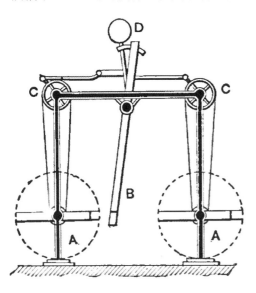

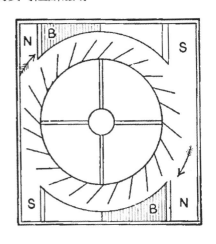

965. 磁性碾磨機
MAGNETIC MILL

十八世紀中葉的磁性碾磨機。A、B、C、D代表黃銅或木製的外框,機器E, F會在外框中運作。

E 和 F為兩個相似且相等的黃銅輪,固定在移動式軸上。

1、2、3等數字為多個放在周圍輪齒內的人造磁鐵,且放置方式為盡可能靠近、但不觸碰彼此,這些磁鐵的北極位於E點而南極位於F點。

H和I為兩個相似且相等的磁鐵,固定在黃銅盤上。A、C彼此十分靠近,但不會相互觸碰。

K和L為另外兩個固定在黃銅盤B, D中的磁鐵。

由於一個磁鐵的北極會與另一個磁鐵的北極相斥,並吸引另一個磁鐵的南極;相反地,一個磁鐵的南極會與另一個磁鐵的南極相斥,並吸引另一個磁鐵的北極。因此,南極I會吸引所有位於E點的北極,而北極H則會排斥所有位於

M點的北極。與此相似,K會在N點吸引,而L會在O點排斥,因此在預期中,利用此方式便能讓整個機器E,F永遠繞行。

若磁鐵吸引方向只有一個的話,那這項理論便能有令人滿意的結果。許多美國發明者已一次又一次地嘗試相同的原理,卻發現輪子只會保持靜止。他們試圖尋找一種能夠「阻擋磁場」的材料,以在適當時刻消除磁力作用,但似乎並未成功。

966. 改良式擺錘
REGENERATING PENDULUM

A,B,E,F為有橫木C, D連接的外框,掛在樞軸C上的擺錘g會在橫木上運作。此擺錘具有兩根臂,一根a的長度約為五英呎,另一根b為一英呎,如此連接在一起,形成具有長臂和短臂的槓桿,此槓桿的支點為c。此擺錘終端懸掛一個兩磅重的砝碼。K、K為兩根短槓

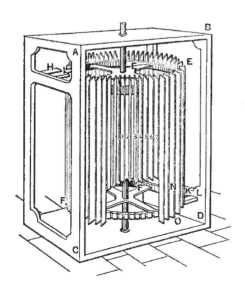

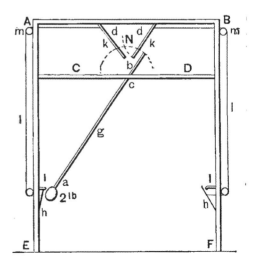

桿，有一個接頭可讓擺錘單向通過，但若未移動這兩根槓桿，擺錘便無法從另一方向通過。K、K的支點分別為d、d，並分別由支點與A、B相連。繩索l、l會由A、B經過滑輪m、m，再與h、h相連（目的為將其往上拉入掣子），而彈簧會以三磅的動力彈出。

在彈簧發揮動力後被拉回時，I、I為其掣子，N為擺錘g從槓桿K釋放的關鍵位置。

967. 磁力輪
MAGNETIC WHEEL

輪A的周圍有一系列電樞，會在馬蹄形磁鐵前旋轉。軸上也裝有星形輪和螺旋槳輪。星形輪會朝槓桿傾斜，該槓桿的端點承載一個黃銅圓盤B，並塗有「化學和礦物物質」塗層，使圓盤成為磁性絕緣物。永久磁鐵為U形條，其雙極靠近輪A，並與絕緣盤B的路徑相反。螺旋槳輪會在一杯水中旋轉，該輪目的為使運動均衡，藉此避免機器自行脫離或自我拆解，以上為發明者的論述。

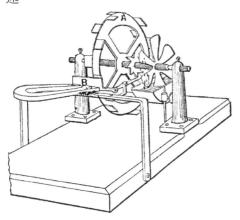

968. 永動機交替磁鐵式
ALTERNATE MAGNET TYPE

使相反極性的外側磁鐵擺動。讓磁鐵吸引力和排斥力在輪上交替，以產生動力，使外側磁鐵在其作用範圍內擺入和擺出。於1799年獲得專利。

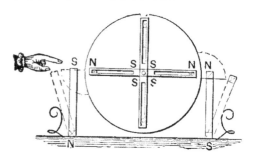

969. 電磁鐵式
ELECTRO-MAGNETIC TYPE

附圖中，A代表摩擦式電動機器、B為曲柄、C為電磁鐵、D為金屬線導體、F為耳軸、G為電樞、E為閉路器、H為搖臂、I為絕緣體、而J則為螺旋彈簧。

預期中，此裝置運作方式應如下所述：

啟動摩擦電動機器，使磁鐵暫時磁化，並將電樞拉向該磁鐵。這會在I,E點

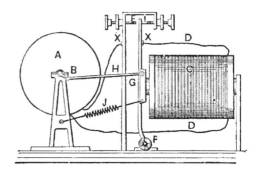

破壞電路，暫時讓磁鐵消磁，並使彈簧J將電樞推回原位再次關閉電路。預期中，應可利用此方法維持持續運動。

對不熟悉分子物理學的人來說，此裝置可能看似合理；然而，只要稍微瞭解力的相關性，便會知道這完全是謬論。

970. 電力發電
ELECTRICAL GENERATION

此類型盛行於業餘電機技師之間，在此裝置中，電流來自發電機，透過電阻線圈產生蒸氣，以驅動發電機運作的引擎，而蒸氣最初由爐子啟動。F為引擎、D為發電機、B為鍋爐H內的電阻線圈、A為燈或爐。

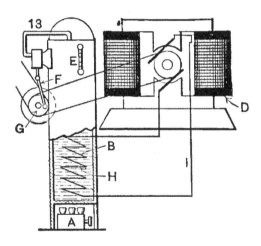

第24章　無線電報和電話學

971. 可變式空氣電容器構造
VARIABLEAIR CONDENSER CONSTRUCTION

圖為組裝的部件和方法。使用規格為B. & S.第20號規格的黃銅或鋁板。板子的數量依所需容量而定。末端絕緣物由纖維、硬橡膠或類似材料所製。使用黃銅或銅墊圈，其厚度為5/32英吋、直徑3/4英吋，中心有一個5/32英吋的孔洞，搭配直徑為5/32英吋的黃銅桿。

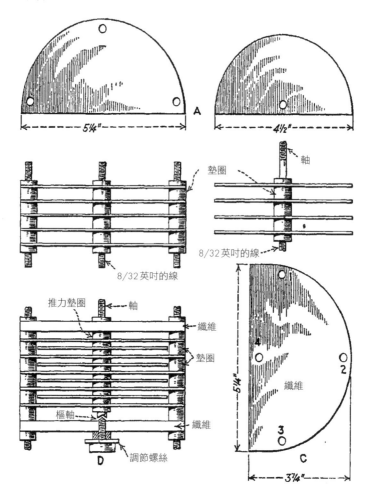

972. 典型可變式電容器
TYPICAL VARIABLE CONDENSER WITH AIR DIELECTRIC

搭配空氣介電質。此圖為已組裝的可變式電容器。
此裝置方便變化和調整至限制範圍內的任何電容值。

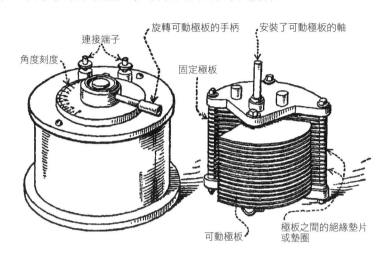

角度刻度　連接端子　旋轉可動極板的手柄　安裝了可動極板的軸
固定極板
可動極板　極板之間的絕緣墊片或墊圈

973. 微調式齒輪操作電容器
FINELY ADJUSTABLE GEAR OPERATED CONDENSER

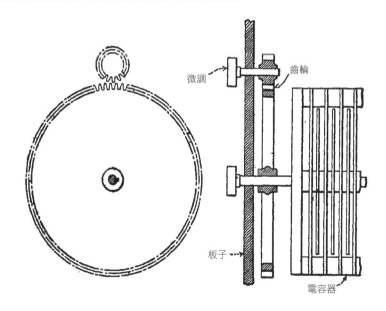

微調　齒輪
板子　電容器

974. 適用於接收無線電的電話接收器
TELEPHONE RECEIVERS FOR RADIO RECEPTION

一般雙極接收器。單極接收器為可調整式，可調整至所需的可聽頻段。鮑德溫（Baldwin）式，具有平衡電樞。

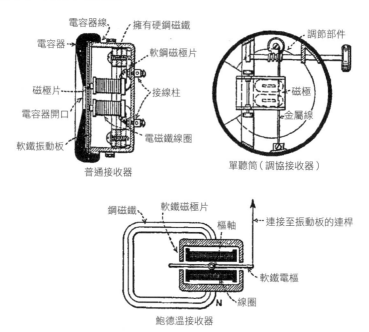

電容器線　擁有硬鋼磁鐵
電容器　　　　　軟鋼磁極片
磁極片　　　　　接線柱
電容器開口
軟鐵振動板　　　電磁鐵線圈
普通接收器

調節部件
磁極
金屬線
單聽筒（調協接收器）

鋼磁鐵　軟鐵磁極片
　　　　　　樞軸　　連接至振動板的連桿
　　　　　　　　　　　軟鐵電樞
　　　　　　　N　線圈
鮑德溫接收器

975. 單滑動式調諧器
SINGLE SLIDE TUNER

圖為打造單滑動式調諧器的方法。使用直徑約為3又1/2英吋的纖維、人造樹膠或硬橡膠管，以及第22號漆包銅線。將銅線緊緊綑綁在管子上，避免扭結。利用小型螺絲或管子兩端上鑽出的小孔，固定銅線兩端。

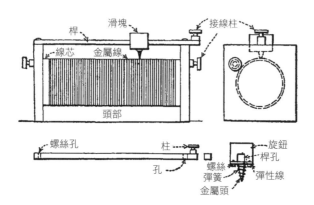

桿　　滑塊　　　接線柱
線芯　金屬線
頭部

螺絲孔　　　　　柱　　　旋鈕
　　　　　　孔　　螺絲　桿孔
　　　　　　　　　彈簧　彈性線
　　　　　　　　金屬頭

976. 多種形式的真空管和插座
VARIOUS FORMS OF VACUUM TUBES AND SOCKETS

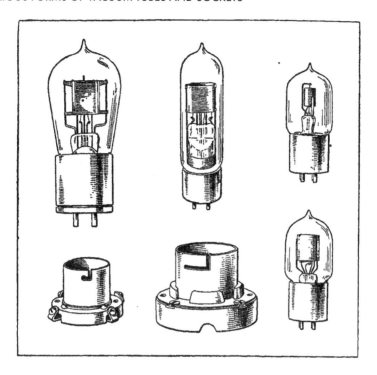

977. 無線鋼琴
WIRELESS PIANO

　　圖為利用萊佩爾（Lepel）弧產生和傳輸樂聲的方式。可藉由改變音調電路的電感來變換音調。

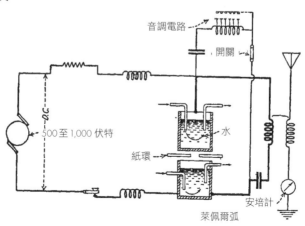

978. 典型三要素真空管的構造
CONSTRUCTION OF A TYPICAL THREE-ELEMENT VACUUM TUBE

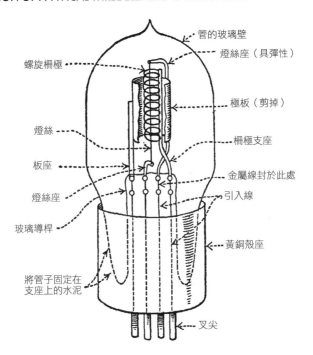

管的玻璃壁

燈絲座（具彈性）

螺旋柵極

極板（剪掉）

燈絲

柵極支座

板座

金屬線封於此處

燈絲座

引入線

玻璃導桿

黃銅殼座

將管子固定在
支座上的水泥

叉尖

979. 標準再生電路
STANDARD REGENERATIVE CIRCUIT

此為短波再生接收器的電路圖示。利用可變電感器來調整格柵或圓盤電路。

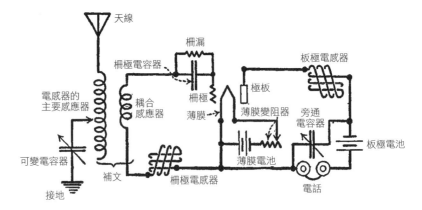

天線

柵漏

柵極電容器

板極電感器

電感器的
主要感應器

極板

耦合
感應器

柵極

薄膜

薄膜變阻器

旁通
電容器

可變電容器

板極電池

薄膜電池

補文

柵極電感器

接地

電話

980. 電花發送機
SPARK TRANSMITTER

此圖為一個典型的消弧間隙發送器的示意圖，包含必要的部件。

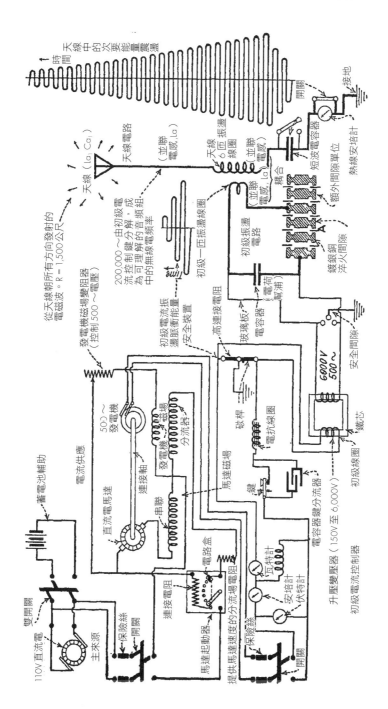

981. 具有插話配置的發送器鍵
TRANSMITTER KEY WITH BREAK-IN ATTACHMENT

可連接至任何一般鍵。示意圖已一目了然，無須說明。

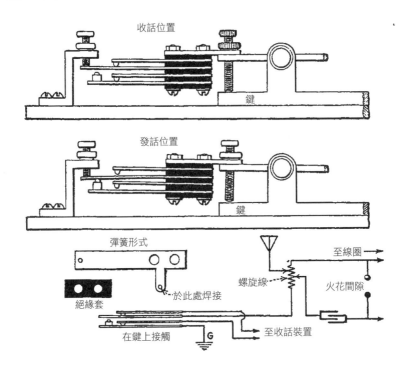

982. 火花間隙
SPARK GAP

此系列間隙形式可被打造成任何所需尺寸，搭配兩個或多個無效電極。電極面以銅片製成，其上有孔，避免部均勻磨損，且可拆卸，以便於清潔和更新。

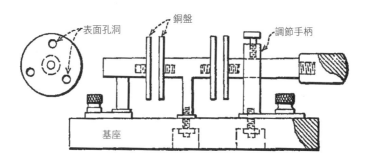

983. 旋轉火花間隙
ROTARY SPARK GAP

此火花間隙具有許多理想操作特徵，例如高火花頻率、火花均勻，以及自冷卻電極。

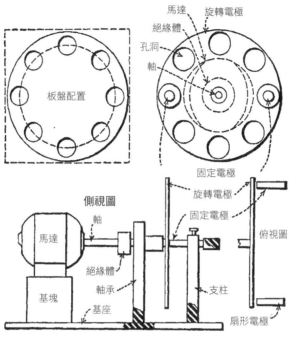

984. 測試蜂鳴器
TEST BUZZER

蜂鳴器的配置圖，此蜂鳴器用於測試接收電路和調整探測器晶體，以獲得最佳敏感度。圖示的短線為微型傳輸天線，會發射蜂鳴器產生的火花訊號。可使用連接蜂鳴器接觸點的平行調諧電路取代此線。此電路可調整為任何包含於火花中的更高諧波，如此一來，蜂鳴器將會以確切的高頻率發射電能。

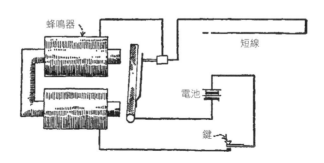

985. 可變電感器構造
VARIOMETER CONSTRUCTION

此電感形式不具有滑動或可變式接觸點。可藉由變換串聯的轉子和定子線圈之間的耦合來變更電感。此為實用的可變電感器，無論何時，只要需要利用持續的可變式電感來調整頻率，便可使用可變電感器。

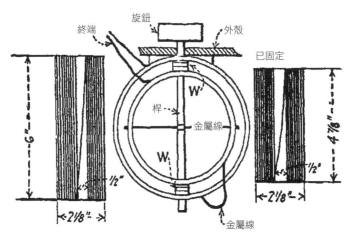

986. 組裝式可變電感器
ASSEMBLED VARIOMETER

在可變電感器完成校準後，給定的標度盤示值便可代表特定電感，以亨利（henry）或分數（submultiple）來表示測量單位，通常被稱為電感計，做為測量電感和容量的標準。然而，可變電感器最大量的用途為用於調諧無線電接收器。

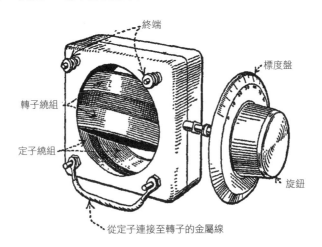

987. 短波和中波再生電路
SHORT AND MEDIUM WAVE REGENERATIVE CIRCUIT

此可變式電容器會從隔柵連接至圓盤，以增加管子的固有電容，並藉此增加中波回授。

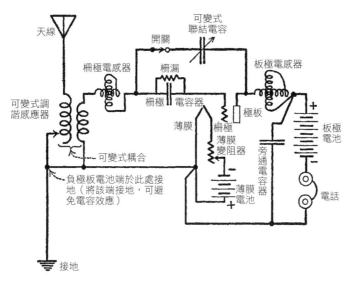

988. 短波再生電路
SHORT WAVE REGENERATIVE CIRCUIT

搭配偵測器和兩階段音頻放大。

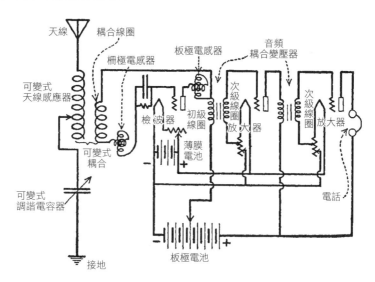

989. 無線電話傳輸電路
RADIOPHONE TRANSMITTING CIRCUITS

簡易傳輸電路，利用單一管子和柵極調諧。

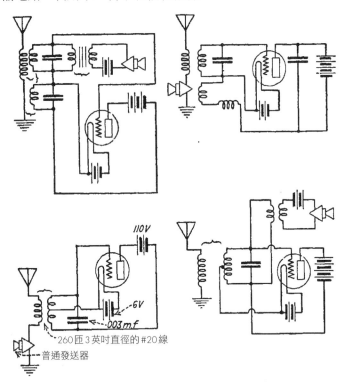

990. 海辛調變系統
HEISING MODULATION SYSTEM

此調變系統用於美軍發送機，以及許多由西部電氣公司（Western Electric Company）安裝的廣播電路。此外，也十分受到業餘人士的歡迎。

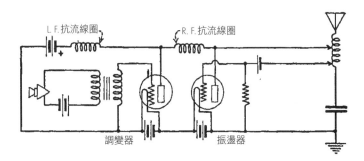

991.「回授線圈」再生電路
"TICKLER" REGENERATIVE CIRCUIT

此為標準再生接收器，適用於中波和長波。

也可做為自差接收器使用。高電阻柵漏應連接在阻擋電容器的.0001mfd.柵極上，以獲得最佳結果。

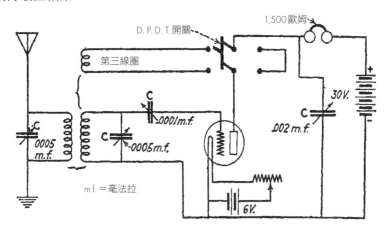

992.音頻放大器
AUDIO FREQUENCY AMPLIFIER

此電路顯示音頻放大器耦合至檢波管輸出口的方式。可使用相同方式新增另一個音頻放大階段。

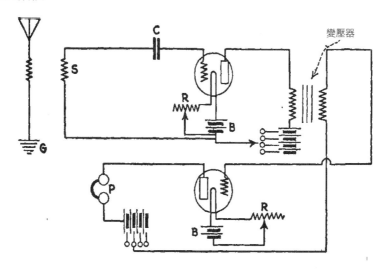

993. 自調諧振盪器
SELF-TUNED OSCILLATOR

此電路可做為無線電話發話機或自差接收機使用。振盪頻率依天線電路的常數而定。可透過板極電感線圈與其他兩個線圈的耦合來控制振盪的強度。

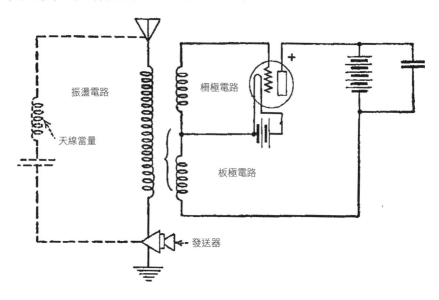

994. 哈特萊振盪器
HARTLEY OSCILLATOR

振盪頻率由L和C決定。可移動滑動接觸點P來變更振盪強度。此振盪器極為簡易，但在運作期間，其頻率並非恆定，也非純粹輸出波。

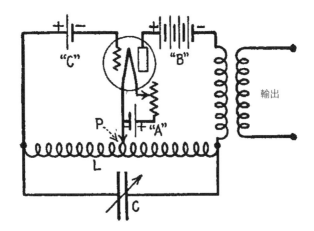

995. 邁斯納振盪器
MEISSNER OSCILLATOR

振盪頻率由電容器C的容量以及線圈La和Lb的電感決定。可變換Lb和L2之間的耦合來變更振盪強度。為了保持輸出波頻率和純度的穩定，耦合應盡量鬆散。

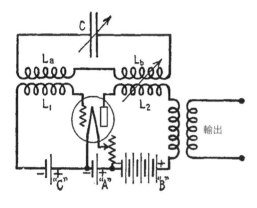

996. 改良式哈特萊振盪器
MODIFIED HARTLEY OSCILLATOR

振盪頻率由C和L決定。振盪強度由可變式回授電阻R決定。C2為大型阻擋電容器，以避免"B"電池短路。為了保持輸出波頻率和純度的恆定，R和C2應為大型部件。

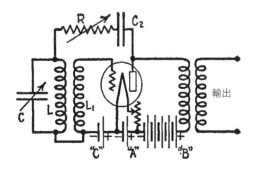

997. 單電路晶體接收器
SINGLE CIRCUIT CRYSTAL RECEIVER

使用時機為需要強烈信號以及無干擾時。

此為最簡單且靈敏的晶體探測器電路之一，可完美接收廣播，距離最遠可達三十英里。此接收器的最大缺點為缺乏選擇性，但若天線的構造細緻且絕緣，並有完善的接地連線，便可大幅改善其缺點。

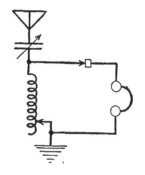

998. 雙電路晶體接收器
DOUBLE CIRCUIT CRYSTAL RECEIVER

採用一個可變耦合器和兩個調諧電容器。若需要比單電路有更高選擇性時，便可使用此接收器。

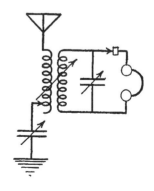

中英文對照表暨索引

中文	英文	頁碼
考利斯閥	corliss valve	64
自落槓桿	drop lever	77
沙盒	sand box	201
肘節接頭	knuckle joint	41,318
角度桿	angle lever	30
防鬆螺帽	locknut	85
定心裝置	centering device	262
承力支架	outrigger	15
明輪殼	paddle box	174
直動式泵	direct-acting pump	70
臥式汽缸	opposed cylinder	96
阻斷鈕	cut-off	316
前視圖	elevation	108
前視圖	front view	86
指針	index hand	28,244
柵極	grid	359,362
洗滌機 / 墊圈	washer	135,231
活褶縫製器	tucker	321
背骨	stick (kite)	127
重力斜坡道	gravity plane	253
風向標	wind vane	24
剖面圖	section	19
座圈	race (ball-bearing)	237
旁通旋塞	by-pass cock	85
朗萊	Langley	130
氣缸	air cylinder	20,28,78
烙鐵銅頭	soldering copper	154
砝碼	weight	298,300
粉末檢波器	coherer	157
閃蒸	flash	44,45
馬克沁	Maxim	130
停氣	knock-off	77
側視圖	side elevation	86

中文	英文	頁碼
摩擦圓錐	friction cone	20
撓性	flexible	154
撓度	deflection	32,33-39
槳式攪拌器	paddle-shaped agitator	19
模具	die	142
模量	modulus	32
穀倉塔	grain elevator	122
穀箕	winnow sieves	312
緩衝器	dashpot	71
蝸形夾頭	scroll chuck	18
衝擊水輪	impact wheel	109
調準螺釘	regulating screw	98
輪系臂	train arm	322
銷	pin	18
導條	guide bar	261
擒縱器	escapement	41,159
擒縱器	escapement	159,231
整平	grading	190
鋼包轉運車	ladle Cars	270
翼梁	bow (kite)	127
斷續電點火	hammer spark	97
繞組鼓輪	winding drum	145,231
轉桶	rotary drum	13
雙通旋塞	two-way cock	20,94
雙輪犁	sulky plows	10
雙頭螺栓	stud	52,212
曝氣器	aerator	59
鏈斗	chain Buckets	338
籃式粗濾器	basket strainer	111
纏度	twist rate	143
襯鉛	lead-lined	136
攪煉爐	puddling furnace	43
鑽刀架	drill holder	261

國家圖書館出版品預行編目資料

圖解1138種動力裝置 / 加德納.希斯科斯(Gardner Dexter Hiscox)著；牛羿筑譯. – 初版. – 臺北市：易博士文化, 城邦文化事業股份有限公司出版：英屬蓋曼群島商家庭傳媒股份有限公司城邦分公司發行, 2025.02
面；　公分
譯自：Mechanical Appliances, Mechanical Movements and Novelties of Construction
ISBN 978-986-480-393-4(平裝)

1.CST: 機動學 2.CST: 機械設計

446.013　　　　　　　　　　　　　　　　　　　　113012328

DA3013
圖解1138種動力裝置

原 著 書 名／Mechanical Appliances, Mechanical Movements and Novelties of Construction
作　　　　者／加德納 ‧ 希斯科斯（Gardner Dexter Hiscox）
譯　　　　者／牛羿筑
選 書 人／邱靖容
責 任 編 輯／黃婉玉
總 編 輯／蕭麗媛

發 行 人／何飛鵬
出　　　　版／易博士文化
　　　　　　　城邦文化事業股份有限公司
　　　　　　　台北市南港區昆陽街 16 號 4 樓
　　　　　　　電話：(02) 2500-7008　　傳真：(02) 2502-7676
　　　　　　　E-mail：ct_easybooks@hmg.com.tw
發　　　　行／英屬蓋曼群島商家庭傳媒股份有限公司城邦分公司
　　　　　　　台北市南港區昆陽街 16 號 5 樓
　　　　　　　書虫客服服務專線：(02) 2500-7718、2500-7719
　　　　　　　服務時間：週一至週五上午 09:00-12:00；下午 13:30-17:00
　　　　　　　24 小時傳真服務：(02) 2500-1990、2500-1991
　　　　　　　讀者服務信箱：service@readingclub.com.tw
　　　　　　　劃撥帳號：19863813
　　　　　　　戶名：書虫股份有限公司
香 港 發 行 所／城邦（香港）出版集團有限公司
　　　　　　　香港九龍土瓜灣土瓜灣道 86 號順聯工業大廈 6 樓 A 室
　　　　　　　電話：(852) 2508-6231　　傳真：(852) 2578-9337
　　　　　　　電子信箱：hkcite@biznetvigator.com
馬 新 發 行 所／城邦（馬新）出版集團【Cite (M) Sdn. Bhd. 】
　　　　　　　41, Jalan Radin Anum, Bandar Baru Sri Petaling, 57000 Kuala Lumpur, Malaysia.
　　　　　　　電話：(603) 90563833　　傳真：(603) 90576622
　　　　　　　E-mail：services@cite.my
視 覺 總 監／陳栩椿
美 術 編 輯／簡至成
封 面 構 成／簡至成
製 版 印 刷／卡樂彩色製版印刷有限公司

■ 2025 年 02 月 18 日 初版
ISBN　978-986-480-393-4

定價 700 HK $233

Printed in Taiwan

城邦讀書花園
www.cite.com.tw